系统工程与目标建模

张大巧　李邦杰　赵久奋　编著

西北工业大学出版社

西安

【内容简介】 本书就系统工程在军事目标建模中的应用进行系统阐述,对概述、目标系统建模与仿真、目标系统分析、目标系统网络、目标系统优化、目标系统评价、目标系统决策等内容进行全面介绍。全书共分为七章,包括基本理论、模型方法和典型案例。书中针对目标工程领域问题,注重系统工程与目标工程的紧密结合,深入研究基于系统工程的解决方法,结合大量案例给出具体的应用过程。

本书主要作为目标工程专业本科生教材,也可作为相关专业研究生的教学参考书和从事目标工作的科技人员的参考资料。

图书在版编目(CIP)数据

系统工程与目标建模/张大巧,李邦杰,赵久奋编
著 . —西安:西北工业大学出版社,2020.12
ISBN 978 - 7 - 5612 - 7447 - 7

Ⅰ.①系… Ⅱ.①张… ②李… ③赵… Ⅲ.①系统建
模 Ⅳ.①N945.12

中国版本图书馆 CIP 数据核字(2020)第 249804 号

XITONG GONGCHENG YU MUBIAO JIANMO
系 统 工 程 与 目 标 建 模

责任编辑:王 静		策划编辑:梁 卫	
责任校对:孙 倩		装帧设计:李 飞	

出版发行:西北工业大学出版社
通信地址:西安市友谊西路 127 号 邮编:710072
电 话:(029)88491757,88493844
网 址:www.nwpup.com
印 刷 者:兴平市博闻印务有限公司
开 本:787 mm×1 092 mm 1/16
印 张:16.875
字 数:443 千字
版 次:2020 年 12 月第 1 版 2020 年 12 月第 1 次印刷
定 价:58.00 元

前　言

目标是军队在作战行动中打击、夺取或保卫的对象，包括有生力量、武器装备、军事设施以及对作战进程和结局有重要影响的其他目标。正确地选取军事目标，是实现作战意图，取得作战胜利的重要保证，因此如何进行军事目标选择、打击一直是军事理论研究的热点。

本书以目标工程领域的实际问题为牵引，以目标分析与打击选择决策为研究对象，从系统科学思想出发，以整体指导局部，采用定性与定量分析的手段，研究目标工作中的目标分析、目标选择与打击决策问题，对已经在目标建模仿真、目标价值评估、目标排序、目标选择和目标打击决策得到广泛运用的系统工程理论与方法进行梳理、总结和分析。

本书面向目标筹划应用，以系统工程学为基础，综合运用系统工程的理论和方法进行目标分析、目标选择和目标打击等问题研究。全书共分七章：第一章为目标系统工程概述；第二章为目标系统建模与仿真；第三章为目标系统分析；第四章为目标系统网络；第五章为目标系统优化；第六章为目标系统评价；第七章为目标系统决策。全书由张大巧负责编写，李邦杰负责全书的修订工作。

在本书的编写过程中，参考了系统工程学、目标价值评估、目标排序、目标选择和目标打击决策等领域的相关教材、专著和学术论文，在此向相关作者表示衷心感谢。在编写中还得到了很多同行专家学者的具体指导和帮助，在此表示诚挚感谢！

限于水平，加之系统工程与目标建模是一门新兴交叉课程，涉及的知识内容跨度大，书中不足之处在所难免，恳请读者批评指正。

编　著

2020 年 6 月

目　　录

第一章　目标系统工程概述

第一节　系　　统

　　人类早期的系统观念,来源于古代人类社会实践经验,是属于朴素型的,往往把现象或事物看成是彼此孤立、割裂和互不联系的。随着长期的实践活动,特别是 20 世纪以来,由于科学、技术、哲学和管理方面变革性的发展,人们逐步认识到现象或事物之间是相互依赖、彼此联系的,从而产生了系统科学。

一、系统的定义

　　"系统"(system)这一概念来源于人类长期的社会实践。人类认识现实世界的过程,是一个不断深化的过程。客观世界中一切事物的发生和发展,都是矛盾的对立和统一。在古代,哲学家们往往把世界看成一个整体,寻求共性和统一,但由于当时科学技术理论很贫乏,又缺乏观测和实验手段,所以对很多事物只能看到一些轮廓和表面现象,往往是只见森林,而不见树木。随着科学技术的发展,理论丰富了,工具与手段更先进了,认识也逐步深化了,但仍受到当时科学技术水平的限制和世界观的局限,往往又只看到一些局部现象,致力于微观现象的研究,以致只见树木而不见森林。进入 19 世纪以来,人类的认识不断深化,在对个体、局部有了更多、更深的了解以后,再把这些分散的认识联系起来,才看到了事物的整体,以及构成整体的各个部分之间的相互联系,从而形成了科学的系统观。现代科学的发展比过去更要求在多种学科门类之间进行相互渗透,这是在更深刻地分析的基础上向更高一级综合发展的新阶段,因而出现了许多交叉学科和边缘学科。系统科学就是在这种背景下产生的一门交叉学科。

　　朴素的系统概念,在古代的哲学思想中就有所反映。古希腊的唯物主义哲学家德漠克利特(Democritus,公元前 467—前 370 年)就曾论述"宇宙大系统",他在物质构造的原子论基础上,认为世界是由原子和虚空组成的,原子组成万物,形成不同系统层次的世界。古希腊的著名学者亚里士多德(Aristotle,公元前 384—前 322 年)关于事物的整体性、目的性、组织性的观念,以及关于构成事物的目的因、动力因、形式因和质料因的思想,可以说是古代朴素的系统观念。我国春秋末期,思想家老子就曾阐明自然界的统一性,用自发的系统概念观察自然现象。古代朴素唯物主义哲学思想强调对自然界整体性、统一性的认识,把宇宙作为一个整体系统来研究,探讨其结构、变化和发展,以认识人类赖以生存的大地所处的位置和气候环境变化规律对人类生活和生产的影响。如在西周时代,就出现了用阴阳二气的矛盾来解释自然现象,产生了"五行观念",认为金、木、水、火、土是构成世界大系统的五种基本物质要素。现代耗散结构理论的创始人 I. 普利高津(I. Prigogine)在"从存在到演化"一文中指出:"中国传统的学术思想是着重于研究整体性和自发性,研究协调与协和。"但是,当时都缺乏对这一整体各个细节的认识能力。直到 15 世纪下半叶,近代科学开始兴起,近代自然科学发展了研究自然界的分析方法,包括实验、解剖和观察的方法,把自然界的细节从总的自然联系中抽出来,分门别类地加以研究。这就是在哲学史上出现的形而上学的思维方法。19 世纪上半期,自然科学有了突破性进展,特别是能量转化、细胞学说和进化论的发现,使人类对自然界的演化过程的相互联系的认识有了很大的提高。恩格斯早在 1886 年就对系统的哲学概念进行了精辟的论述。马克思和恩格斯的辩证唯物主义认为,物质世界是由许多相互联系、相互制约、相互依赖、相互作用的事物和过程所形成的统一整体。这也就是系统概念的实质。当然,现代科学技术对于系统思想的发展是有重大贡献的。当代社会中的许多问题都受到人类活动和自然环境中的诸多因素的影响。在社会发展和经济管理活动中,往往由于事物本身具有的模糊性或不稳定性,以及外界环境的不确定性而使事件的发展难以预料,再加上人们的社会目标和价值标准的差异,使许多决策者感到在做重大决策时越来越困难了。确实,复杂的客观事物,在发展过程中的因果关系,往往难以用直觉、简单的经验或一般数理方法做出本质的描述。在决策时需要对所研究的系统对象的内部结构和外部环境有充分的了解,还需要对系统的运行机制和发展规律作深刻的剖析,为此推动了系统科学的发展,并产生了系统等交叉学科。

从系统基本特征的角度,寻找一种较为通用的描述方式。为此,我们采用钱学森给出的对系统的描述性定义:系统是由相互作用和相互依赖的若干组成部分结合的具有特定功能的有机整体。

这个定义与类似的许多定义一样,指出了系统的三个基本特征。第一,系统是由若干元素组成的;第二,这些元素相互作用、相互依赖;第三,元素间的相互作用,使系统作为一个整体具有特定的功能。虽然系统的定义形形色色,但都包含了这三个方面,即这三点是定义"系统"的基本出发点。

因此,在美国的《韦氏(Webster)大辞典》中,"系统"一词被解释为"有组织的或被组织化的整体;结合着的整体所形成的各种概念和原理的结合;由有规则的相互作用、相互依存的形式组成的诸要素集合。"在日本的 JIS 标准中,"系统"被定义为"许多组成要素保持有机的秩序向同一目的行动的集合体。""苏联大百科全书中定义"系统"为"一些在相互关联与联系之下的要素组成的集合,形成了一定的整体性、统一性。"一般系统论的创始人 L. V. 贝塔朗菲(L. V. Bertalanffy)把"系统"定义为"相互作用的诸要素的综合体"。《中国大百科全书·自动控制与系统工程》卷解释"系统"是由相互制约、相互作用的一些部分组成的具有某种功能的有机整体。

二、系统的特性

根据系统的定义可以看出一般系统应具有如下特性。

(一)整体性

系统整体性说明具有独立功能的系统要素以及要素间的相互关系是根据逻辑统一性的要求,协调存在于系统整体之中的。就是说,任何一个要素不能离开整体去研究,要素之间的联系和作用也不能脱离整体去考虑。系统不是各个要素的简单集合,否则,它就不会具有作为整体的特定功能。脱离了整体性,要素的机能和要素之间的作用便失去了原有的意义,研究任何事物的单独部分不能得出有关整体性的结论。系统的构成要素和要素的机能、要素间的相互联系要服从系统整体的功能和目的,在整体功能的基础上展开各要素及其相互之间的活动,这种活动的总和形成了系统整体的有机行为。在一个系统整体中,即使每个要素并不都很完善,但它们也可以协调、综合成为具有良好功能的系统。相反,即使每个要素都是良好的,但作为整体却不具备某种良好的功能,也就不能称之为完善的系统。

实际上,大多数系统是自然系统与人造系统的复合系统。如在人造系统中,有许多是人们运用科学技术,改造了自然系统。随着科学技术的发展,出现了越来越多的人造系统。但是,值得注意的是,许多人造系统的出现,却破坏了自然生态系统的平衡,造成严重的环境污染和生态系统良性循环的破坏。近年来,系统工程越来越注意从自然系统的属性和关系中,探讨研究人造系统。

(二)层次性

系统作为一个相互作用的诸要素的总体来看,可以分解为一系列的子系统,并存在一定的层次结构。这是系统结构的一种形式,在系统层次结构中表述了在不同层次子系统之间的从属关系或相互作用的关系。在不同的层次结构中存在着不同的运动形式构成了系统的整体运动特性,为深入研究复杂系统的结构、功能和有效地进行控制与调节提供了条件。

(三)相关性

组成系统的要素是相互联系、相互作用的,相关性说明这些联系之间的特定关系和演变规律。例如,城市是一个大系统,它由资源系统、市政系统、文化教育系统、医疗卫生系统、商业系统、工业系统、交通运输系统和邮电通信系统等相互联系的部分组成,通过系统内各子系统相互协调的运转去完成城市生活和发展的特定目标。各子系统之间具有密切的关系,相互影响、相互制约、相互作用,牵一发而动全身。系统内的各个子系统根据整体目标相互协调,尽量避免系统的"内耗",提高系统整体运行的效果。

(四)目的性

通常系统都具有某种目的。为达到既定的目的,系统都具有一定的功能,而这正是区别不同系统的标志。系统的目的一般用更具体的目标来体现,比较复杂的社会经济系统都具有不止一个目标,因此,需要用一个指标体系来描述系统的目标。比如,衡量一个工业企业的经营业绩,不仅要考核它的产量和产值指标,而且要考核它的成本、利润和质量指标。在指标体系中各个指标之间有时是相互矛盾的,为此,要从整体出发,力求获得全局最优的经营效果,这就要求在矛盾的目标之间做好协调工作,寻求平衡或折衷方案。

(五)适应性

任何一个系统都存在于一定的物质环境之中,因此,它必然要与外界产生物质、能量和信息交换,外界环境的变化必然会引起系统内部各要素的变化。不能适应环境变化的系统是没有生命力的,只有能够经常与外界环境保持最优适应状态的系统,才是具有不断发展势头的理想系统。例如,一个企业必须经常了解市场动态、同类企业的经营动向、有关行业的发展动态和国内外市场的需求等环境的变化,在此基础上研究企业的经营策略,调整企业的内部结构,以适应环境的变化。

三、系统的分类

在自然界和人类社会中普遍存在着各种不同性质的系统。为了对系统的性质加以研究，需要对系统存在的各种形态加以探讨。

(一)自然系统与人造系统

按照系统的起源，自然系统是由自然过程产生的系统。这类系统是自然物(矿物、植物和动物等)所自然形成的系统，像海洋系统、生态系统等。人造系统则是人们将有关元素按其属性和相互关系组合而成的系统，如人类对自然物质进行加工，制造出各种机器所构成的各种工程系统。

(二)实体系统与概念系统

凡是以矿物、生物、机械和人群等实体为构成要素的系统称为实体系统。凡是由概念、原理、原则、方法、制度、程序等概念性的非物质实体所构成的系统称为概念系统，如管理系统、军事指挥系统、社会系统等。在实际生活中，实体系统和概念系统在多数情况下是结合的，实体系统是概念系统的物质基础，而概念系统往往是实体系统的中枢神经，指导实体系统的行为。如军事指挥系统中既包括军事指挥员的思想、信息、原则、命令等概念系统，也包括计算机系统、通信系统等实体系统。

(三)动态系统和静态系统

动态系统就是系统的状态变量随时间变化的系统，即系统的状态变量是时间的函数。而静态系统则是表征系统运行规律的数学模型中不含有时间因素，即模型中的变量不随时间变化，它是动态系统的一种极限状态，即处于稳定的系统。例如，一个化工生产系统是一种连续生产过程，系统中的参数是随着时间变化而变化的动态系统。大多数系统都是动态系统，但是，由于动态系统中各种参数之间的相互关系是非常复杂的，要找出其中的规律性非常困难。有时为了简化起见而假设系统是静态的或使系统中的参数随时间变化的幅度很小而视同静态的。

(四)控制系统与行为系统

控制就是为了达到某个目的给对象系统所加的必要动作，因此，为了实行控制而构成的系统叫作控制系统。当控制系统由控制装置自动进行时，称为自动控制系统，如计算机控制的机械加工生产过程自动控制系统。行为系统是以完成目的的行为作为构成要素而形成的系统。所谓行为就是为了达到某一确定的目的而执行某种特定功能的一种作用，这种作用能对外部环境产生某些效用。这种系统一般是根据某种运行机制而实现某种特定行为的系统，而不是受某种控制作用而运行的系统。

(五)开放系统与封闭系统

开放系统是指与其环境之间有物质、能量或信息交换的系统，封闭系统则相反，即系统与环境互相隔绝，它们之间没有任何物质、能量和信息交换。照此定义，可把封闭系统当成与环境完全隔绝的孤立系统。开放系统还可进一步区分为：只有能量交换的系统，同时进行物质、能量交换的系统和物质、能量、信息开放的系统。最早涉及开放与封闭系统研究的领域是物理学。

第二节　系 统 工 程

20世纪40年代以来,科学理论与应用技术飞速发展,新的学科不断涌现;学科之间相互综合和渗透,使人们对现实问题的研究有了全新的理论建构。系统工程就是科学技术高度综合的产物,是正在逐步发展完善的一门组织和管理的工程技术。系统工程以特定的系统为研究对象,把所要研究和管理的对象有机组成一个整体,进而采用有关系统的理论和方法,求得技术上先进、经济上合算、时间上最省、运行中可靠的最佳效果。因此,系统工程是解决人类面临的复杂问题的有效工具。

一、概念

(一)定义

钱学森指出,系统工程是组织管理系统的规划、研究、设计、制造、试验和使用的方法,是一种对所有系统都具有普遍意义的科学方法。由此可见,系统工程属于工程技术范畴,主要是组织管理的技术。这种技术具有普遍的适用性。

系统工程中的工程是指把各种科学理论和基础知识的概念和原理用于研究、创造和设计各种系统。从系统看工程,指的是用系统的观点和方法解决工程问题。从工程看系统,指的是用工程的方法去建立系统和解决系统问题。系统和工程的结合使系统的方法和工程的方法融为一体,系统的工程概念增加了新内容。系统的方法主要是系统分析和系统设计的方法。工程的方法是处理工程问题的办法,包括原理应用和结构的构思,确定技术、经济原则,对结构材料、参数和整体进行计算。系统和工程的结合,使人们能在系统思想指导下,以工程的方法作为工具,从定量角度描述系统元素间的关系,去设计、建造和管理人们需要的系统。

作为学科的系统工程,是人们在社会实践中,特别是在大型工程或经济活动的规划、组织和生产的管理,自动化项目的开发与使用过程中,发现综合考虑系统总体时所要解决的共性问题,总结实践经验,借鉴和吸收了邻近学科的理论方法,逐步建立起来的,是一门纵览全局,着眼整体,综合利用各学科的思想与方法,从不同方法和视角来处理系统各部分的配合与协调,借助于数学方法与计算机工具,来规划和设计、组建、运行整个系统,使系统的技术、经济和社会效果达到最优的方法性学科。它不仅定性,而且定量地为系统的规划设计、试验研究、制造使用和管理控制提供科学方法的方法论科学。它的最终目的是使系统运行在最优状态。

(二)系统工程和一般工程的区别

从研究对象看,一般工程如机械工程、土木工程等,有自己特定的研究对象,这些对象局限于一定范围。一般工程处理的对象是物质、能量等"硬"的东西。系统工程的研究对象是规模巨大而复杂的系统,不仅包括机构、电路等对象,而且包括各种社会系统和自然系统的复杂对象。与一般工程不同,系统工程侧重于协调各种对象之间的关系,以处理信息为主。

从研究内容看,一般工程的理论内容限于特定的研究对象,着眼于技术合理性的考察,如技术性能、结构、设备效率等。系统工程则从总体的优化出发,考虑功能、协调、规划、总体效率等组织管理问题和总体效果。其理论内容包括系统工程的基本概念、系统模型技术、优化技术、预测技术、网络分析技术、信息技术、控制技术、可靠性技术、人-机工程等。这些理论内容都贯穿着系统工程从整体上综合地研究和解决问题的基本思路。

从涉及的学科知识看，一般工程需要的是逻辑思维和普遍科学定律加上专业工程知识。系统工程则是由系统观点、科学知识、现代科学方法、数学方法、计算机技术和传统工程技术相互渗透综合而形成的一大门类的工程技术。系统工程解决问题时广泛运用各种知识，从整体上研究由许多部分构成的系统所具有的多种不同目标之间的相互协调，最大限度地发挥系统各组成部分的功能并达到整体最优功能。

（三）特点

1.整体性（系统性）

整体性是系统工程最基本的特点，系统工程把所研究的对象看成一个整体系统，这个整体系统又是由若干部分（要素与子系统）有机结合而成的。因此，系统工程在研究系统时总是从整体性出发，从整体与部分之间相互依赖、相互制约的关系中去揭示系统的特征和规律，从整体最优化出发去实现系统各组成部分的有效运转。

2.关联性（协调性）

用系统工程方法去分析和处理问题时，不仅要考虑部分与部分之间、部分与整体之间的相互关系，而且还要认真地协调它们的关系。因为系统各部分之间、各部分与整体之间的相互关系和作用直接影响到整体系统的性能，协调它们的关系便可提高整体系统的性能。

3.综合性（交叉性）

系统工程以大型复杂的人工系统和复合系统为研究对象，这些系统涉及的因素很多，涉及的学科领域也较为广泛。因此，系统工程必须综合研究各种因素，综合运用各门学科和技术领域的成果，从整体目标出发使各门学科、各种技术有机地配合，以达到整体最优化的目的。如把人类送上月球的"阿波罗登月计划"，就是综合运用各学科、各领域成果的产物，这样一项复杂而庞大的工程没有采用一种新技术，而完全是综合运用现有科学技术的结果。

4.满意性（最优化）

系统工程是实现系统最优化的组织管理技术，因此，系统整体性能的最优化是系统工程所追求并要达到的目的。由于整体性是系统工程最基本的特点，所以系统工程并不追求构成系统的个别部分最优，而是通过协调系统各部分的关系，使系统整体目标达到最优。

二、系统工程的形成和发展

系统工程是以已有的科学和技术为基础，将各种科学和技术融合起来，而又重新体系化了的科学与方法。系统工程是在工业工程、质量管理、人机工程、价值工程以及计算机科学等学科的基础上发展起来的。系统工程至今大致可以分为萌芽、发展和初步成熟三个时期。

（一）萌芽时期

在古代，人们就开始把在长期实践过程中逐步形成的系统思想，运用到改造自然、造福人类的工程中去。比如在我国战国时代（公元前250年）兴建的都江堰工程就体现了人们解决复杂问题的整体最优要求。这项工程包括分水工程、引水工程和分洪排砂工程，三部分互为连接、紧密结合,把分水导江、防洪防旱、引水灌溉和排除泥沙有机地结合成一个整体,两千年来一直到现在都在发挥作用。《孙子兵法》中,从道、天、地、将、法五个方面来分析战争全局,就是说要内修德政,使有道之国、有道之兵得到人民支持;注意天时、地利等客观条件;注意将领的才智威信,士兵的训练、纪律、赏罚,后勤的保证等主观条件,才能取得胜利,这是系统思想在军事上的初步应用。20世纪初,美国的泰勒从合理安排工序、分析工人的操作、提高劳动生产率入手,研究管理科学的规律,到20世纪20年代逐步发展为工业工程,主要研究生产在时间和空间上的管理技术。20世纪30年代,美国的贝尔电话公司提出了系统途径的观点,1940年采用系统工程这个概念,在研究发展微波通信网时,应用一套系统工程的方法论,取得了良好的效果。在第二次世界大战期间,由于军事上的需要,人们提出并发展了运筹学,以后在应用中逐渐发展成为系统工程的理论基础。战后这种理论被迅速推广到经济和管理领域。1945年,在美国成立了兰德公司,研究复杂系统的数学分析方法。此后,美国对国防系统、宇航系统以及交通、电力、通信等大规模的系统进行了研究开发,取得了很多成果。在20世纪40年代后期,出现了控制论、信息论,并制造了世界上第一台电子计算机。这些为系统工程的发展奠定了基础。

(二)发展时期

1957年美国出版了《系统工程》一书,系统地论述了线性规划、排队论、决策论等运筹学分支,为系统工程初步奠定了基础。此后,许多运筹学的成果开始大量应用到民用系统中,成为经营管理的手段,同时运筹学本身也在不断发展。1958年美国在北极星导弹的研制中,首次采用了计划评审技术(PERT),有效地推进了计划管理。现在PERT方法已为大多数先进企业采用,任何计划必须以PERT形式说明。PERT方法以及由它派生的方法已成为系统工程的重要内容。20世纪60年代开始,计算机在西方普遍使用,为系统工程的发展与应用提供了强有力的手段。同时,人们对复杂的大系统采用分解和协调的方法具有多级逆阶控制结构的问题。

(三)初步成熟时期

1965年美国出版了《系统工程手册》一书,内容包括系统工程的方法论、系统环境、系统部件(主要以军事工程及人造地球卫星的各个主要组成部分为部件)、系统理论、系统技术以及一些数学基础。此书基本概括了系统工程各方面的内容,使系统工程形成了比较完整的体系。以后,许多学者著书立说,使系统工程这一学科趋于完善。始于1961年的阿波罗登月计划中广泛运用了系统工程,特别是运用了PERT技术、仿真技术等新型技术。在此期间,日本引入系统工程并应用于质量管理等方面,取得了显著效果。苏联则在发展控制论和自动化系统基础上发展了系统工程。到了20世纪70年代,系统工程已远远超出了传统工程的概念,逐渐应用于社会、经济、环境、人口和军事等方面。1972年国际应用系统分析研究所的成立,标志系统工程进入了一个新的阶段。

我国近代的系统工程研究始于20世纪50年代。1956年中国科学院在钱学森、许国志的倡导下,成立了第一个运筹学小组;60年代,著名数学家华罗庚大力推广了统筹法、优选法。与此同时,在钱学森的领导下,我国在导弹等现代化的总体设计组织方面,取得了丰富经验,国防尖端科研总体设计部取得显著效果。1977年以来,系统工程的推广和应用出现了新局面,1980年成立了中国系统工程学会,与国防系统界进行了广泛的学术交流。近年来,系统工程更是在各个领域都取得了许多成果。

三、系统工程的原则

运用系统工程研究和解决问题时,为了体现系统思想的基本要求,就需要提出一些带指导性的原则作为研究问题的出发点。这些原则是对客观系统问题规律性认识的体现。从不同角度可以概括出适用于系统工程的不同层次的原则。这些原则主要有以下几方面。

(一)目的性原则

系统工程是人类社会的实践活动,必定有它的目的。只有目的正确,有科学根据,符合客观实际,才能建立和运转具有预期效果的系统。因此,系统工程特别强调目的性,自始至终需要有明确的目的。尽管实施的方案或道路是多种多样的,但必须达到同一目的,这也就是异因同果、殊途同归的情况。反过来说,如果目的不正确,方法手段措施越好有时就越会背道而驰。过去的方法性学科研究讨论怎样实现目的多,研究如何明确目的少,而系统工程首先要求明确目的,并提供了具体的方法和思路,这是这门学科在方法论上有所突破的地方。

(二)整体性原则

系统工程要求处理问题首先要着眼系统整体,不要见木不见林,而要先见林,后见木。现代社会和科学的发展使得系统性的问题越来越多,人们深感只重局部而忽视全局的观点有很大缺陷,要求建立从全局、整体着眼的思考方式。更重要的是系统各部分组成整体之后,产生了总体功能,即系统的功能,而系统的功能要大于各部分功能的总和,这不仅是量变,而且是质变,系统工程首先就要着重这种整体功能。处理问题总是先看整体,后看部分;先看全局,再看局部;从宏观到微观,并把部分与局部放在整体与全局之中来考察。这便是整体性原则。

(三)综合性原则

这个原则有两方面的含义:第一个方面是指系统的属性和目的是多方面的、相互关联的、带有综合性特点的。比如发展生产要兼顾经济效益、社会效益和生态效益,高产量、高质量又是与低消耗、低成本、低污染相矛盾的,每一项措施所引起的结果和影响都是多方面的,都带有综合特点。第二个方面是说解决同一个问题可以有不同方案,有不同的方法和途径,而各种方法和技术如果能加以综合,取长补短,会得到意想不到的结果。在阿波罗登月计划中,关键部分登月舱中所采用的单项技术都是成熟的,但巧妙地把它们综合起来,就起了卓越的作用。所以有人说,综合也是一种创造。系统工程强调综合性原则,是说上述两方面都需要加以考虑,这样不但不会顾此失彼,因小失大,而且还会在综合中得到新的成果。

(四)动态性原则

系统工程强调在运动和变化的过程中掌握事物,注意系统的过程,而不是仅仅注意系统的某一状态。系统的平衡有时是静态的,而更多的是动态平衡,至于平衡的破坏和不断的转化更是经常发生的。所以系统工程十分重视系统中物质流、能量流和信息流的运动。而从长远看,任何系统都有从孕育、产生、发展到衰退、消亡的生命周期,也需要加以研究。

(五)协调与优化原则

客观世界中的系统是复杂多变的,组成的部分为数众多,互相制约,怎样才能使它们相互配合协作,使整个系统在协调的情况下运行,是系统工程在处理复杂系统时所要考虑的。此外,当建立或改造系统、运转系统时,总希望它在给定的条件下达到最优的效果,也就是说,系统工程强调系统的优化。当然,由于目标的多元化,优劣标准也是多样化的,所以优化也是要协调兼顾的。

(六)适应性原则

由于系统是在外界环境中存在和发展的,所以它必须适应环境。系统工程不仅重视系统内部要素之间的关系,而且要考虑系统与环境的关系。现实中的系统都是开放系统,与环境之间有物质、能量和信息的交换,当外界环境发生变化时,系统必须相应地调整自己以适应这种变化,否则系统就会丧失生存的条件。特别是现代社会,经济技术变化很快,系统必须主动适应这种变化,这是系统工程所要强调的。高级的系统有自动调节自身的组织、活动的特性,这就是系统的自组织性,因此设计与建立高水平的复杂系统时,应该考虑使系统具备自组织性,以达到适应环境的目的。

四、系统工程应用范围

系统工程的应用范围非常广泛,大至国家系统、社会系统、产业系统、各种工业系统和各种服务系统等,小至企业的产品开发、经营计划、生产管理和库存管理等。可以说,它能应用于解决一切部门复杂、困难的规划设计问题、管理控制问题以及生产运行问题。

日本学者秋山攘和西川智登二人将系统工程的应用范围概括总结为表1-2-1。

表1-2-1　系统工程的应用范围一览表

应用范围		应用例子
自然对象系统	宇宙	宇宙开发、宇宙飞行和通信卫星等
	气象、灾害	天气预报、地震预报、防灾、台风、震灾对策和人工气象开发等
	土地、资源	土地开发、海洋开发、资源开发、能源开发、太阳能开发、地热开发、潮力开发、治山治水、河流开发、农业灌溉、水库流量控制、土地利用、造田和环境保护
	农、林、渔业	农业资源、林业资源、渔业资源和人工农业等
人体系统	生理、病理	生理分析、病理分析、病理模拟和病理情报检索等
	脑、神经、心理	思考模型模拟、自动翻译、人工智能、机器人研究、控制论模型、心理适应诊断和职业病研究
	医疗	自动诊断、自动施疗、物理治疗、自动调剂、医疗工程、医院情报管理、医院管理、医疗保险、假手足和人工内脏等
产业系统	技术开发	新技术开发、新产品开发、技术情报管理、原子能利用、最优设计、最优控制、过程模拟、自动设计和自动制图等
	工业设施	发电厂设备、钢铁厂设备、化工设备、过程自动化、机械自动化、自动仓库和工业机器人等
	网络系统	电力网、控制回路、道路计划和情报网
	服务系统	铁道航空内的座席预约、旅店剧院预约、银行联机系统、自动售票和情报服务等

续表

应用范围		应用例子
产业系统	交通控制	航空管制、铁道自动运行,道路交通管理和新交通系统等
	经营管理	经营系统、经营模拟、经营组织、经营预测、需要预测、经营计划、生产管理、资财管理、在库管理、销售管理、财务管理、车辆分配管理、经营情报系统和事物工作自动化等
社会系统	国际系统	防卫协调、国际能源问题、粮食资源问题、国际资源问题、国际环境保护、国际情报网和发展中国家的开发等
	国家行政	经济预测、经济计划、公共事业计划、金融政策、保卫、治安警察、外交情报、经济情报服务、司法情报、行政管理、邮政和职业介绍等
	地区社会	地区规划、城市规划、防灾对策、垃圾处理、地区生活情报系统、公用计划、老年人、残疾人对策和地区医药等
	文化教育	自动广播、计算机辅助教学、文化教育情报服务、教育计划、自动检字、自动印刷和自动编辑等

五、系统工程方法与步骤

系统工程作为一种相对独立完整的知识体系,应具有一套科学的工作方法和步骤。但是,由于系统工程所研究的系统各种各样,情况复杂,不可能有一种在任何情况下都能套用的不变的模式,所以它只是一种处理问题的步骤与方法,是一种基于原则的系统思考过程。在实际运用的时候,虽然基本上遵循这一基本原则,但是每个人的具体情况不同,所运用的方法与步骤是多样的;具体对象的不同,所运用的方法与步骤也各不相同。

在研究处理系统工程问题时,通常需要下列三方面的知识:有关对象系统的领域方面的知识,例如从事信息系统工作时需要信息科学与技术方面的知识,从事教育系统工程工作时需要教育科学方面知识等;有关系统共性方面的知识,也就是系统学科的知识,在系统工程层次上就是有关系统工程的方法、原理性知识;经验性知识,这些虽然还没有形成规律性的东西,但对处理问题是有用的,不可忽视。只有在不同程度上掌握这三种知识才能从事系统工程工作。

下面着重讨论一下系统共性方面的知识。系统工程是一门方法性学科,所以首先侧重方法。系统工程的方法包含两方面的含义,一是指解决系统工程问题的手段和工具,二是指工作中的办法和步骤,后者又和工作步骤、工作程序联系起来了。

(一)系统工程的方法、工具体系

系统工程的方法、工具体系,自下而上可以分为四个层次:

(1)工具:一些器物上或者概念上的手段,可以用来处理具体问题,前者如计算机,后者如算法与程序。

(2)技术:处理问题的具体行动方式方法,是使用工具的方法,比如优化技术、预测技术和仿真技术等。

(3)方法:人们为达到某种目的所遵循的途径、程序和所采取的手段、工具的总和。比如解决一个问题,是采用定量方法,还是定性方法,或是二者结合的方法,是采取解析方法,还是实验方法等。

（4）方法论：处理系统工程问题的一整套思想、原则，是运用方法的方法。这在系统工程工作中是最重要的，系统思想、系统工程原则都是这一层次的。

当接受系统工程任务时，必须在正确的方法论指导下，采取适当的方法，比如抽象、归纳和演绎、类比和联想、分析和综合等，借助于适当的工具去进行工作。这里有必要对分析和综合方法做一些讨论。分析是把对象在思维中分解为它的各个组成部分或要素，来分别加以考察。综合则是在分析的基础上研究各部分相互关系，在思维中结合成一个整体加以研究。在自然科学发展进程中相当一个时期，是把分析作为综合的前提的，但是随着系统观的发展，人们研究事物要首先着眼于整体，局部也是要放在全局中加以考察的，所以综合也是分析的前提，二者互为前提。人们对系统和整体可能先有一个全面但是笼统的了解，然后加以分解，对每个局部、要素进行深入考察，再综合起来对整体进行更深入、更全面的了解。这样多次反复才能使认识更正确、更深入。

（二）系统工程的三维形态图

由于系统工程涉及不同的知识，又有一定的工作阶段和步骤，所以在系统工程发展的过程中，人们逐渐形成了处理系统问题的思路及框架，其中霍尔提出的"三维结构"最为大家所公认。

霍尔的"三维结构"指的是，对于处理的系统问题，所需要专业知识、处理问题的思维步骤和处理问题的工作程序阶段，即相应称之为"知识维""逻辑维"和"时间维"的三维结构的系统工程工作模型。

霍尔三维结构中的知识维指的是处理系统问题所需要的知识。应该强调指出的是，由于系统的综合性，除了包含系统的专门知识外，还包括跨学科的知识，如工程技术、经济、环境、法律、社会、心理和艺术等多领域知识。

时间维指的分析处理系统的工作进程，一般分为 7 个阶段：①规划阶段，包括确定系统目标，分析环境条件及资源约束，制定规划；②设计阶段，确定系统方案；③研制阶段，依据设计方案进行系统研制，并做出生产方案；④生产阶段，按照设计方案进行系统的零部件生产；⑤安装阶段，按照系统方案，把零部件组装成系统；⑥运行阶段，把组装成的系统投入运行，检验系统性能是否达到预期指标，并进一步提出改进方案；⑦更新阶段，系统经过运行，对原系统提出改进方案，进行更新（见图 1-2-1）。

逻辑维是指应用系统工程方法处理各阶段系统问题的步骤，也大体分为 7 个步骤：①明确问题（Problem Definition），在系统预调研的基础上，对系统和系统所处地理环境，拟解决的系统问题，以及系统的未来发展做出基本分析；②确定目标（Selecting Objectives），选择评价系统功能的指标体系、评价准则，这一步在系统分析中十分重要，因为系统目标一旦确定，系统将按照所确定的目标方向发展；③系统综合（System Synthesis），通俗地说，这一步就是提出并形成系统的可行方案，一般是多方案的；④系统分析（System Analysis），在这一步中，就是根据问题进行系统建模，以便分析、推断系统发展的各种可能结果；⑤系统优化（Selecting the Best System），基于系统模型，进行优化分析，对方案进行比较，判别优劣；⑥决策分析（Decision Analysis），决策与优化的区别在于，在决策中要考虑决策者对价值及风险的偏好，通过决策分析，对优化方案进行排序，寻求满意方案，推荐给决策者，对系统方案做出最终抉择；⑦系统实施（System Development），对所抉择的满意方案付诸实施。上述过程必须强调的是，由于人们的认识不能一次完成，应该进行多次的反复，不断修改系统目标、补充与扩展新的系统方案、完善系统模型、进行系统优化分析与决策分析，以做出更好的系统选择。

钱学森提出"综合集成法"是对系统工程方法论研究做出的新贡献。从定性到定量的综合集成法指的是,在处理开放复杂巨系统时,将专家群体、数据和各种信息与计算机仿真有机地结合起来,把各种学科的科学理论和人的经验知识结合起来,发挥综合集成系统的整体优势去解决复杂系统问题。复杂系统具有多变量、多层次、结构复杂、机制复杂、跨学科的特点,采用定性和定量相结合、科学理论和人的经验知识结合的方式,依据系统思想把多种学科结合起来,把宏观研究与微观研究结合起来,通过系统分析,完成对复杂巨系统认识从定性到定量的飞跃,所以综合集成法具有解决开放复杂巨系统问题的能力。

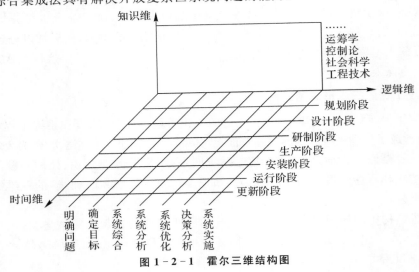

图 1-2-1 霍尔三维结构图

(三)系统工程的三阶段法

除霍尔归纳的三维结构之外,系统工程的研究方法还有日本开发的三阶段法。该方法把系统的研究分为三个阶段,每个阶段又分为前后两个子阶段:①系统开发阶段,包括系统开发的规划阶段和系统开发的实施阶段。②系统建造阶段,包括系统建造设计阶段和系统建造实施阶段。③系统运行阶段。

各阶段的目的、性质、主要活动、主要活动成果及其活动依据等见表 1-2-2。

表 1-2-2 系统工程三阶段法的具体内容

阶段	系统开发阶段		系统建造阶段		系统运行阶段
	开发规划阶段	开发实施阶段	建造设计阶段	建造实施阶段	
各阶段的目的和性质	讨论系统开发对象及开发必要性,制订开发规划方针和规划计划书,以明确开发系统的目的、目标和要求事项。制定说明书和开发计划书	根据系统的要求、说明书和开发计划书,分析系统的功能、环境条件、费用、效果、实现可能性等,并编制系统计划书、建造基本计划书、实施设计计划书	根据系统设计书、实施设计计划书编制建造设计计划书、建造实施说明书	根据建造设计书和建造实施说明书,进行最合理的、有效的系统有关设备的制造,同时讨论运行方法和维护方法	根据已给定的运行、维护方法以及有效的、合理的运用和维护,同时根据运行和维护结果,讨论对系统的修改和调整

续表

阶段	系统开发阶段		系统建造阶段		系统运行阶段
	开发规划阶段	开发实施阶段	建造设计阶段	建造实施阶段	
各阶段的主要活动	1.调查研究； 2.开发规划方针和计划的决定； 3.系统要求说明书的编制； 4.系统开发规划书的编制	1.掌握上一阶段成果； 2.系统的功能、环境条件等的分析讨论； 3.系统设计书、制造基本计划、实施设计计划书等的编制	1.掌握上一阶段成果； 2.建造设计书的编制； 3.建造实施计划书的编制	1.系统有关设备的制造； 2.系统运行维护方法的编制； 3.培训运行维护人员	1.系统的运行维护和管理； 2.掌握系统运行情况； 3.运行维护结果报告的编制
各阶段的最后成果	1.系统要求的说明； 2.系统开发计划书	1.系统设计书； 2.制造基本计划书； 3.实施设计计划书	1.建造设计书； 2.建造实施计划书	1.建造系统的硬件； 2.已经确定的系统设计与建造设计； 3.运行维护说明书； 4.运行维护管理说明书； 5.设备运行计划书	1.系统运结果； 2.系统的维护与保养结果
保证各阶段活动的依据	1.开发规划方针； 2.开发规划计划书	1.系统的要求说明书； 2.系统的开发计划书	1.系统设计书； 2.建造基本计划书； 3.实施设计计划书	1.建造设计书； 2.制造实施设计书	1.已经确定的系统设计和建造设计； 2.运行维护说明书； 3.运行维护管理说明书； 4.设备运行计划书

注：该表引自《系统工程学》，王众讬编。

第三节　目标系统工程

一、概念

（一）目标

军语中对目标（即军事目标）的定义为：目标是军队在作战行动中打击、夺取或保卫的对象，包括有生力量、武器装备、军事设施以及对作战进程和结局有重要影响的其他目标。正确地选取军事目标，是实现作战意图，取得作战胜利的重要保证。军事目标按作用和地位可分为战略目标、战役目标和战术目标；按空间位置可分为地面目标、地下目标、水面目标、水下目标、空中目标和太空目标；按结构强度可分为硬目标和软目标；按目标幅员可分为点目标、面目标和线目标；按可动性可分为固定目标和活动目标。军事目标主要有①有生力量。如指挥机关，驻守、集结在某一地域或运动中的部队等。②武器装备。如火炮、车辆、舰艇和飞机等各类常规武器，核、化学、生物武器，军用卫星和地面测控设备等。③军事设施。如各种阵地、工事，指挥、控制、通信、侦察、防空设施，海军基地、空军基地、导弹基地，各类军用仓库、物资储备基地等。④交通运输系统。如运输机场、货运港口和铁路枢纽，输油、输气管道和重要桥梁、隧道、渡口等。⑤军事工业及与其有关的基础工业系统。如核工业，航空、航天、车船、电子工业的科研基地和生产工厂，以及钢铁、石油、电力、有色冶金、化学工业等。随着科学技术的发展，新式武器装备不断出现，军事目标的种类和构成将发生新的变化，未来战场军事目标的范围将更加广泛。

美军《目标选择与打击联合条令中》对目标的定义是，目标是一个地区、一座综合性建筑物、一个设施、一只部队、一种装备、一种作战能力、一种功能或某种行为（被认为可能支持指挥员作战目标、指导方针和作战意图的行动）。《目标选择与打击联合条令中》从指挥员的计划和实施角度出发，将目标分为两类：列入计划的目标和需要立即打击的目标。图 1-3-1 描述了其目标的分类方法。

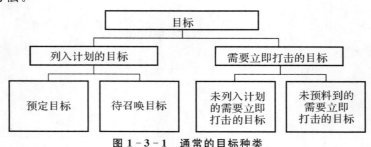

图 1-3-1　通常的目标种类

1.列入计划的目标

这类目标是那些已知存在于作战区域内、为产生实现指挥员作战目标所期望得到的结果已经计划对其采取行动的目标。例如，实际战役计划中目标清单上的目标，以及后来探测到并有足够时间将其列入清单的目标。列入计划的目标分为预定目标和代召唤目标。

预定目标是事先计划好的目标,在特定的时刻将对其进行打击。

待召唤目标是那些已知存在于作战区域,但没有安排火力在特定时刻对其实施打击的目标,在对它们定位后有主观时间去制定周密计划,以满足出现战役目标特有情况的需要。

2.需要立即打击的目标

这类目标是那些发现得太晚、未被选作打击目标及时纳入正常的目标选择与打击程序、因此也没有被列入打击时间表的目标。需要立即打击的目标分为两个子类:未列入计划的目标和未预料到的目标。

未列入计划的需要立即打击的目标是那些已知存在于作战区域但没有被探测到、没有被定位或在较长时间内没被选作打击对象、也没有被纳入正常的目标选择与打击程序的目标。

未预料到的需要立即打击的目标是那些未知的或未预料到的存在于作战区域、但当被探测到或被查处时符合战役目标特有的标准的目标。

(二)目标系统

目标系统也是一个系统,系统的组成要素是目标,目标间是存在相互关系的,系统内所有目标组成一个整体发挥整体功能,但各目标本身为独立个体又具有各自独立功能,这些都体现了系统的特点。

(三)目标系统工程

目标系统工程是用系统工程的理论和方法研究军事目标的分析、选择、打击等目标工程要素之间的辩证关系,为决策者提供最优决策方案的工程技术,是系统工程的重要应用方向之一。

系统思想的整体性观点,也是目标系统工程的重要观点。目标工程是由许多部分要素组成的不可分离的有机整体。在人类全部的社会实践活动中,没有比指导战争更强调全局性观念、整体性观念、从全局出发的,而战争说白了就是目标战,合理地选择打击、消灭地方目标,最终求得全局最佳效果。因此,目标工程是从它所研究的那个系统的全局,而不是单从其某个部分、某一优化目标来思考和解决问题的,这是系统工程也是目标系统工程的精华之所在。

在目标工程领域内,很多问题是不能试验的。人们不能用一场战争来研究目标分析与选择是否正确,有些问题虽然可以用实弹试验,但耗费很大。因此,模拟和优化的方法是目标系统工程的主要方法,利用现代科学技术进行模拟和优化就成为目标系统工程的主要工作和中心环节。通过定量、定性的分析和比较,为决策者提供最优决策方案,是目标系统工程的目的。领导者的决策是科学和艺术的结合。所谓科学就是决策的科学方法和科学知识,就是系统工程;所谓艺术就是决策者的胆略,就是指他的气魄、决心、胆识和眼光。后者反映的是决策者的经验、精神面貌、思想风格和世界观,是目标系统工程无法解决的。所以,目标系统工程只能是领导科学决策的基础和条件,它具有咨询和参谋的性质,目标系统工程工作者应避免使自己处于决策者的地位。

二、目标系统工程的应用

目标系统工程是相关人员长期以来从事目标工作的经验与现代科学技术相结合的产物。它的基本思想和原则对目标工作是有普遍意义的,但目标系统工程作为一种工程技术,它又有自己特定的对象。目标系统工程主要用于目标分析、目标选择、目标打击和目标毁伤等方面。

(一)目标分析

从 20 世纪 80 年代以来,随着战争形态向信息化战争转变,美军围绕系统观,结合具体战争实践发展了较完善的目标分析框架:沃登提出的五环打击理论从战略层面将敌人视作一个系统,将敌系统各组成部分按地位作用由内而外划分为领导层环、关键要素环、基础设施环、民众环和部队环来依次选择打击;美军还从战争层面分析整个目标体系的构成,认为战争体系是指由政治、军事、经济、社会、信息和基础设施系统组成的为完成一定战略目的更高层次系统,对应分析方法称为体系分析方法。在美军的快速决定性作战理论中,把对手认为是复杂自适应系统(Complex Adaptive System,CAS),并应用 CAS 理论选择战场中的关键目标。

国内关于目标分析方面的公开研究较少,黄金才等提出了目标体系的形式化模型,从节点、关联和机制形式化描述目标体系模型。来森等分析了目标体系概念和层次结构,对面向体系的目标选择问题进行了形式化的描述和分析。张最良等讨论了目标体系分析的结构模型,探讨了基于体系对抗效果的作战设计方法学。阳东升等给出了信息时代作战体系的概念模型及其描述。邱成龙等针对远程打击武器目标选择问题,归纳总结了重心效应、链条效应、瓶颈效应、连累效应和层次效应,来分析打击不同类型目标系统所产生的效果。

(二)目标选择与打击

目标选择不仅是一个复杂的技术问题,更是涉及战争目的和作战思想的重大问题,是统率机关筹划作战的重心和关节点,是作战计划的核心内容之一。要正确地选择打击目标,主要是要把握目标的价值原则,要求所选择的打击目标必须具有较高价值。打击目标的价值,是指目标系统在敌我军事斗争中所处地位的重要程度、所能发挥作用的大小,以及目标遭突击后对作战或者战争进程影响的程度。因此,打击目标选择过程的一个主要的工作就是目标价值分析,目标价值分析方法是否科学有效是决定目标选择结果正确与否的关键所在。

已有的一些目标价值分析方法,例如集合论方法、矩阵方法、群落型方法和塔型方法等,虽然能够解决一些问题,但却都存在一个共性的缺点,就是在对目标价值进行分析时都将目标看成孤立个体进行考虑,但是实际上目标并不是一个与外界隔离的孤立个体,多个目标之间往往通过某种联系构成目标系统或目标网络,多个目标系统又组合成一个目标体系,目标的价值已经不单纯体现在目标本身的特征属性上了,目标由于作为目标系统或目标网络中的一员而表现出来的价值同样对于目标选择具有重要影响。

(三)目标毁伤

目标毁伤效果评估在军事上有着十分重要的作用。目标毁伤效果评估作为指控系统的一部分辅助作战指挥员决策是否对要对目标实施二次打击,制约着指挥控制系统传感器资源和武器资源的分配。目标毁伤效果评估将对被打击后的目标毁伤情况进行一个科学的综合评估,它决定着后续作战行动的决策。我军作战能力的提升有赖于在战场中对敌方目标的毁伤情况的及时有效的评估。

目标毁伤效果评估能力不强带来的最主要问题是对同一目标的重复毁伤。美军导弹部队在科索沃战争中平均每天有至少 40 次的重复毁伤,在空袭第 86 天时竟然达到了重复毁伤近160 次。重复毁伤所带来的不仅是对宝贵的军事资源的巨大浪费,还可能会失去良好的战斗机会。因此,目标毁伤效果评估在现代战争中也越发体现出它在辅助决策上的重要作用。

针对不同的毁伤目标、交战过程和战略意图,对目标毁伤效果评估研究的重点也各不相同。本书对国内外学者的研究成果进行了总结,对于基于系统工程方法的目标毁伤效果评估研究主要有:①模糊综合评判方法,如姜浩等人通过层次分析法对机场目标指标体系进行划分,采用二级模糊综合评判模型对其毁伤效果进行评估。甄自清等人通过对地下指挥所的结构分析结合现代战争中火力毁伤的特点选取了三级模糊评判因素集,给出了模糊综合评判的数学模型和计算方法。②贝叶斯网络方法,如美空军的丹尼尔上校(W. F. Daniel)提出的目标毁伤效果评估贝叶斯网络决策(Bayesian Belief Network)模型,该模型提高了目标毁伤效果评估的准确性以及评估的速度,可用于战时实时的目标毁伤效果评估。史志富等提出应用贝叶斯网络的对地攻击效果进行分析评价,建立了编队对地攻击损伤评估的贝叶斯网络模型,给出了基于贝叶斯网络的损伤评估的推理决策方法。胡汇洋和王建宇等人提出了基于贝叶斯网络的目标毁伤等级评估模型。贝叶斯网络的方法应用于多传感器融合的毁伤效果评估能提高评估效果的可靠性和准确性,且在军事作战中广泛应用于战场态势威胁评估、装备损伤评估和目标毁伤效果评估等方面。③毁伤树方法,如胡慧等提出的基于毁伤树构建系统目标毁伤评估方法。④证据推理方法,如邹时禧提出的基于加权平均证据推理的对空目标毁伤评估方法。⑤仿真分析方法,如程江涛采用的基于统计模拟法的目标毁伤概率预测研究,李汶远采用基于像素-仿真法在地地战役战术导弹目标毁伤评估研究。

三、目标系统工程的一般工作方法和步骤

利用系统工程的原理和方法处理目标领域的各种问题时,一般按以下步骤进行。

(一)提出问题,选择目标

进行目标工作,首先明确要解决的是什么问题,它的性质是什么,与其他事物的联系如何。问题不明确,就失去了目标工作方向,因此,提出问题是解决问题的前提。在问题明确后应选择具体的目标(指标),以利于尔后评价备选的各系统方案。选择目标是至关重要的一个环节,目标选择的不好,就会出现"公说公有理,婆说婆有理"的现象,甚至使评价得出错误的结论。第二次世界大战中,英国关于要不要在商船上安装高炮的争论就是一个典型的例子。开始评价这个问题,只从高炮本身着眼,选择了高炮装在商船后击落敌机率作为目标。经统计,该目标值只有 4%,而高炮的安装和维修费用却较高。于是,有些人反对商船上安装高炮。而另一些人却认为安装高炮的目的不是击落敌机,而是保护商船。结果将安装高炮后商船被击沉率作为新的目标。以当时的统计资料看,安装高炮后商船被击沉率从安装前的 25% 下降为 10%。显然,这 15% 的商船的价值远远超过了高炮的安装和维修费,从而证明了安装高炮的正确性,使争论了一年之久的问题得到了解决。

目标有单目标和多目标两种,无论哪种,选择时都要提得合理、明确、具体,以便于尔后评价。

(二)收集资料,拟定方案

收集资料就是通过调查研究,收集与目标系统工程有关的资料和数据,并进行整理和加工。收集资料是进行系统分析的基础,没有这个基础,目标系统工程工作就成了"无米之炊"。由于很多资料、数据不是一朝一夕可以获得的,因此,要注意经常性的收集和整理工作。

拟定方案就是按照问题的性质、总的目的及环境条件,寻找达成目标的途径。由于达成目标的途径常不是一个,所以,拟定的方案通常是一组(数个)。这些方案都要利用概略模型进行计算,必须是可行的和可靠的。

(三)建立模型,进行优化

模型是对实体系统的特征和变化规律的一种定量的抽象表述。建立模型是为了研究实体系统的某些重要事项和功能特性,因此,模型必须反映实际,有一定的精度,又要高于实际,不能搞得太复杂。

(四)分析评估,进行决策

分析评估是由决策者或决策部门,将最优化后得到的一些解,考虑前提条件、假定条件和约束条件,在经验和知识的基础上与系统目标相联系进行综合评价。如果满意,则可付诸实施,否则,应返回到前面的有关步骤,对存在的问题进行修正,重新进行之。

分析评估常用价值分析方法。价值是一个综合的概念,可理解为"有用性""重要性"或"可接受性"。决定价值的因素很多,主要有系统功能、建立系统所需费用、完成系统所需时间和系统的可靠性。在评估时,要确定上述因素的数量指标,分析每一因素在特定任务下所处的地位,确定相应的评价系数,最后通过权衡求出系统的综合评价值,对各种方案进行比较,确定最优方案。

上述目标系统工程的一般工作步骤可用图 1-3-2 表示。

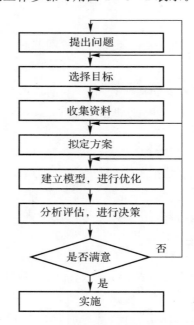

图 1-3-2 目标系统工程的一般工作步骤

第二章　目标系统建模与仿真

通过建模与仿真来研究系统,是人们认识世界的一种有效的科学方法,建模与仿真也被认为是继理论研究、科学实验之后,人类认识世界的第三种途径。当前,系统建模和仿真已经广泛应用于部队教育训练、作战方案评估、作战理论研究、作战条令开发、武器装备发展规划、国防和军队战略规划等多个领域,并取得了巨大的军事、社会和经济效益。因此,要对目标系统与目标体系进行深入研究,就必须通过目标模型构建,开展依托目标模型的定性与定量相结合的仿真分析。本章主要介绍系统建模、系统仿真、基于系统建模与仿真技术的目标建模与仿真应用。

第一节　系统模型概念

一、定义

系统是指具有某些特定功能、按照某些规律结合起来、相互作用、相互依存的所有实体的集合或者总和。系统模型是用来研究系统功能及其规律的工具,它常常是用数学公式、图、表等形式表示的行为数据的一组指令。系统模型是对实际系统的抽象,是对系统本质的描述,它是通过对客观世界的反复认识、分析,经过多次相似整合过程所得到的结果。数学表述方式是系统模型的最主要的表示方式,系统的数学模型是对系统与外部的作用关系及系统内在的运动规律所做的抽象,并将此抽象用数学的方式表示出来。系统数学模型的建立需要按照模型论对输入、输出状态变量及其间的函数关系进行抽象,这种抽象过程称为理论构造。抽象中,必须联系真实系统与建模目标,先提出一个详细描述系统的复杂抽象模型,并在此基础上不断增加细节到原来的抽象中去,使抽象不断具体化。最后用数学语言定量地描述系统的内在联系和变化规律,实现实际系统和数学模型间的等效关系。

一般来说,系统模型由以下几个部分组成:

(1)系统:模型描述的研究对象。

(2)目标:系统所要达到的目标。

(3)子系统:构成系统的各个组成部分。

(4)约束:系统所处的客观环境及限制条件。

(5)变量:表述系统组成的要素,包括内部变量、外部变量和状态变量(空间、时间)等。

(6)变量关系:表述系统不同变量之间的数量关系或定性关系。

弄清上述各组成部分后才能构造系统模型。

二、特征

系统工程的方法是通过对系统的了解和观察建立模型,对模型进行计量、变换及试验,分析研究其中重要因素及其相互关系,然后提供决策支持。如果没有一个恰当的模型,是不可能做出正确决策的。

一个系统模型应具备一些基本特征,比如,模型必须反映系统的实质因素,尽量简单、准确、可靠、经济、实用。系统模型反映了实际系统的主要特征,但它又区别于实际系统而具有同类问题的共性。一个通用的系统模型应具有以下特征:

(1)系统模型是对被研究对象的合理抽象和有效的模仿。

(2)系统模型与研究目的有关,是由那些与分析问题有关的因素构成的。

(3)系统模型反映被研究对象(系统)内主要因素间的相互关系,能体现系统的行为特征。

模型必须能反映被研究对象的本质,这对研究人员的抽象能力提出了较大的挑战;模型需要以某种方式表达出来,例如概念模型、符号模型等;除此之外,建立系统模型还需要科学的模型描述方法,也就是系统建模方法或系统模型化方法。

三、分类

系统模型的分类方法很多,从不同的视角观察就有不同的分类。

(1)按模型的表现形式,系统模型可分为物理模型、数学模型和描述模型等。

1)物理模型是简化的、类似于实际系统的某些典型特征而设想的一种模型,它是根据相似原理,把真实系统按比例放大或缩小制成的模型。这种模型多用于土木建筑、水利工程、船舶、飞机等制造方面,如航模、地球仪等。

2)数学模型是采用符号、数字、字母、方程、图表等形式对系统进行描述的一种数学结构,它反映了系统某些方面的数量关系、时序关系和逻辑关系,可以定量地描述系统的内在联系和变化规律,是人们对事物认识的一个质的飞跃。人们通过对数学模型的计算、仿真,可以求得问题的最优解、预测系统的发展趋势、洞察系统运动的各个阶段,从而为系统的分析、决策、控制提供依据,如万有引力定律便描述了不同物质的引力与它们的质量、距离之间的数量关系。

3)描述模型是近年来在社会科学、心理学、哲学及人工智能的研究中发展起来的一类模型。这类模型比较抽象,难以用数学语言表达,只能用自然语言或程序语言进行描述,是一类尚未数学化或有待于数学化的模型。描述模型源于计算机科学的分支——人工智能。这类模型的特点是对所涉及的对象知之不多,认识不连贯,要通过对模型的求解,即"探索"来不断地完善和发展对系统的知识,这样的求解过程更接近于人类的思维过程。

(2)按系统状态与时间的相关性,描述系统的模型可分为动态模型和静态模型。所谓系统状态指的是一组用来描述系统在特定条件下,任一时刻所有行为量的集合。

1)动态模型是指这些参量随时间的变化而变化的模型。动态模型可以是物理模型,也可以是数学模型。

2)静态模型是指这些参量不随时间变化的模型。静态模型是动态模型的特例。

动态数学模型按其参量随时间的变化规律又可分为连续模型、离散模型及连续/离散混合模型。连续模型的参量随时间的变化是连续的;而离散模型的参量随时间的变化是不连续的,它只在特定时刻变化,即呈跳跃性变化;连续/离散混合模型的参量随时间的变化部分呈连续性,部分呈离散性。

(3)按系统状态的确定性情况,描述系统的模型又可分为随机性、确定性等模型。随机性模型参量的变化呈随机性,所以又称为概率性模型,如随机服务系统模型;确定性模型的参数是确定的。

(4)按照研究对象的实际领域,系统模型又可分为人口模型、交通模型、生态模型、生理模型、经济模型、社会模型等。

(5)按照对研究对象的了解程度,系统模型还可分为白箱模型、灰箱模型和黑箱模型;等等。

四、模型构建与判定标准

模型的建立亦称建模,是对所要研究的系统进行特征分析和要素关系抽取,构建能够反映原有系统一定特征规律的模型的过程和活动。在建模时,需要对原有系统进行简化,做出一系列假定条件,使得模型的复杂度可以为人或计算机所理解、计算。

相似性原理是建模的基本依据,相似性有以下几种:一是几何比例相似性,即外观几何形状成比例相似,如沙盘、按比例缩小的试验模型;二是特征相似性,即需要具备类似的特征,如可以使用线性方程描述匀速运动特征;三是逻辑相似性,使用相同的知识可以推理出类似的结果,如构建人工专家系统模拟指挥员进行决策;四是过程相似性,即利用一种过程研究另一种过程,比如使用排队服务模型模拟防空系统。

可以说,建模是一项技术,更是一项艺术。"横看成岭侧成峰",针对不同问题甚至同一问题,不同的建模人员会对同一系统构建不同的模型。建模过程往往需要不断迭代和前进,从而获取最佳的模型,其本身是对同一问题深化认识的过程。要建立好的模型,往往需要具备深厚的领域背景知识和一定的悟性,这有赖于长期实践经验的积累和不畏艰难的探索。

模型对原有系统进行一定的简化、抽象,规定了一系列假设条件后,虽然符合相似性原理,但必然与实际系统存在着某些差异。那么有人会问:该如何评判一个模型的"好"与"坏"呢?模型的好与坏是相对研究目的而言的,好的模型反映了系统的基本规律和特征,有助于人们提高对原有系统的认识和解决问题。一个模型即使非常复杂和精细,但是解决不了问题,那就不能说它好;反之,一个模型即使简单、抽象,但只要解决了问题,那就是好模型。比如,在研究目标体系分析问题时往往不需要构建非常精细的单个目标模型,对于有些宏观问题过于细致可能超出现有计算能力,结果会适得其反。

五、作用

系统模型在系统工程中占有重要的地位,它的作用主要表现在以下几个方面:

(1)直观和定量。用系统模型不但能对现实系统的结构、环境和变化过程进行定性的推理和判断,而且可以通过图形及实物等直观的形式比较形象地反映出现实系统的结构、环境和变化过程的规律,尤其重要的是还可以用数学模型对现实系统进行定量分析并得出问题的数学解。

（2）应用范围广、成本低。由于用系统模型不必直接对现实系统本身进行实验研究，这样就可以减少大量的研究费用，更便于在实践中推广应用。特别是对于有些庞大的工程项目，即使花费大量人力、物力、财力也难以或根本无法直接进行实验研究，在这种情况下，只有用系统模型才能解决问题。

（3）便于抓住问题的本质特征。在现实系统中的有些因素要经过很长时间才能看出其变化情况，但用模型时，可以很快看出其变化规律。而且通过对模型进行灵敏度分析，可以看出哪些因素对系统的影响更大，从而最迅速地抓住问题的本质特征。

（4）便于优化。运用系统模型有利于系统优化，能用统一的判断标准比较方案的优劣，从而选出最优方案。

（5）能够模拟实验。模拟就是用模型做实验，因此模拟的先决条件是建立模型。特别是用电子计算机进行数学模拟，首先要建立数学模型，这在系统工程中是十分重要的。

当然，系统模型也有它的局限性，例如，系统模型本身并不能产生理论概念和实际数据，模型也不是现实系统本身，因此仅靠模型并不能检验出系统分析的结论是否与实际相符，最后还要用实践来检验。

值得指出的是，对不同的问题和系统开发的不同阶段，一般需要使用不同的模型。例如，在系统开发的初始阶段，可用粗糙一些的模型，如简单的图式模型等；而在后期，则可能需用严格定量的数学模型。

第二节　系　统　建　模

系统建模是系统工程人员的重要工作之一。建立一个简明的、适用的系统模型，将为系统的分析、评价和决策提供可靠的依据。建造系统模型，尤其是建造抽象程度很高的系统数学模型，是一种创造性劳动。因此有人讲，系统建模既是一种技术，又是一种"艺术"。

一、要求

对系统模型的要求可以概括为三条，即现实性、简明性、标准化。

（一）现实性

现实性即在一定程度上能够较好地反映系统的客观实际，应把系统本质的特征和关系反映进去，而把非本质的东西去掉，但又不影响反映本质的真实程度。也就是说，系统模型应有足够的精度。精度要求不仅与研究对象有关，而且与所处的时间、状态和条件有关。因此，为满足现实性要求，对同一对象在不同情况下可以提出不同的精度要求。

（二）简明性

在满足现实性要求的基础上，应尽量使系统模型简单明了，以节约建模的费用和时间。这也就是说，如果一个简单的模型已能使实际问题得到满意的解答，就没有必要去建一个复杂的模型，因为建造一个复杂的模型并求解是要付出很高代价的。

（三）标准化

在建立某些系统的模型时,如果已有某种标准化模型可供借鉴,则应尽量采用标准化模型,或者对标准化模型加以某些修改,使之适合对象系统。

以上三条要求往往是相互抵触的,容易顾此失彼。例如,现实性和简明性就常常存在矛盾,如果模型复杂一些,虽然满足现实性要求,但建模和求解却相当困难,费时、费钱,同时也可能影响标准化的要求,为此,必须根据对象系统的具体情况妥善处理。一般的处理原则是:力求达到现实性,在现实性的基础上达到简明性,然后尽可能满足标准化。

二、原则

传统的数学建模方法基本上有两大类:机理分析建模和实验统计建模。近些年建模方法又有了新的进展,常见方法有机理分析法、直接相似法、系统辨别法、回归统计法、概率统计法、量纲分析法、网络图论法、图解法、模糊集论法、蒙特卡罗法、层次分析法、"隔舱"系统法、定性推理法、"灰色"系统法、多分面法、分析-统计法及计算机辅助建模法等等。数学建模中,如何较合理地选择建模方法,至今没有一个固定程式,常常根据系统状况、建模目标、建模要求及实际背景来确定。

在系统分析中建立能较全面、集中、精确地反映系统的状态、本质特征和变化规律的数学模型是系统建模的关键。在实际问题中,要求直接用数学公式描述的事物是有限的,在许多情况下模型与实际现象完全吻合也是不大可能的。系统分析下的数学模型只是系统结构和机理的一个抽象,只有在系统满足一些原则的前提下,所描述的模型才趋于实际。因此,建模一般遵循下述原则。

首先,系统建模应当遵循可分离原则。系统中的实体在不同程度上都是相互关联的,但是在系统分析中,绝大部分的联系是可以忽略的,系统的分离依赖于对系统的充分认识、对系统环境的界定、系统因素的提炼以及约束条件与外部条件的设定。

其次,系统建模应当遵循假设的合理性原则。在实际问题中,数学建模的过程是对系统进行抽象,并且提出一些合理的假设。假设的合理性直接关系到系统模型的真实性,无论是物理系统、经济系统,还是其他自然科学系统,它们的模型都是在一定的假设下建立的。

再次,系统建模应当遵循因果性原则。按照集合论的观点,因果性原则要求系统的输入量和输出量满足函数映射关系,它是数学模型的必要条件。

最后,系统建模还应当遵循输入量和输出量的可测量性、可选择性原则,对动态模型还应当保证适应性原则。

三、过程

系统建模过程大致可以划分如下:

（一）准备阶段

面临复杂的系统,准备阶段是繁重而琐碎的,首先应该弄清问题的复杂背景、建模的目的或目标。模型问题化是要明确建模的对象、建模的目的、建模用来解决哪些问题、如何运用模型来解决问题等。首先,对于打算分析的问题和模型,我们要熟悉模型的所属领域,要清楚建模的对象是属于自然科学、社会科学,还是工程技术科学等领域。不同领域的模型都具有各自领域的特点与规律,应当根据具体的问题来寻求建模的方法与技巧。其次,建模是为了说明解决问题,还是为了预测、决策和设计一个新的系统,或者是兼而有之。最后,我们还要确定模型的实现是用模拟还是仿真、定性还是定量等方式来解决。

(二)系统认识阶段

首先,是系统建模的目标。对优化或决策问题,大都需要建立模型的目标,例如,质量最好、产量最高、能耗最少、成本最低、经济效益最好、进度最快等,同时要考虑是建立单目标模型还是建立多目标模型。目标确定之后,要将目标表述为适合于建模的相应形式,通常表示为模型中目标的最大化或最小化。

其次,是系统建模的规范。根据模型问题要求和模型的目标,拟定模型的规范,使模型问题规范化。规范化工作包括对象问题有效范围的限定、解决问题的方式和工具要求、最终结果的精度要求及结果形式和使用方面的要求。

再次,是系统建模的要素。根据模型目标和模型规范确定所应涉及的各种要素。在要素确定过程中须注意选择真正起作用的因素,筛去那些对目标无显著影响的因素。对选定因素应注意它们是确定性的还是不确定性的,能否进行定量分析等。

最后,是系统建模的关系及其限制。模型中的关系要求建模者从模型和模型规范出发,对模型要素之间的各种影响、因果联系进行深入分析,并作适当的筛选,找出那些对模型真正起作用的重要关系。所有这些关系将把目标与所有要素联系为一个整体,形成模型分析的基础,这时通常可以表示为一个结构模型。在确定关系后,模型规范告诉我们,模型的建立必须在一定的环境、一定的范围、一定的要求下进行,这个环境、范围和要求必然要对模型起限制作用。此外,要素本身的变化有一定限度,要素的相互影响作用也只能在一定的限度内保持有效。因此,模型制约化工作要求建模者找出对模型目标、模型要素和模型关系起限制作用的各种局部性和整体性约束条件。

(三)系统建模阶段

模型是对现实系统的某种表示,所以模型离不开形式。要素原型如何表示为要素变量,要素变量之间的关系如何表示,要素变量与模型目标之间的关系如何表示,约束条件如何表示,以及各个部分的整体性表示,特别是如何进行有关方面的数量表示,这些都是模型形式化问题。

建模是为了解决实际问题,模型的形式只能恰当适中,并非越复杂越好,而是要便于使用、便于有效地解决问题。由于前几步工作大都是从某些特定角度去考虑问题、分析问题的,从全局观点看,这样难免造成某些重复、重叠与繁杂,必须对问题进行简化。模型简洁化工作要求建模者针对上述可能出现的问题,以有效地反映模型问题、模型目标和模型规范为前提,对模型的各部分表示进行删繁就简,使模型具有简明的表示形式。

对于复杂的系统,通常用一个略图来定性地描述系统,考虑到系统的原型往往是复杂的、具体的,建模的过程必须对原型进行抽象、简化,把那些反映问题本质属性的形态、量纲及其关系抽象出来,简化非本质因素,使模型摆脱原型的具体复杂形态,并且假定系统中的成分和因素、系统环境的界定以及设定系统适当的外部条件和约束条件。对于有若干子系统的系统,通常确定子系统,明确它们之间联系,并描述各个子系统的输入/输出(I/O)关系。

在建模假设的基础上,进一步分析建模假设的各个条件。首先区分哪些是常量,哪些是变量;哪些是已知的量,哪些是未知的量;然后查明各种量所处的地位,作用和它们之间的关系,选择恰当的数学工具和建模方法,建立刻画实际问题的数学模型。一般地讲,在能够达到预期目的的前提下,所用的数学工具越简单越好,建模时究竟采用什么方法构造模型则要根据实际问题的性质和模型假设所给出的信息而定。就拿系统建模中的机理分析法和系统辨识法来说,它们是建立数学模型的两种基本方法,机理分析法是在对事物内在机理分析的基础上,利用建模假设所得出的建模信息和前提条件来建立模型;系统辨识法是对系统内在机理无所知的情况下利用建模假设或实际对系统为测试数据所给出的事物系统的输入、输出信息来建立模型。随着计算机科学的发展,计算机模拟有力地促进数学建模的发展,也成为一种重要的构造模型的基本方法,这些建模方法各有其优点和缺点,在构造模型时,可以同时采用,以取长补短,达到建模的目的。

(四)模型求解阶段

模型表示形式的完成不是建模工作的结束,如何利用模型进行计算求解成为最重要的问题。构造数学模型之后,模型求解常常会用到传统的和现代的数学方法,对于复杂系统,常常无法用一般的数学方法求解,计算机模拟仿真是模型求解中最有力的工具之一。其方法是根据已知条件和数据,分析模型的特征和模型的结构特点,设计或选择求解模型的数学方法和算法,然后编写计算机程序或运算与算法相适应的软件包,并借助计算机完成对模型的求解。

(五)模型分析与检验

依据建模的目的要求,对模型求解的数字结果,或进行稳定性分析,或进行系统参数的灵敏度分析,或进行误差分析等。通过分析,如果不符合要求,就修正或增减建模假设条件,重新建模,直到符合要求。如果通过分析符合要求,还可以对模型进行评价、预测、优化等方面的分析和探讨。

数学模型的建立是为系统分析服务的,因此模型应当能解释系统的客观实际。在模型分析符合要求之后,还必须回到客观实际中去对模型进行检验,看它是否符合客观实际。若模型不合格,则必须修正模型或增减模型假设条件,重新建模,循环往复,不断完善,直到获得满意结果。

以上几个阶段可用框图的形式表示,如图2-2-1所示。

在较为复杂的系统中,综合集成的方法对于数学建模是很有成效的,下面给出复杂系统建模的一般步骤示意图,如图2-2-2所示。

四、逻辑思维方法

从对数学模型的要求、建模的过程与步骤来看,要建立数学模型,应具备下述五个方面的能力:

- 分析综合能力;
- 抽象概括能力;
- 想象洞察能力;

- 运用数学工具的能力；
- 通过实践验证数学模型的能力。

建立数学模型是一种积极的思维活动,从认识论角度看,它是一种极为复杂且应变能力很强的心理现象,因此既没有统一的模式,也没有固定的方法,但其中既有逻辑思维,又有非逻辑思维。建模过程大体都要经过分析与综合、抽象与概括、比较与类比、系统化与具体化的阶段,其中分析与综合是基础,抽象与概括是关键。从逻辑思维来说,抽象、归纳、演绎、类比等形式逻辑的思维方法大量被采用。熟悉这些基本方法,无疑对提高建模能力会有帮助。下面将以一些实例说明这些方法的应用,当然这些实例本身是多种方法的结果,并不能划分到某一方法类中。

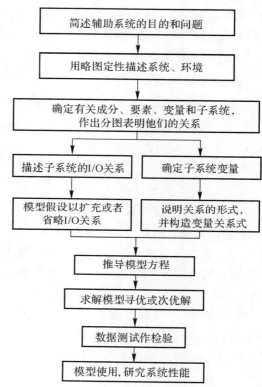

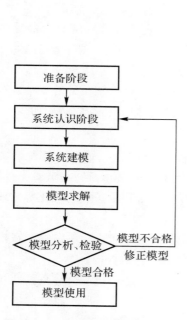

图 2-2-1 系统建模的主要步骤

图 2-2-2 复杂系统建模的主要步骤

(一)抽象

科学研究就是要揭示事物的共性和联系的规律,因此就要忽略每个具体事物的特殊性,着眼于整体和一般规律,我们称这种研究方法为抽象。

例如,人们在日常生活中经常会遇到这样一个问题:有四条腿的家具,如椅子、桌子等,往往不能一次放稳,只能有三只脚着地,需要旋转调整几次,方可使四只脚着地、放稳,这个看来似乎与数学无关的现象能用数学语言表述并用数学工具证实吗?

数学建模的关键是用数学语言把四只脚同时着地的条件和结论表示出来。

(1)椅子的位置和调整的表述。注意到椅子脚连线成正方形,以中心点为对称点,正方形绕中心的旋转表示椅子位置的改变(可以假设椅子位置调整中只有旋转而没有平移,因为在实际问题中只要旋转调整便可放稳)。

因此可以用旋转角度这一变量表示椅子的位置。在图 $2-2-3$ 中，$ABCD$ 为椅子初始位置，$A'B'C'D'$ 为椅子绕中心点 O 旋转 θ 角后的位置。

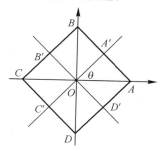

图 $2-2-3$ 椅子的放置

(2)椅脚着地的数学表示。显然若用变量表示椅脚与地面的距离，当此变量为零时，就表示椅脚着地。这样需引进四个变量，且均为 θ 的函数(因为椅子的位置不同时，椅脚与地面的距离不同)。

现在考虑化简。由于正方形是中心对称的，只要假定两个距离函数即可。设 A、C 两脚与地面距离之和为 $f(\theta)$，B、D 两脚与地面距离之和为 $g(\theta)$，显然 $f(\theta)$ 与 $g(\theta)$ 非负。

对三只脚着地和四只脚着地的描述。由于椅子在任何位置至少有三只脚着地，所以对于任意的 B，$f(\theta)$ 和 $g(\theta)$ 中至少有一个为零，因此恒有 $f(\theta) \cdot g(\theta) = 0$。当 $\theta = 0$ 时，不妨设 $g(\theta) = 0$，$f(\theta) > 0$。若四只脚一样长，则旋转 $90°$ 后，只是两对角线互换，因此当 $\theta = \pi/2$ 时，$f(\theta) = 0$，$g(\theta) > 0$。在 $\theta = \theta_0$ 即四只脚着地时，$f(\theta_0) = g(\theta_0) = 0$。

(3)函数 $f(\theta)$ 与 $g(\theta)$ 的性质。假设地面高度是连续变化的，则 $f(\theta)$ 与 $g(\theta)$ 为 θ 的连续函数。

将上述分析中的假设和模型整理出来。

1.模型的假设

(1)椅子四条腿一样长(这样椅子在绕中心旋转时，仅与 θ 角有关，而不会因四条腿不一样长，而与椅腿有关)，椅脚与地面接触处可视为一个点(只考虑几何位置)，四脚的连线呈四方形。

(2)地面高度是连续变化的，即为连续曲面，沿任何方向都不会出现间断(保证了 $f(\theta)$ 与 $g(\theta)$ 的连续性)。

(3)对于椅脚的间距和椅腿的长度而言，地面是相对平坦的，椅子在任何位置至少有三只脚同时着地。

2.模型的构成

将用自然语言描述的现象，翻译成形式化的数学语言。

令 $f(\theta)$ 为 A、C 与地面距离之和，$g(\theta)$ 为 B、D 与地面距离之和，$f(\theta)$、$g(\theta)$ 是 θ 的连续函数，则问题可表述如下：

已知连续函数 $f(\theta)$ 和 $g(\theta)$，$\theta \in [0, \pi/2]$，满足：

$$f(\theta) \cdot g(\theta) = 0, \forall \theta \in [0, \pi/2]$$

且 $f(0) \geq 0$，$g(0) = 0$；$f(\pi/2) = 0$，$g(\pi/2) \geq 0$。

求证:存在 $\theta_0 \in [0,\pi/2]$,使 $f(\theta_0) = g(\theta_0) = 0$。

3.模型的求解

令 $h(\theta) = f(\theta) - g(\theta)$,则 $h(0) > 0$,$h(\pi/2) < 0$。由于 $f(\theta)$ 和 $g(\theta)$ 是连续的,故 $h(\theta)$ 亦为连续的。根据连续函数的中值定理可知,必定存在 $\theta_0 \in [0,\pi/2]$,使得 $h(\theta_0) = 0$,即 $f(\theta_0) = g(\theta_0)$,又 $f(\theta_0) \cdot g(\theta_0) = 0$,故 $f(\theta_0) = g(\theta_0) = 0$。

可见,问题得到了解决。在该问题的建模中巧妙的是用一元变量 θ 表示椅子的位置,以及用两个函数表示椅子四脚与地面的距离。根据实际经验,椅子或桌子亦可以是长方形的,由此可看出利用正方形的中心对称性及旋转 $90°$ 不是本质性的。

(二)归纳

就人类总的认识秩序而言,总是先认识某些特殊现象,然后过渡到对一般现象的认识,归纳就是从特殊的、具体的认识推进到一般的、抽象的认识的一种思维方式,它是科学发现的一种常用的、有效的思维方式。归纳的前提是存在单个的事实或特殊的情况,所以归纳是立足于观察、经验或实验的基础上的。另外,归纳是依据若干已知的不完全的现象推断尚属未知的现象,因此结论具有猜测的性质,然而它却超越了前提包含的内容。

开普勒第三定律的发现,可视为归纳法的典型例子。

第谷·布拉赫(1546—1601 年)观测行星运动,积累了 20 年的资料。开普勒(1571—1630 年)作为他的助手,运用数学工具分析研究这些资料,发现火星的位置与根据哥白尼的"行星绕太阳的运行轨道是圆形的"理论所计算的位置相差 8 弧分。在深入分析的基础上,于 1609 年归纳出开普勒第一定律,即各行星分别在不同的椭圆轨道上绕太阳运行,太阳位于这些椭圆的一个焦点上。同年又归纳出开普勒第二定律,即单位时间内,太阳-行星行径扫过的面积是常数(对一颗行星而言)。为了寻求行星运动周期与轨道尺寸的关系,将当时已发现的六大行星的运行周期和椭圆轨道的长半轴列成表格,如表 2-2-1 所示。经反复研究,终于总结出开普勒第三定律,即行星运行周期 T 的平方与其椭圆轨道长半轴 a 的三次方成正比。

表 2-2-1　　六大行星运行周期和椭圆轨道的长半轴

行星	周期 T	长半轴 a	T^2	a^3
行星	0.241	0.387	0.058	0.058
水星	0.615	0.723	0.378	0.378
金星	1.000	1.000	1.000	1.000
地球	1.881	1.524	3.540	3.540
火星	11.862	5.203	140.700	140.850
木星	29.457	9.539	867.700	867.980

显然开普勒在总结上述规律时使用的是不完全归纳法,在理论证明后才成为定律,但归纳所得到的猜测却具有科学发现重大意义。

(三)演绎

演绎推理是由一般性的命题推出特殊命题的推理方法。演绎推理的作用在于把特殊情况明晰化,把蕴涵的性质揭露出来,有助于科学的理论化和体系化。

牛顿以微积分为工具,在开普勒三定律和牛顿力学第二定律的基础上,演绎出万有引力定律,这一定律成功地、定量地解释了许多自然现象,也为其后一系列的观测和实验数据所证实。

牛顿认为一切运动都有其力学原因,开普勒三定律的背后必定有某个力学规律起作用,他要构造一个模型加以解释。

以太阳为原点建立极坐标系(θ,r),r为向径长,θ为真近点角,r为向径,如图 2-2-4 所示。

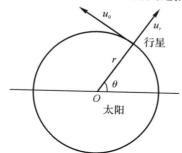

图 2-2-4 太阳系中行星的运行轨道

将开普勒三定律作为假设 Ⅰ、Ⅱ、Ⅲ,牛顿力学第二定律作为假设 Ⅳ,它们可以表示如下。

假设 Ⅰ:轨道方程为

$$r = \frac{p}{1 + e\cos\theta} \tag{2.2.1}$$

其中,$p = \dfrac{b^2}{a}$,$b^2 = a^2(1 - e^2)$,a 为长半轴,b 为短半轴,e 为偏心率。

假设 Ⅱ:

$$\frac{1}{2}r^2\dot{\theta} = A \tag{2.2.2}$$

其中,A 是单位时间内向径扫过的面积,对某一颗行星而言,A 为常数;$\dot{\theta}$ 表示 θ 对时间 t 的导数。

假设 Ⅲ:

$$T^2 = ka^3 \tag{2.2.3}$$

其中,T 是行星运行周期;k 是常数。

假设 Ⅳ:

$$f \propto \ddot{r} \tag{2.2.4}$$

假设 Ⅳ 表示太阳和行星之间的作用力 f 与加速度 $\ddot{r}$ 的方向一致,与 $\ddot{r}$ 的大小成正比例。

现在试图从这四条假设出发,寻找太阳与行星之间作用力的方向和大小应满足的关系,即 $\ddot{r}$ 的关系式。

选取基向量:

$$\left.\begin{array}{l} \boldsymbol{u}_r = \cos\theta\boldsymbol{i} + \sin\theta\boldsymbol{j} \\ \boldsymbol{u}_\theta = -\sin\theta\boldsymbol{i} + \cos\theta\boldsymbol{j} \end{array}\right\} \tag{2.2.5}$$

如图 2-2-4 所示,于是

$$\boldsymbol{r} = r\boldsymbol{u}_r \tag{2.2.6}$$

因为

$$\dot{\boldsymbol{u}}_r = -\sin\theta \cdot \dot{\theta}\boldsymbol{i} + \cos\theta \cdot \dot{\theta}\boldsymbol{j} = \dot{\theta}\boldsymbol{i}\boldsymbol{u}_\theta \tag{2.2.7}$$

$$\dot{\boldsymbol{u}}_\theta = -\cos\theta \cdot \dot{\theta}\boldsymbol{i} - \sin\theta \cdot \dot{\theta}\boldsymbol{j} = -\dot{\theta}\boldsymbol{iu}_r \tag{2.2.8}$$

由式(2.2.6)和式(2.2.7)得到行星运行的速度 $\dot{\boldsymbol{r}}$ 和加速度 $\ddot{\boldsymbol{r}}$，即有

$$\dot{\boldsymbol{r}} = \dot{r}\boldsymbol{u}_r + r\dot{\theta}\boldsymbol{u}_\theta \tag{2.2.9}$$

$$\ddot{\boldsymbol{r}} = (\ddot{r} - r\dot{\theta}^2)\boldsymbol{u}_r + (r\ddot{\theta} + 2\dot{r}\dot{\theta})\boldsymbol{u}_\theta \tag{2.2.10}$$

根据式(2.2.2)，有

$$\dot{\theta} = \frac{2A}{r^2} \tag{2.2.11}$$

$$\ddot{\theta} = -\frac{4A\dot{r}}{r^3} \tag{2.2.12}$$

由式(2.2.11)和式(2.2.12)可知式(2.2.10)右端第二项 $r\ddot{\theta} + 2\dot{r}\dot{\theta} = 0$，故有

$$\ddot{\boldsymbol{r}} = (\ddot{r} - r\dot{\theta}^2)\boldsymbol{u}_r \tag{2.2.13}$$

根据式(2.2.1)和式(2.2.2)，可得

$$\dot{r} = \frac{r^2}{p}e\sin\theta \cdot \dot{\theta} = \frac{2A}{p}e\sin\theta \tag{2.2.14}$$

$$\ddot{r} = \frac{2A}{p}e\cos\theta \cdot \dot{\theta} = \frac{4A^2}{r^3}\left(1 - \frac{r}{p}\right) \tag{2.2.15}$$

将式(2.2.11)和式(2.2.15)代入式(2.2.13)，可得

$$\ddot{\boldsymbol{r}} = -\frac{4A^2}{pr^2}\boldsymbol{u}_r \tag{2.2.16}$$

将式(2.2.16)与式(2.2.5)、式(2.2.7)相比较知，太阳对行星的作用力 $\boldsymbol{f}$ 的方向与向径 $\boldsymbol{r}$ 方向正好相反，即 $\boldsymbol{f}$ 在太阳与行星的连线方向上，指向太阳；$\boldsymbol{f}$ 的大小和太阳行星间距的二次方成反比。

下面进一步证明式(2.2.16)中的比例系数 $\dfrac{A^2}{p}$ 是绝对常数（A 和 p 的取值不是绝对常数，而是由所讨论的行星来决定的）。

根据 A 和式(2.2.2)中 a, b 的定义，任一行星的运行周期 T 满足：

$$TA = \pi ab \tag{2.2.17}$$

由式(2.2.1)、式(2.2.3)和式(2.2.17)可得

$$\frac{A^2}{p} = \frac{\pi^2 a^2 b^2}{T^2 p} = \frac{\pi^2 a^2 b^2}{ka^3}\frac{a}{b^2} = \frac{\pi^2}{k} \tag{2.2.18}$$

式中，π 和 k 都是绝对常数，这说明引力的比例系数对万物是同一常数，万有引力定律得到证明。

（四）类比

类比是在两类不同的事物之间进行对比，找出若干相同或相似点之后，推测在其他方面也可能存在相同或相似之处的一种思维方式。由于类比是从人们已经掌握了的事物的属性来推测正在研究中的事物的属性，所以类比的结果是猜测性的，不一定可靠，但它却具有发现的功能，是创造性思维的重要方法。

在机械系统中，由一个质量为 m 的重块、一个阻尼系数为 β 的阻尼器和一个刚度为 k 的弹

簧组成的机械系统,在外力 F 的作用下,根据牛顿定律可得出这个系统重块的力平衡方程式:

$$F = m\frac{d^2x}{dt^2} + \beta\frac{dx}{dt} + kx \tag{2.2.19}$$

式中,x 是重块的位移;$\frac{dx}{dt}$ 是重块的速度;$\frac{d^2x}{dt^2}$ 是重块的加速度;$m\frac{d^2x}{dt^2}$ 表示惯性力;$\beta\frac{dx}{dt}$ 表示阻尼力;kx 表示弹簧弹力。

在电路模型中,一个由电感 L、电容 C 和电阻 R 组成的电路,输入电压为 u_1 时,取电容上的电压 u_C 为输出,则输入电压 u_1 与输出电压 u_C 的关系,根据基尔霍夫定律,可由如下的微分方程式描述:

$$u_1 = LC\frac{d^2u_C}{dt^2} + RC\frac{du_C}{dt} + u_C \tag{2.2.20}$$

式(2.2.20)准确地描述了该电路的输入 / 输出特性。

比较上述两个模型,可以发现两者是极为相似的。如果参数选择合适,使得 $LC = m$,$RC = \beta$,$k = 1$,则两个微分方程完全相同。这说明不同的系统其运动行为可以是完全相似的,因此可以用类比的方法来建立模型。

(五)移植

在科学研究中,往往能够将一个或几个学科领域中的理论和行之有效的研究方法、研究手段移用到其他领域当中去,为解决其他学科领域中存在的疑难问题提供启发和帮助。这是由于自然界各种运动形式之间的相互联系与相互统一,决定了各门自然科学之间的相互影响与相互渗透。移植的特点是把问题的关键与已有的规律和原理联系起来,与既存的事实联系起来,从而构成一个新的模型或深掘其本质的概念与思想。

计算圆周率 π 的浦丰投针模型是运用移植法的一个例子。

1977 年法国科学家浦丰(Buffon)利用几何概率研究了投针问题:在平面上画一些平行线,它们之间的距离都等于 a,向此平面任投一长度为 $l(l < a)$ 的针,用 x 表示针的中点到最近的一条平行线的距离,甲表示针与平行线的交角,则针与平行线的位置关系如图 2-2-5 所示。

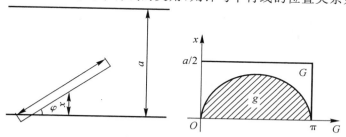

图 2-2-5 针与平行线的位置关系

在图 2-2-5 中,显然,$0 \leqslant x \leqslant \frac{a}{2}$,$0 \leqslant \varphi \leqslant \pi$。以 G 表示边长分别为 $\frac{a}{2}$ 及 π 的长方形(面积为 S_G),为使针与平行线相交,必须有 $x \leqslant \frac{l}{2}\sin\varphi$,满足这个关系式的区域记为 g(面积为 S_g),则此针与任一平行线相交的概率为

$$p = \frac{S_g}{S_G} + \frac{\frac{1}{2}\int_0^\pi l\sin\varphi\mathrm{d}\varphi}{\frac{1}{2}ax} + \frac{2l}{\pi a} \qquad (2.2.21)$$

故

$$\pi = \frac{2l}{a}\frac{1}{p} \qquad (2.2.22)$$

为计算 π 的近似值,可在投针实验中记 N 为实验次数, N_i 为针与平行线相交的次数,由大数定理 $\forall \varepsilon > 0, \lim\limits_{N\to\infty}\left\{\left|\dfrac{N_i}{N} - p\right| \geqslant \varepsilon\right\} = 0$,可将 $\dfrac{N_i}{N}$ 作为 p 的估计值,由此可得 π 的近似值。

五、系统建模技术发展

随着系统工程理论的发展和应用不断深入,系统工程所研究的问题越来越多地涉及复杂系统、非线性系统,传统的模型方法已经不能适应这种研究的需要,规划论、"硬"的优化技术已经很难应对这种局面。

高度非线性及复杂性是现实系统的基本特征,用传统的"硬"技术理解和预测这种多变量、多参数、非线性的复杂系统是不适用的,而且很难建立起合适的数学模型,因此迫切需要建立与之相适应的新的"软"技术。由于传统的分析方法具有精确性和定量化,因而不能处理现实复杂多变的系统。事实表明,在处理这类系统时,必须面对不精确性和不确定性程度越来越高的问题。

随着信息技术和计算机智能化的发展,Zadch 提出了一种新的方法——软计算(Soft Computing)。软计算不是一个单独的方法论,而是一个方法的集合,在这个集合中的主要成员包括模糊逻辑控制(Fuzzy Logic Control)、神经网络(Neural Network)、近似推理以及一些具有全局优化性能且通用性强的 Meta-heuristic 算法,如遗传算法(Genetic Algorithms,GA)、模拟退火算法(Simulated Annealing,SA)、禁忌搜索算法(Taboo Search,TS)、蚁路算法(Ant System,AS)等。这些方法的特点是借鉴了生物原理和人的思维,因此有人也称之为"拟人"方法。它们更适用于解决管理、经济和复杂的工程大系统问题。

模糊逻辑推广了经典的二值逻辑,可以具有无穷多个中间状态,是处理不精确性和不确定性问题的有效工具。模糊技术以模糊逻辑为基础,从人类思维中的模糊性出发,对于模糊信息进行量化,其中最重要的一步是利用专家知识和实际经验来定义相应模糊集的隶属函数。在模糊理论研究中,隶属函数是最基本的研究对象,它的确定主要是靠专家知识与实际经验,其中包含有主观的因素,但这并不意味着由此建立的理论不可靠,相反正是因为利用了这一点,模糊集反映了人脑的思维特征,而使得模糊理论在许多以人为主要对象的领域(如管理领域、经济领域)得到了成功应用。模糊控制是基于模糊集的一种"软控制",相应的控制算法则是人脑思维的量化模拟,所以模糊集及模糊控制理论是智能信息处理、软计算技术的基础。

人工神经网络是模仿人脑生理特性的新型智能信息处理系统,它以模拟生物神经元为基础,使系统具有自适应性、自组织性、容错性等。人们可以通过优化网络拓扑结构、设计网络连接权的学习算法来改善系统的各种性能。即使一个给定的网络也具有很强的映射能力,所以神经网络是进行曲线拟合、近似实现各种非线性复杂系统的有效工具。人工神经网络开创了用已知非线性系统去近似实现实际应用中的复杂系统,甚至是"黑箱"的典型范例。由于神经网络从另一个方面反映出人脑的特性,所以它也构成了软计算的基础。

软计算的另一个基本内容是超启发式(Meta-heuristic)算法,其中的遗传算法对目标函数的要求很低,甚至无须知道目标函数的表达式,所以该算法非常适用于对非线性复杂系统的研究。

与传统的"硬计算"完全不同,软计算的目的在于适应现实世界遍布的不精确性。因此,其指导原则是开拓对不精确性、不确定性和部分真实的容忍,从而达到可处理性、鲁棒性、低成本求解以及与现实更好的紧密联系。在最终的分析中,软计算的作用模型是人的思维。

在软计算方法集合中,每一种方法具有其优点和长处,它们之间是互补的而不是竞争的。这些技术紧密集成形成了软计算的核心。通过它们的协同工作,可以保证软计算有效地利用人类知识,处理不精确以及不确定的情况,对位置或变化的环境进行学习和调节以提高性能。

例如,神经网络和遗传算法都是对生物学原理的模拟,遗传算法是基于生物的进化机制,而神经网络则是人脑的典型特征的表现,将二者进行有机结合可以达到很好的实际效果。模糊系统的设计可以由遗传算法或神经网络来完成。虽然模糊技术已在许多的应用领域取得了成功,专家知识可以用模糊规则很好地表现出来,但规则的提取和隶属函数的选择却十分费劲,这时可以利用神经网络的自学习和自组织性来解决这一问题。分类已知的训练数据并规定模糊规则的数量,用神经网络模糊分割输入空间,通过学习,获取相应于所有规则的隶属函数的特性,并生成对应于任意输入矢量的隶属值,这时由神经网络的拟合功能可产生相应的隶属函数。在此过程中,为了解决基于局部区域的梯度学习算法缺乏全局性和易陷入局部最小这类缺陷,并且对网络结构进行优化,可以利用遗传算法来完善相应的功能,获取最佳的结果。反过来,也可凭借模糊系统或神经网络的学习能力来设置遗传算法中的各种参数,包括种群的尺度、交叉概率、变异概率以及算法迭代的步数等,使遗传算法自适应地自我调节和进化。总之,将模糊逻辑、神经网络和遗传算法进行有机结合,可以有效地处理非线性复杂系统,对智能信息进行表示、传递、存储和恢复。

下面就软计算当中所应用到的 Meta-heuristic 算法进行简要的介绍:

(1)禁忌搜索算法(TS)。TS 是 Glove 模拟智能过程中提出的一种具有记忆功能的全局逐步优化算法。TS 的核心在于对搜索过程使用短期记忆和中长期记忆,以使搜索具有广泛性和集中性。其基本思想是搜索可行的解空间,在当前解的邻域中找到另一个更好的解。但是为了能够逃出局部极值和避免循环,算法中设置了禁止表,当搜索的解在禁止表中时,则放弃该解。TS 算法可以灵活地使用禁止表记录搜索过程,从而使搜索既能找到局部最优解,同时又能越过局部极值得到更优的解。

(2)模拟退火算法(SA)。SA 是基于蒙特卡洛(Mente Carlo)迭代求解的一种全局概率型搜索算法,首先由 Kirkpatrick 等人用于组合优化中。该算法源于固体材料退火过程的模拟。固体材料退火是先将固体加热至熔化,再徐徐冷却使之凝固成规整的晶体。熔化是为了消除系统中原先可能存在的非均匀状态,冷却过程之所以徐徐进行是为了使系统在每一温度下都达到平衡态。因为在平衡态,系统的自由能达到最小值。如果将优化问题的目标函数类比为能量函数,控制参数类比为温度 T,模拟固体退火过程就可将给定控制参数值时优化问题的相对最优解求出,然后减少控制参数使其趋于 0,最终求得组合优化问题的整体最优解。SA 是一种全局优化方法,通过人为地引入噪声,使得当算法陷入局部最优的陷阱时,达到从该陷阱中逃脱的条件,进而再逐步减小噪声,以使得算法能停留在全局最优点。

(3)遗传算法(GA)。GA 是 Holland 研究自然遗传现象与人工系统的自适应行为时,借鉴"优胜劣汰"的生物进化与遗传思想而提出的一种全局性并行搜索算法。自然界生物的进化通过两个基本过程:自然选择和有性生殖不断进化。在漫长的进化过程中,生物逐渐从简单的低级生物到人类,这是一个完美的进化过程。按达尔文进化论的观点,这一过程遵循适者生存、优胜劣汰的自然选择原则,它使自然界生物的演化问题得到较好的解决。正因为如此,人们开始把进化看成值得仿效的东西,即用搜索和优化过程模拟生物体的进化过程,用搜索空间中的点模拟自然界生物体,经过变形后的目标函数度量生物体对环境的适应能力,生物优胜劣汰类比为优化和搜索过程中用好的可行解取代较差可行解的迭代过程。这样就形成了进化策略。GA 注重父代与子代遗传细节上的联系,主要强调染色体操作。GA 是一个群体优化过程,为了得到目标函数的最小(大)值,不是从一个初始值出发,而是从一组初始值出发进行优化。这一组初始值好比一个生物群体,优化的过程就是这个群体繁衍、竞争和遗传、变异的过程。

(4)蚁路算法(AS)。AS 是一种源于大自然中生物世界的新的仿生类算法,作为通用型随机优化方法,它吸收了昆虫王国中蚂蚁的行为特性,通过其内在的搜索机制,在一系列困难的组合优化问题求解中取得了成效。由于在模拟仿真中使用的是人工蚂蚁概念,因此有时亦被称为蚂蚁系统。据昆虫学家的观察和研究发现,生物世界中的蚂蚁有能力在没有任何可见提示下找出从其巢穴至食物源的最短路径,并能随环境的变化而变化,适应性地搜索新的路径,产生新的选择。作为昆虫的蚂蚁在寻找食物源时,能在其走过的路径上释放一种蚂蚁特有的分泌物——信息激素(Pheromone),使得一定范围内的其他蚂蚁能够察觉到并由此影响它们以后的行为。当一些路径上通过的蚂蚁越来越多时,其释放的信息激素轨迹(Trail)也越来越多,以致信息激素强度增大(当然,随时间的推移会逐渐减弱),后来蚂蚁选择该路径的概率也越高,从而更增加了该路径的信息激素强度,这种选择过程称为蚂蚁的自催化行为(Auto Catalytic Behavior)。由于其原理是一种正反馈机制,因此,可将蚂蚁王国(Ant Colony)理解成所谓的增强型学习系统(Reinforcement Learning System)。

用于优化领域的人工蚂蚁算法,其基本原理吸收了生物界中蚂蚁群体行为的某些显著特征:①能察觉小范围内的状况并判断出是否有食物或其他同类的信息素轨迹;②能释放自己的信息素;③所遗留的信息素数量会随时间而逐步减少。由于自然界中的蚂蚁基本没有视觉,既不知向何处去寻找和获取食物,也不知发现食物后如何返回自己的巢穴,因此,它们仅仅依赖于同类散发在周围环境中的特殊物质定自己何去何从。有趣的是,尽管没有任何先验知识,但蚂蚁们还是有能力找到从其巢穴到食物源的最佳路径,甚至在该路线上放置障碍物之后,它们仍然能很快重新找到新的最佳路线。

以上这些方法为系统工程建模和优化提供了新的技术工具,为解决军事系统问题、社会经济问题、大系统问题提供了新的途径,值得我们注意。

第三节　系　统　仿　真

　　系统仿真其实就是对实际系统的一种模仿活动,也就是利用一个模型来模仿实际系统的运动、发展和变化,从而得出其中的规律。在科学研究中最常用的研究手段是,通过建立数学模型来实现对现实中的系统进行模拟。利用数学模型去描述所研究的系统的优越性已被人们充分认识到,但是由于数学手段的限制,对庞大而复杂的事物和系统建立数学模型并进行求解的能力往往是很有限的。这种利用数学模型描述系统的特征并进行求解的手段逐步发展成为现代的计算机仿真技术,利用它可以求解许多复杂而无法用数学手段解析求解的问题,可以预演和再现系统的运动规律或运动过程,可以对无法直接进行实验的系统进行仿真试验研究,从而节省了大量的资源和费用。在系统工程中,除对一些难以建立物理模型和数学模型的对象系统,可以通过仿真模型顺利地解决预测、分析和评价等系统问题外,还可以把一个庞大且复杂的系统细分成若干个子系统,以便于分析和研究。通过系统仿真,不仅能近似真实地模拟现实系统的运动过程和发展变化的规律,还能启发新的思想或产生新的策略,此外,还能暴露出原系统中隐藏的一些问题,以便及时解决,从而优化和完善整个系统。由于计算机仿真技术的优越性,它的应用领域日益广泛,而且也受到越来越多的研究学者的重视。

　　仿真技术的应用已不仅仅限于产品或系统生产集成后的性能测试试验,而且已扩大到产品型号研制的全过程,包括方案论证、战术技术指标论证、设计分析、生产制造、试验、维护、训练等各个阶段。仿真技术不仅仅应用于简单的单个系统,也应用于由多个系统综合构成的复杂系统。

一、仿真的概念和作用

　　仿真属于一门基础性学科。仿真就是利用模型进行的一种实验,是用于科研、设计、训练以及系统的实验。各种仿真系统都具有形象、科学、简易、安全、经济、实效等特点,在科研、工业、交通、军事、教育等领域得到了广泛的应用,并不断扩展其广度和深度。

(一)系统仿真的概念

　　1961 年,G. W. Morgenthater 首次对仿真进行了技术性定义,即仿真意指在实际系统不存在的情况下对于系统或活动本质的实现。另一典型的对仿真进行的技术性定义的是 Korn,他在《连续系统仿真》一书中将仿真定义为用能代表所研究的系统模型做实验。1982 年,Spriet进一步将仿真的内涵加以扩充,定义为所有支持模型建立和模型分析的活动即为仿真活动。1984 年 Oren 在给出了仿真的基本概念框架"建模—实验—分析"的基础上提出了"仿真是一种基于模型的活动"的定义,该定义被认为是现代仿真技术的一个重要概念。实际上,随着科学技术的不断发展与飞速进步,特别是信息技术的迅速发展,仿真的技术含义不断得到发展和完善,从 A. Alan 和 B. Pritsker 撰写的"仿真定义汇编"一文中我们可以清楚地观察到这种演变过程。无论哪种定义,仿真基于模型这一基本观点是共同的,仿真是通过对模型的模拟运行和试验,以达到研究系统的运动、变化和发展规律的目的。

　　系统仿真的确切概念可以概括地表述为:系统仿真是指通过对现实的活动或系统,建议和运行该活动或系统的计算机仿真模拟，来模仿现实中的活动或实际系统的运行状态及其随时间的发展变化的运行规律，以实现在计算机上进行模拟试验的全过程。在这个过程中，通过对仿真运行过程的观察与统计，得到被仿真系统的仿真输出参数和基本特性，以此来估计和推断实际系统的真实参数和真实性能。

例如，在某项作战行动计划中，需要制定我军针对敌军的攻击方案和策略。显而易见，由于敌军具体的情况和细节我军不可能完全知晓，再加上人力、物力、财力等各个方面的限制和约束，我军不可能进行真实条件下的"实验"。但是我军可以根据敌我双方的兵力、武器装备、后勤支援系统的情况等，按照以往的作战经验和作战规律，建立起敌我双方的作战模型。采用不同情况下设想的作战方案，并在计算机上进行仿真实验，为作战指挥官最后确定作战方案提供全方位、多方案、比较真实可靠的决策依据。

综上所述，第一，系统仿真是一种有效的"实验"手段，它为一些庞大且复杂的系统创造了一种"柔性"的计算机实验环境，使人们有可能在短时间内从计算机上获得对系统运动、发展和变化的规律以及未来特性的认识和预测。第二，系统仿真实验室是一种在计算机上进行的软件实验，因此它需要运行良好的仿真软件（包括仿真语言）来支持系统的建模仿真过程。通常，计算机模型特别是仿真模型往往都是面向实际问题的，换句话说，就是问题导向型的，它包含系统中的元素对象以及各个元素对象之间的关系，如逻辑关系、数学关系等。第三，系统仿真的输出结果是在仿真过程中由模仿软件通过对现实系统的模拟运行而自动给出的。第四，一次仿真结果只是对系统行为的一次抽样，因此，一项仿真研究往往由多次独立的重复仿真所组成，所得到的仿真结果也只是对真实系统进行具有一定样本量的仿真实验的随机样本。因此，系统仿真往往要进行多次实验的统计推断，以及对系统的性能和变化规律做多因素的综合评估。

（二）系统仿真的实质

（1）仿真是一种人为的实验手段，其在本质上类似于物理实验和化学实验。仿真和现实系统实验的差别在于，现实系统实验室依据实际环境，在真实的现实环境下进行的，然而，仿真实验不是依据实际环境进行的，而是依据作为实际系统映像的系统模型以及相应的"人造"环境下进行的。

（2）仿真是一种对系统问题变换为数值的计算技术。当对实际的系统建立并求解数学模型和物理模型受到限制和约束的时候，仿真技术通过在计算机上运行仿真软件却能有效地来处理这类问题，从而得到仿真输出的结果，为决策者做出决策提供有效的依据。

（3）在系统仿真时，尽管要研究的是某些特定时刻的系统状态或行为，但仿真过程也恰恰是对系统状态或行为在时间序列内全过程的描述。换句话说，仿真可以比较真实地描述系统的运行、演变及其发展过程和规律。

（三）系统仿真的作用

（1）仿真的过程是实验的过程，也是系统地收集信息和积累信息的过程。尤其对一些难以利用数学模型和物理模型求解的随机问题，应用仿真技术是提供所需要信息的唯一令人满意的方法。

（2）对一些难以建立物理模型和数学模型的对象系统，通过仿真模型可以解决预测、分析和评价等系统问题，为决策者提供可靠的参考依据。

(3)通过系统仿真可以把一个复杂系统降阶成若干子系统,以便于分析。

(4)通过系统仿真,不仅能启发新的思想或产生新的策略,还能暴露出原系统中隐藏着的一些问题,以便于及时解决。

(四)仿真的研究步骤

每一个成功的仿真研究项目,都包含着特定的步骤。仿真的大致过程基本上是保持不变的,一般包含以下几个步骤:问题定义、确定目标和定义系统效能测度、建立系统模型、收集数据和信息、建立计算机模型、校验与确认模型、运行模型并分析输出。

1. 问题定义

如果要求一个模型呈现现实系统的所有细节,将会带来很多问题,例如,代价昂贵、过程过于复杂和难以理解等。因此,比较明智的做法是先定义问题。每一项研究都应从说明问题开始,问题由决策者提供,或由熟悉问题的分析者提供。再制定目标,然后构建一个能够完全解决问题的模型。在定义问题阶段要小心谨慎,不要做出错误的假设。

2. 确定目标和定义系统效能测度

目标表示仿真要回答的问题、系统方案的说明。目标是仿真中所有步骤的导向,没有目标的仿真研究是没有任何意义的。目标的具体作用:系统的定义是基于系统目标的,目标决定了应该做出怎样的假设;目标决定了应该收集哪些信息和数据;模型的建立和确认要考虑是否满足目标的需求,而且目标不能定的太高,要切实可行,也不能定的太低,不然就毫无研究意义。

在确定目标时,需要详细说明哪些是将要被用来决定目标是否实现的性能测度。另外,需要列出仿真结果的先决条件。例如,必须通过利用现有设备来实现目标,或者最高的投资额限定在某一范围之内,或产品订货提前期不能延长等。

3. 建立系统模型

建立系统模型就是对现实情况有所了解后,用模型将其准确地描述出来。模型和实际系统没有必要一一对应,只需要将实际系统的本质描述出来。因此最后从最简单的模型开始,然后建立更复杂的模型。但是模型的负责程度要和模型想要达到的研究目标相适应。在这一阶段,需要将此转换过程中所作的所有假设作详细说明,而且,在整个仿真研究过程中,所有假设列表最好保持在可获得状态,因为这个假设列表随着仿真的递进将逐步增长。假如建立系统模型这一步做得很好,那么建立计算机模型将非常简单。

4. 收集数据和信息

仿真必须获得足够的能够体现特定仿真目的和系统本质的数据和信息。这些数据和信息可以用来确定模型参数,并且在验证模型阶段用于提供实际数据和模型的性能测度数据。

数据可以通过历史记录、经验和计算得到。在数据精度要求不高的情况下,采用估计方法来产生输入数据更为高效。估计值可以通过少数快速测量或者通过咨询熟悉系统的专家来得到。当数据的可靠性和精度要求较高时,需要花费较多时间收集和统计大量数据,以便定义出能够准确反映现实的概率分布函数。所需数据量的大小取决于变量的变异程度。

5. 建立计算机模型

在建立计算机模型的过程中,要牢记仿真研究目标。一般来说,建立计算机模型的过程会呈现阶段性,在进行下一阶段之前,需要运行和验证本阶段的模型工作是否正常,这样有助于及时发现错误并及时纠正错误。对同一现实系统可以构建多个抽象程度不同的计算机模型。

6.验证和确认模型

模型构建完成之后,需要进行验证和确认。验证是确认模型的功能是否同设想的系统功能相符合。

通过确认,可以判断模型的有效程度。假如一个模型在得到相关正确数据之后,其输出结果满足设定的目标,那么它就是好的模型。

7.运行模型并分析输出

有了正确的仿真模型,就可以根据仿真目标对模型进行多方面的实验。对实验的输出结果进行分析也是仿真研究中十分重要的一项活动,可以使用报表、图形、表格和置信区间点图来分析实验结果。置信区间是指性能测度依赖的范围,可用上下限来表示,上限和下限之差称为精度,精度的可靠性用百分比来表示。统计技术可以用来分析不同场景的模拟结果。要能够根据仿真目标来解释这些结果,通常使用结果-方案矩阵非常有帮助。图2-3-1为仿真研究步骤示意图。

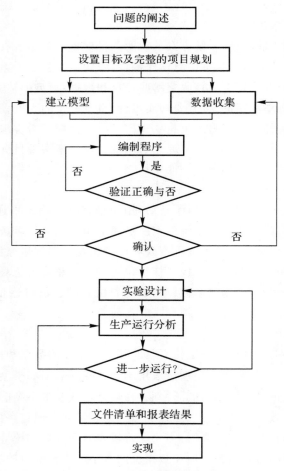

图 2-3-1　仿真研究步骤示意图

二、仿真技术的产生、发展和现状

仿真技术是以建模与仿真理论为基础,建立并利用数学模型,以计算机系统或物理效应设备为工具,对客观世界进行认识与改造的一门综合性、交叉性学科。它已成为人类认识与改造客观世界的重要途径,在一些关系国家实力和安全的关键领域,如航空航天、信息、生物、材料、能源、先进制造、农业、教育、军事、交通、医学中发挥着不可或缺的作用。

(一)仿真技术的产生

系统仿真方法的研究和应用已经有了很长远的历史。在古代,人们已经从长期的生产劳动实践活动中总结出了朴素的仿真思想。例如,古代的房屋屋顶多数为桁梁式建筑,在建房过程中需要使用大量的木料。为了使屋顶稳定牢靠,除了要选择材质较好、粗细适当的木料外,整个屋顶的桁架结构也必须满足一定的几何形状要求。那么如何确定屋顶上每一根木料的具体长度呢?显然不能拿着实际的木料一根一根到屋顶上去试,这样既花费工时还可能造成木料的浪费。当时解决这个问题的办法只有一个,即在地面上按照实际尺寸的一定缩小比例模拟制作一个屋顶,经过若干次实验确定了稳定的结构之后,量出模拟屋顶上每一根木料的长度,再按比例放大,即可得到所需实际木料的长度。这是一个很典型的通过构造模型并进行实验,从而获得系统特性的系统仿真实例。

仿真作为一门技术科学是在 19 世纪末 20 世纪初工业技术有了长足的发展之后而确定下来的。伴随着工业技术的不断进步,仿真技术也在不断发展。例如,在飞机设计过程中,对飞机的外形要求是非常严格的,因为飞机的外形将会影响整个飞机的飞行特性及性能。然而由于飞机造价非常昂贵和失事危险,显然不可能用真实的飞机去进行实验,这是非常不现实的。因此,为了获得飞机外形的气动数据,尤其是飞机机翼的气动数据,就很有必要制作各种不同形状的机翼模型并放到风洞中进行实验。根据风洞试验的结果就可以改进飞机的设计理论,而利用这个理论又可以去设计新型的、性能优良的飞机。在这个时期,人们在利用仿真方法研究或求解问题时,都是利用实物去构造与实际系统成比例的物理模型,然后再在这个模型上进行实验。而这种实验往往是具有破坏性的,每次实验都要重新构造实物模型,将会带来很大的麻烦和浪费。自从计算机诞生以后,仿真能力提高了成千上万倍。目前通常所讲的仿真技术一般就是指计算机仿真技术。

(二)仿真技术的发展

我国仿真技术的研究与应用开展比较早,而且发展也比较迅速。自 20 世纪 50 年代开始,在自动控制领域首先采用仿真技术,面向方程建模和采用模拟计算机的数学仿真获得较普遍的应用,同时采用自行研制的三轴模拟转台的自动飞行控制系统的半实物仿真试验已开始应用于飞机、导弹的工程型号研制中。60 年代,在开展连续系统仿真的同时,已开始对离散事件系统(例如交通管理、企业管理)进行仿真研究。70 年代,我国的训练仿真器获得迅速发展,我国自行设计的飞行模拟器、舰艇模拟器、火电机组培训仿真系统、化工过程培训仿真系统、机车培训仿真器、坦克模型器、汽车模拟器等相继研制成功,并形成一定市场。80 年代,我国建设了一批水平高、规模大的半实物仿真系统,如射频制导导弹半实物仿真系统、红外制导导弹半实物仿真系统、歼击机工程飞行模拟器、歼击机半实物仿真系统、驱逐舰半实物仿真系统等,这些半实物仿真系统在武器型号研制中发挥了重大作用。90 年代,我国的分布交互仿真、虚拟现实等先进仿真发展为多武器平台在作战环境下的对抗仿真。

仿真技术综合集成了计算机、网络技术、图形图像技术、多媒体、软件工程、信息处理、自动控制等多个高新技术领域的知识。它是以相似原理、信息技术、系统技术及其应用领域有关的专业技术为基础,以计算机和各种物理效应设备为工具,利用系统模型对实际的或设想的系统进行试验研究的一门综合性技术。

仿真技术的发展是与控制工程、系统工程及计算机技术的发展密切相关的。控制工程和系统工程的发展促进了仿真技术的广泛应用,而计算机的出现以及计算机技术的发展,则为仿真技术提供了强有力的手段和工具。仿真在工程系统研究的各个阶段,例如:方案论证、系统对象和基本部件的分析、初步设计、详细设计、分系统试验等各阶段,均发挥了显著的作用,表2-3-1 提供了一个模型与仿真领域发展的系统总结。

表 2-3-1　建模与仿真的历史发展

年代	发展的主要特点
1600—1940 年	在物理科学基础上的建模
20 世纪 40 年代	电子计算机的出现
20 世纪 50 年代中期	仿真应用于航空领域
20 世纪 60 年代	工业操作过程的仿真
20 世纪 70 年代	包括经济、社会和环境因素的大系统的仿真; 系统与仿真相结合,如用于随机网络建模的 SLAM 仿真系统; 仿真系统与更高级的决策相结合,如决策支持系统 DSS
20 世纪 80 年代中期	集成化建模与仿真环境,如美国 Prisker 公司的 TESS 建模仿真系统
20 世纪 90 年代	可视化建模与仿真、虚拟现实仿真、分布交叉仿真

系统仿真方法学的发展大致可以分为两个阶段,从 20 世纪 40 年代到 70 年代,是传统系统仿真方法学的发展阶段;从 80 年代到今天,是复杂仿真方法学的发展阶段。两个发展阶段的主要区别是:建模在系统仿真方法学中重要性的不断增长。传统的系统仿真方法学主要是面向工程系统,如航空、航天、电力、化工等,一般来说,这类系统具有良好的定义和良好的结构,具有充分可用的理论知识,可以采用演绎推理的方法来建立模型。而复杂仿真系统的难点主要在于系统的病态定义和病态结构,以及无充分可用的理论和先验知识,要完全通过研究者们的摸索研究。传统系统仿真方法中的建模,其侧重点是对形式化模型进行演绎推理、实验、分析,这显然具有工程技术的特点。而在复杂系统仿真方法中,其侧重点是解决如何建立系统的形式化模型,建立一种抽象的表示方法以获得对客观世界和自然现象的深刻认识,这明显是面向科学的。

(三)仿真技术的现状

工程系统仿真作为虚拟设计技术的一部分,与控制仿真、视景仿真、结构和流体计算仿真、多物理场以及虚拟布置和装配维修等技术结合在一起,在贯穿产品的设计、制造和运行、维护、改进乃至退役的全寿命周期技术活动中,发挥着非常重要的作用,同时也在满足着越来越高和越来越复杂的要求。因此,工程系统仿真技术迅速地发展到了协同仿真阶段。其主要特征表

现为

（1）控制器和被控对象的联合仿真：MATLAB＋AMESIM，可以满足整个自动控制系统的全部要求。

（2）被控对象的多科学、跨专业的联合仿真：AMESIM＋机构动力学＋CFD＋THERMAL＋电磁分析。

（3）实时仿真技术。实时仿真技术是由仿真软件与仿真机等半实物仿真系统联合实现的，通过物理系统的实时模型来测试成型或者硬件控制器。

（4）集成设计平台。现代研发制造单位，尤其是设计研发和制造一体化的大型单位，引进PDM/PLM系统已经成为信息化建设的潮流。在复杂的数据管理流程中，系统仿真作为CAE工作的一部分，被要求嵌入流程，与上下游工具配合。

（5）超越仿真技术本身。工程师不必是精通数值算法和仿真技术的专家，而只需要关注自己的专业对象，其他大量的模型建立、算法选择和数据前后处理等工作都交给软件自动完成。这一技术特点极大地提高了仿真的效率，降低了系统仿真技术的应用门槛，避免了因为不了解算法造成的仿真失败。

（6）构建虚拟产品。在通过对建立虚拟产品进行开发和优化过程中，关注以各种特征值为代表的系统性能，实现多方案的快速比较。

（四）系统仿真技术的发展趋势

近年来，由于问题领域的不断扩展和仿真技术的快速发展，系统仿真方法学致力于更自然地抽取事物的属性特征，寻求使模型研究者更自然地参与仿真活动的方法等。从满足仿真应用领域的需求以及仿真技术自身发展的规律来看，目前仿真技术的发展主要表现出以下几种发展趋势。

1.面向对象式仿真

美国兰德公司在战争对策与空战的机遇规则的仿真系统中，首先面向对象的仿真、基于知识的仿真、系统仿真环境和计算机图形学集成在一起推出了面向对象的仿真环境WITNESS，随后被欧美各国广泛应用于军事、航空航天、计算机集成制造系统（CIMS）、柔性制造系统（FMS）和一般工业、交通、商业、金融等领域中。

面向对象式仿真技术在理论上突破了传统仿真方法的观念，该仿真技术在分析、设计以及实现系统方面的观点与人们认识客观世界的自然思维方式极为一致，它根据组成系统的对象以及它们之间的相互作用关系来构造和建立仿真模型。仿真系统中的对象元素往往与实际系统中的对象元素是一一对应的，而且对象通常是一个个封装起来的模块，每一个对象都定义一组属性和操作，并包含接口，实现该对象与模型中其他对象的信息交换。

由于面向对象式仿真的特点在于其仿真模型的构建过程非常接近人类认识客观世界的自然思维方式，因此使得面向对象仿真技术被人们所理解，并且使得仿真研究很清晰、很直观。面向对象式仿真具备内在的可扩充性和重用性，它为利用仿真系统预定义的对象类来建立仿真模型提供了一种更为方便的框架，其继承和子类的概念为仿真系统重用和扩充已有的对象及对象的属性和操作提供了一条途径，因而为仿真大规模的复杂系统提供了极为方便的手段。

面向对象式仿真通常可以划分为两个阶段：第一，概念设计阶段，主要确定组成系统的对象、对象的属性和功能，以及对象之间的关系。第二，实现阶段，主要利用某种程序设计语言来实现概念设计，可以采用面向对象的语言，例如，Java，C＋＋等；也可以采用传统的面向过程的语言,例如 C,BASIC,Pascal 等。

面向对象的仿真容易实现与计算机图形学、人工智能/专家系统和管理决策科学的结合,可以形成新一代的面向对象的仿真建模环境,以便于在决策支持和辅助管理中广泛推广和普及使用仿真决策技术。

2. 虚拟交互式仿真

虚拟交互式仿真技术的特点在于仿真过程中人与计算机的交互。虚拟现实技术就是现代交互式仿真的一种技术。虚拟现实是一种由计算机全部或部分生成的多维感觉环境,给参与者各种感官信号,如视觉、听觉、触觉等,使参与者有身临其境、更加逼真的感觉,并且能体验、接受和认识客观世界中的客观事物。同时人与虚拟环境之间可以进行多维信息的交互作用,参与者从定性的和定量的综合集成的虚拟环境中可以获得对客观世界中客观事物的感性和理性的认识,从而深化概念和建造新的构想和创意。现代交互式仿真改变了传统仿真技术中的人机交流方式,使用户可以进入虚拟世界内部直接观察或感受事物内在的发展变化,并可以直接参与到事物之间的相互作用中去,从而成为虚拟世界中的一部分。虚拟交互式仿真强调人与虚拟环境之间的多维信息交互操作,使得参与者从定性和定量综合集成的虚拟环境中,可以获得客观世界中事物的感性和理性的认识,从而深化概念和建造新的构想和创意。目前交互式仿真已经被应用于视景仿真(Visual Simulation)和城市仿真(Urban Simulation)等领域。

3. 定性仿真

定性仿真用于复杂系统的研究,由于传统的定量数字仿真的局限,仿真领域引入定性研究方法将其拓展应用。定性推理是作为一个可替代的方法引入物理系统的推理中,这种方法比较新颖,可以很快地应用于分析物理系统的行为,特别是方程不容易建立和解决的复杂系统。行为仿真有两个主要方法:定性和定量。在定量仿真中,系统变化的依据是代数微分方程。很明显,定性仿真描述并不能包括和定量分析一样多的信息。然而,在一些情况下由定量描述提供的信息是不充分的,不恰如其分的。定性仿真有吸引力是因为它能表达不完全的知识和处理系统完全不知道的问题。它只提供一般性的解答,而不是在特殊情况下的数字答案。因此,定性仿真不是一个可完全代替定量的方法,而是定量仿真的技术扩充。定性仿真力求非数字化,以非数字手段处理信息输入、建模、行为分析和结构输出,通过定性模型推导定性行为描述。

4. 人工智能性仿真

人工智能性仿真的特点在于仿真技术和人工智能(Artificial Intelligence)技术的相结合。它不仅优化了仿真模型,而且为仿真技术提供了一种新的思路。人工智能性仿真是以科学知识为核心和以人类的思维方式为背景的智能仿真技术。通过把这项智能技术引入到整个建模与仿真的过程中,来构造基本知识的仿真模型系统,即智能仿真平台。智能仿真技术的开发途径是人工智能(如专家系统、知识工程、模式识别、神经网络等)与仿真技术(如仿真模型、仿真算法、仿真语言、仿真软件等)的综合集成化。从基于知识库的专家系统(Expert System)到借鉴人脑思考问题机制的人工神经网络(Artificial Neural Network)都已经得到了广泛应用。用计算机来模拟人的推理、记忆、学习、创造等智能特性的人工智能是开放且不断发展的学科。利用人工智能模型与技术来模拟真实系统特性也已成为系统仿真的一个发展方向。

5. 多机高性能仿真

实时的纯数学仿真和半实物仿真都对计算机在处理速度和实物接口技术方面有很高的要

求,因而,在研究过程中受到了限制。高性能仿真机要求仿真机的处理速度高达每秒万亿次以上,而目前应用较广的仿真机速度每秒只能达到几亿次。因此,为了满足研究和实际发展的需要,高性能仿真机正朝着并行处理和多机方向发展。

6. 军事仿真

军事仿真是满足多系统综合仿真需求的分布集群式网络仿真系统。以美国 1997 年进行的大规模合成战场军事演习为例,这次演习包括两栖作战、扫雷作战、战区导弹防御、空中打击、地面作战、情报通信等各兵种的作战任务,模拟战场范围为 500 km×750 km,包括 3 700多个仿真平台,8 000 多个仿真实体。由此可见,分布集群式网络仿真系统突出的问题是异构一致性、时空耦合、互操作可重用等技术。

7. 可视化仿真

可视化仿真技术是计算机可视化技术和系统仿真技术相结合形成的一种新型的仿真技术。其实质是采用图形或图像方式对仿真计算过程的跟踪、驾驭和结果的处理,同时实现仿真软件界面的可视化,具有迅速、高效、直观、形象的建模特点。使用可视化技术以后,系统的子模块用形象的图形来表示,通过鼠标在屏幕上直观形象的操作,就可以完成整个仿真任务。一般可视化仿真包含三个重要的环节,即仿真计算过程的可视化和仿真结果的可视化、仿真建模过程的可视化。可视化仿真用于为数值仿真过程及结果增加提示、图形、图像、动画表现,使仿真过程更加直观、清晰明了,结果更容易理解,并能验证仿真过程是否正确。近年来还提出了动画仿真,主要用于系统仿真模型建立之后动画显示,所以动画仿真原则上仍然是属于可视化仿真。

8. 多媒体仿真

多媒体仿真属于感受计算的一种,它试图通过将仿真所产生的信息和数据转变为被感受的场景、图示和过程,以辅助人们进行决策。它充分利用文本、图形、图片、二维/三维动画、影像和声音等多媒体手段,将可视化、临场感、交互和引导结合到一起来产生一种沉浸感,使人的感官和思维进入仿真回路。多媒体仿真技术充分地利用视觉和听觉媒体的处理和合成技术,将表达模型信息的各种媒体集成在一起,提供了模型信息表达的有力工具,将模型的属性、状态和行为从抽象空间转移到视觉和听觉空间。它所提供的临场体验扩大了可视仿真的范围,允许将实景图像与虚拟景象相结合来产生“半虚拟”环境,更强调具体的仿真应用背景。我国的多媒体仿真技术正处于起步和发展时期,已取得了一些理论研究与软件开发的成果。目前多媒体仿真方法正逐步走向成熟,并且得到初步应用。

多媒体仿真是指在可视化仿真的基础上再加入声音,从而得到视觉和听觉的媒体组合。多媒体仿真是传统意义上的数字仿真概念内涵的扩展,它利用系统分析的原理和信息技术,以更加亲近自然的多媒体形式建立描述系统内在的变化规律的模型,并在计算机上以多媒体的形式再现系统动态演变过程,从而获得有关系统的感性和理性认识。

三、系统仿真类型

系统仿真可以从不同角度来分类。比较典型的分类方法是:根据模型的种类分类;根据所采用的技术分类;根据仿真计算机类型分类;根据仿真时钟与实时时钟的比例关系分类;根据系统模型的特性分类。

（一）根据模型的种类和所采用的技术分类

1.物理仿真

按照真实系统的物理性质构造系统的物理模型，并在物理模型上进行实验的过程称为物理仿真。物理仿真的优点是直观、形象。在计算机问世以前，系统仿真基本上是物理仿真，也称为"模拟"。物理仿真的缺点是模型改变困难，实验限制多，投资较大。

2.数学仿真

对实际系统进行抽象，并将其特性用数学关系加以描述而得到系统的数学环境模型，对数学模型进行实验的过程称为数学仿真。计算机技术的发展为数学仿真创造了环境，使得数学仿真变得方便、灵活、经济，因而数学仿真亦称为计算机仿真。数学仿真的缺点是受限于系统的建模技术，即系统的数学模型不易建立。

3.半实物仿真

半实物仿真即将数学模型与物理模型甚至实物联合起来进行的实验，对系统中比较简单的部分或对其规律比较清楚的部分建立数学模型，并在计算机上加以实现；而对比较复杂的部分或规律尚不十分清楚的系统，其数学模型的建立是比较困难的，可采用物理模型或实物。仿真时将两者结合起来完成整个系统的实验。

4.人在回路中仿真

人在回路中仿真是操作人员、飞行员或宇航员在系统中进行操纵的仿真实验。这种仿真实验将对象实体的动态特性通过建立数学模型、编程，在计算机上运行，此外，要能模拟视觉、听觉、触觉、动感等人能感觉的物理环境。由于操作人员在回路中，人在回路中仿真系统必须能实时运行。

5.软件在回路中仿真

软件在回路中仿真又称为嵌入式仿真，这里所指的软件是实物上的专用软件控制系统、导航系统和制导系统。它们广泛采用数字计算机，通过软件进行控制、导航和制导的运算，软件的规模越来越大，功能越来越强，许多设计思想和核心技术都反映在应用软件中，因此软件在系统中的测试越显重要。这种仿真实验将计算机与仿真计算机通过接口对接，进行系统试验。接口的作用是将不同格式的数字信息进行转换。软件在回路中仿真系统一般情况下要求实时运行。

（二）根据仿真计算机类型分类

仿真技术是伴随着计算机技术的发展而发展的。在计算机问世之前，基于物理模型的实验一般称为"模拟"，通常附属于其他的相关科学。自从计算机特别是数字计算机出现以后，其高速计算能力和巨大的存储能力使得复杂的数值计算成为可能，数字仿真技术得到蓬勃的发展，从而使仿真成为一门专门学科——系统仿真学科。按照使用的仿真计算机类型可将仿真分为三类：模拟计算机仿真、数字计算机仿真和数字模拟混合仿真。

1.模拟计算机仿真

模拟计算机本质上是一种通用的电气装置，这是 20 世纪 50—60 年代普遍采用的仿真设备。将系统数学模型在模拟机上加以实现并进行实验称为模拟计算机仿真。

2.数字计算机仿真

数字计算机仿真是将系统的数学模型用计算机程序加以实现，通过运行程序来得到数学模型的解,从而达到系统仿真的目的。

3.数字模拟混合仿真

本质上,模拟计算机仿真是一种并行仿真,即仿真时,代表模型的各部件是并发执行的。早期的数字计算机仿真则是一种串行仿真,因为计算机只有一个中央处理器,计算机指令只能逐条执行。为了发挥模拟计算机并行计算和数字计算机强大的存储记忆及控制功能,以实现大型复杂系统的高速仿真,20 世纪 60—70 年代,在数字计算机技术还处于较低水平时,产生了数字模拟混合仿真,即将系统模型分为两部分,其中一部分放在模拟计算机上运行,另一部分放在计算机上运行,两个计算机之间利用模/数和数/模转换装置交换信息。

随着数字计算机技术的发展,其计算速度和并行处理能力迅速提高,模拟计算机仿真和数字模拟混合仿真已逐步被全数字仿真取代,因此,今天的计算机仿真一般指的就是数字计算机仿真。

(三)根据仿真时钟与实际时钟的比例关系分类

实际动态系统的时间标准称为实际时钟,而系统仿真模型所采用的时间标准称为仿真时钟。根据仿真时钟与实际时钟的比例关系,系统仿真分为三类:实时仿真、亚实时仿真和超实时仿真。

1.实时仿真

实时仿真即仿真时钟与实际时钟完全一致,也就是模型仿真的速度与实际系统运行的速度相同。当被仿真的系统中存在物理模型或实物时,必须进行实时仿真,有时也称为在线仿真。

2.亚实时仿真

亚实时仿真即仿真时钟慢于实际时钟,也就是模型仿真的速度慢于实际系统运行的速度。在对仿真速度要求不苛刻的情况下均是亚实时仿真,也称为离线仿真。

3.超实时仿真

超实时仿真即仿真时钟快于实际时钟,也就是模型仿真的速度快于实际系统运行的速度,例如大气环流的仿真、交通系统的仿真、生物及宇宙演化的仿真等。

(四)根据系统模型的特性分类

仿真基于模型,模型的特性直接影响着仿真的实现。从仿真实现的角度来看,系统模型特性可分为两大类,一类称为连续系统,另一类称为离散事件系统。由于这两类系统固有运动规律的不同,因此描述其运动规律的模型形式就有很大的差别。相应地,系统仿真技术分为两大类:连续系统仿真和离散事件系统仿真。

1.连续系统仿真

连续系统是指系统状态随时间连续变化的系统。连续系统的模型按其数学描述可分为:①集中参数系统模型,一般用常微分方程(组)描述,如各种电路系统、机械动力学系统和生态系统等;②分布参数系统模型,一般用偏微分方程(组)描述,如各种物理和工程领域内的"场"问题。

需要说明的是,离散时间变化模型中的差分模型可归为连续系统仿真范畴。原因在于,使用数字仿真技术对连续系统仿真时,其原有的连续形式的模型必须进行离散化处理,并最终也变成差分模型。

2.离散时间系统仿真

离散时间系统是指系统状态在某些随机时间点上发生离散变化的系统。它与连续系统的主要区别在于：状态变化发生在随机时间点上。这种引起状态变化的行为称为"事件"，因而这类系统是由事件驱动的。而且，"事件"往往发生在随机时间点上，亦称为随机事件，因为离散时间系统一般都具有随机特性，系统的状态变量往往是离散变化的。例如，电话交换台系统，顾客呼号状态可以用"到达"和"无到达"描述，交换台状态则要么处于"忙"状态，要么处于"闲"状态，系统的动态特性很难用人们所熟悉的数学方程形式加以描述，而一般只能借助于活动图或流程图，这样，无法得到系统动态过程的解析表达。对这类系统的研究与分析的主要目标是系统行为的统计特性而不是行为点的轨迹。

四、定性仿真的产生与理论现状

(一)定性仿真的产生和发展

定性仿真的研究，美国学者起步较早。20 世纪 70 年代后期，美国 XEROX 实验室的 John de Kleer 和 Seely Brown 在设计一个电路教学系统时发现，以常规的数学模型和仿真方法难以使学生很快明白电路的工作原理，那么是否可以用计算机来模拟这一方法呢？在实际工作中，人们更多的是依靠这种对系统原理性的理解，而这种理解的基础就是定性知识。很多专家学者开始探索如何在数字仿真中引入定性知识。

定性仿真的兴起是近二三十年的事，然而用定性的方法去表示事物，应用定性的方法去思考问题却早就不是新鲜的话题了。很早以前，人工智能领域就出现了"定性"这个词，并且被用到很多领域。

人们对"定性"感兴趣的原因有以下几个方面：

(1)无法从以前所研究的系统中得到构造通常是定量模型所需要的定量数据。

(2)想得到通常模型的一般解，而不是某个特定模型的特殊解，即所研究的是一类事物的现象而不是单个对象的特征。

(3)希望模型能够按照（或者模仿）人类的思维方式去推理，并且能给出一个人们比较容易理解的结果。

20 世纪 60 年代起，经济学家们便开始发展用定性系统分析问题的技术了。为了处理那些得不到研究对象精确模型的问题，他们按照自己思考问题的方式发展了因果序和统计比较等方法。基于定符号代数的定性矩阵运算方法在这个时候诞生了，同时，针对定性问题的应用，产生了定性决策等新的手段。Thom R 的突变理论（Catastrophe Theory）也就是在这时提出的。自动控制领域的学者们对定性问题研究也很感兴趣，他们要从系统的定义行为中获得所研究系统的性质。经济学家们和自动控制学者们所获得的结果具有一定的一般性，因为这些结果是从一般模型的微分方程得来的，这些研究工作对其他领域有很大的潜在应用价值，为以后的定性建模、仿真和定性控制理论的发展奠定了基础。

1984 年可以看成是定性推理和定性仿真研究的诞辰年，国际人工智能杂志第一次出版了关于定性问题的专辑。定性仿真的概念也逐渐被学者们认同："定性仿真是以非数字手段处理信息输入、建模、行为分析和结果输出等仿真环节，通过定性模型推导系统的定性行为描述。"由于定性仿真能处理更多种形式的信息，有推理能力和学习能力，能初步模仿人的思维，人机界面更为友好,所以成为人工智能和系统建模与仿真领域的一个研究热点。

1991年,人工智能杂志出版的有关定性推理的第二本专辑是该领域的一条分水岭,标示着该领域理论研究逐渐成熟并且向应用领域扩展。此后,在 IEEE 的相关杂志和“人工智能”等国际刊物上经常可以看到定性仿真方面的研究成果。在“人工智能”的年会上,定性仿真和定性推理多次成为会议热点。

(二)理论派别

定性仿真产生之后,在理论上出现了百家争鸣的局面,研究者们根据自己的见解提出了各自的建模和推理理论。目前,已形成三个理论派别,即模糊仿真方法、归纳推理法和朴素物理学方法。

1.模糊仿真方法

早在 1965 年模糊数学就已被提出,其核心思想是将数学引入到模糊现象这一领域,模拟人脑对复杂事物进行模糊度量、模糊识别、模糊推理、模糊控制和模糊决策。将模糊数学与定性仿真理论结合起来,就产生了模糊仿真方法。

模糊数学在定性理论中一般用来作为一种描述手段。用模糊数学扩展定性仿真可以使准定量的信息得到应用,通过使用隶属关系给常识知识定义值,从而能够比较合适地对系统中主要变量进行描述,并进行形式推理;还可以更详细地描述函数关系,并且能够表示和使用速率变化的时序信息,构造一种有效的时序过滤规则,大量减少奇异行为的产生。

模糊仿真方法存在一些弱点,例如,很难确定描述系统的模糊量,即系统真实值与模糊量空间的映射;并且模糊量值及其空间一旦确定后就不再变动,不能根据需要引入新的模糊量,限制了其描述能力;另外,由于结果是“模糊”的,那么评价仿真过程和结果比较困难。

2.归纳推理法

归纳推理法(也称归纳推理定性仿真)源于通用系统理论中的 GSPS(General System Problem Solver)技术,其基本思想是:假设所研究的系统是一个黑箱,观察其输入、输出值,发现其规律,生成定性行为模型,进而对任一序列预测系统行为。

归纳推理法与定量仿真决裂最为彻底:完全省略结构模型,行为模型来自测量数据,辨识系统中的依赖关系,建立并优化系统的定性行为模型,预测系统行为。它模仿人类固有的概括、总结和学习能力。

3.朴素物理学方法

朴素物理学方法在理论和应用上发展最为成熟,它来源于一些人工智能专家对朴素物理系统的定性推理研究。从建立系统定性模型的方法来看,朴素物理方法可以分为很多派别。根据对系统因果性的注重与否,定性仿真方法可以分为非因果类方法与因果类方法。

(三)应用

定性仿真的应用领域主要有工程和工业过程、电子电路分析和故障诊断和医药和医疗诊断、社会经济领域等。

(四)发展方向

国内从事定性理论研究的仅限于少数院校的少数研究者。中国科技大学白方舟教授所在的课题组自 1998 年开始从事这方面的研究以来,紧跟最新研究成果,走在国内定性仿真的前列。其研究项目“定性与定量相结合的仿真方法的研究”得到了国家自然科学基金的支持。白方舟教授等编写的《定性仿真导论》一书已由中国科学技术大学出版社出版发行,这是国内第一部关于定性仿真的学术专著。北京化学工业大学等一些院校的研究人员也涉足了该领域的研究,并在化工过程设备故障诊断和安全评价方面取得了可喜的成果。

定性仿真目前仍然是新兴的研究领域,很多基础性的理论工作有待完善和突破,因此该领域的发展前景十分广阔。对于定性仿真理论,概括来说有以下几个发展方向:

1. 定量与定性结合的仿真方法

由于定性模型中包含系统的不完全知识,定性仿真会产生相当数量的多余行为,如何有效地减少定性仿真产生的行为数,成为定性推理的主题。很多研究者纷纷采用定量与定性结合的仿真方法。在定性仿真中加入相当的定量知识,将定量与定性有机地结合起来,会大大减少系统的预测行为数,增强定性仿真的生命力。

2. 模型分解方法

定性仿真走向应用时,往往涉及规模较大的系统,即使省略某些细节,模型仍是非常复杂的。所以,定性理论中必须有处理这种复杂性的手段。

处理复杂系统的一种方法就是在一个分离的时间-标尺(Time-Scale)上将一个复杂系统模型分解为几个简单的系统或更简单的系统环节。在一个时间-标尺的中间过程将慢速过程看作常量,而将快速过程作为瞬间值处理。

3. 并行定性仿真方法

当前定性仿真在减少冗余或虚假行为的研究上取得了很大进展,但同时也带来了一些始料未及的副作用。例如,定性与定量知识的结合,使知识的表示和推理机制复杂化,数据明显增加;由于信息不完备,系统的搜索空间增大,使得定性仿真在特定的情况下比定量仿真的速度更慢;再者,随着定性仿真逐渐走向应用,参数数字的增长随时间问题的规模扩大呈指数增长,仿真的速度明显下降。并行定性仿真由此兴起。QSIM 算法作为最成熟的一种算法得到了广泛应用,因而也称为并行化的突破口。

第四节　Petri 网建模方法

一、Petri 简介

Petri 网(Petri Net)是并发系统的建模和分析工具。作为一种既具有图形表达能力又具有严格数学定义的模拟工具,Petri 网特别适于描述系统中进程或部件的顺序、并发、冲突以及同步等关系。

Petri 网的概念是 1962 年由德国科学家 Carl Adam Petri 在他的博士论文"Communication with Automata"(用自动机通信)中首先提出来的。为了使并发这一概念直观化,论文中提出了一种用于描述物理进程和物理系统组合的网状模型。由此发展起来的一类系统模型,后来被人们称为 Petri 网。20 世纪 70 年代初,Petri 网的概念和思想方法受到欧美学者的广泛关注。人们对 Petri 网的各种性质的研究,以及把 Petri 网应用于各种实际系统的建模和性质分析的论文和研究报告开始大量涌现。1981 年 Peterson 出版了第一本 Petri 网的专著,书中罗列了 1980 年前发表的大部分有关 Petri 网的论文。随之相关的国际会议也陆续召开,自 1980 年开始的每年一次的 Petri 网理论与应用国际会议的会议论文集以计算机科学序列讲义(Lecture Notes in Computer Science)的方式由德国施普林格(Springer)公司出版发行。自 1985 年每两年召开一次 Petri 网和性能模型的国际研讨会;自 1998 年每年召开一次颜色 Petri 网理论与应用的国际会议,等等。同时不少的国际会议中都设有 Petri 网的专题。国内也非常重视 Petri 网的理论和应用研究,1987 年成立了中国计算机学会 Petri 网专业委员会,形成了 Petri 网理论和应用的专业性学术团体,同时自 1987 年每两年召开一次 Petri 网理论和应用学术会议。目前,已经出版了多本 Petri 网学术专著及发表了大量研究论文等。

多年来,Petri 网的理论不断地发展、充实和完善。一大批学者与研究人员致力于网的理论研究。概括起来,这些研究从以下几方面展开:

(1)系统的 Petri 网模型性质及其分析方法的研究。Petri 网模型系统有两种类型的性质值得研究:一种依赖于系统的初始标识;另一种不依赖初始标识,而只与 Petri 网 Petri 结构有关。前者称为系统动态性质,后者称为系统的结构性质。Petri 网的动态性质包括可达性(Reachability)、有界性(Boundedness)、活性(liveness)、公平性(Fairness)、可回复性(Reversibility)和坚持性(Persistence)等。Petri 网的结构性质主要包括结构有界(Structurally Boundedness)、结构活(Structurally Liveness)、守恒性(Conservativeness)及重复性(Repetitiveness)等。分析方法主要依赖于可达树(图)、关联矩阵与状态方程、不变量分析等。

(2)Petri 网并发行为及其形式语言理论的研究。Petri 先生自 20 世纪 70 年代以来一直致力于通用网论基础之上的并发行为的特性研究,建立了并发公理系统。在此基础上,许多研究者开展了并发语义的刻画系统并发行为、序列行为的等价关系,并发、冲突的关系,并发系统的构造等研究,取得了一些结果。Petri 网语言是从系统中发生的变迁来考察系统行为的,Hack 和 Peterson 最早从事 Petri 网语言的研究。目前主要开展了语言性质、模型的计算能力、并发语言表达以及与经典形式语言的关系等的研究。而 Petri 网进程则强调状态和变迁并重,通过定义基本进程段、求取进程表达式来刻画和反映系统并发、同步等行为。因此进程表达式的求解、表达能力划分及与 Petri 网语言之间的关系等是该领域的主要研究内容。

(3)Petri 网模型的扩展。为了增强 Petri 网的描述能力,更好地为系统建模,研究者提出了众多 Petri 网的扩展模型,包括增强其建模能力的谓词/变迁网(Predicate/Transition Net,Pr/T)与颜色 Petri 网(Coloured Petri Net,CPN)等高级网;系统刻画和反映时间约束的时延 Petri 网(Timed Petri Net)、时间 Petri 网(Time Petri Net)及随机 Petri 网(Stochastic Petri Net)等;含时间因素的 Petri 网模型;扩展表达能力的抑制弧 Petri 网(Inhibitor Arcs Petri Net);增强逻辑表达能力的时序 Petri 网(Temporal Petri Net)和模糊 Petri 网(Fuzzy Petri Net)等逻辑网系统;模拟连续特性的连续 Petri 网(Continuous Petri Net)和混杂 Petri 网(Hybrid Petri Net)等。

(4)Petri 网的建模及简化技术。大型、复杂系统应用不仅使得相应的 Petri 网模型构建成为问题,而且构建出来的模型往往结构复杂,导致模型状态空间的复杂性问题,即模型的状态空间大小随着系统规模呈指数性增长。因此在 Petri 网实际应用中,Petri 网的建模及简化技术始终是 Petri 网研究的主题之一。解决这一问题的方法,除了用高级网系统取代基本 Petri 网外,主要是基于等效变换的建模和分析技术,以简化网模型,降低分析复杂性。

(5)Petri 网应用研究。经过多年的发展,不仅 Petri 网理论本身已形成一门系统的、独立的学科分支,而且 Petri 网应用范围也从计算机科学向其他领域渗透,在计算机科学技术如操作系统、并行编译、网络协议、软件工程、形式语义、人工智能等,自动化科学技术如离散事件动态系统、混杂系统等,机械设计与制造如柔性制造系统,以及其他科学技术领域如管理科学等方面得到广泛的应用。

(6)Petri 网辅助工具的开发。采用计算机辅助工具是 Petri 网走向实际应用的必然步骤。国内外的 Petri 网研究团体和学术机构在研究理论和分析技术的同时,也注重研制和开发相关的 Petri 网软件设计和分析工具。如捷克 Brno 技术大学的 PESIM 系统;加拿大渥太华大学开发的 UO-GLOTOS 协议验证工具;美国杜克大学研制的随机 Petri 网软件包 SPNP;丹麦奥胡斯大学的颜色 Petri 网模型设计与分析工具 Design/CPN 等。

二、基础知识

Petri 网是描述和分析并行系统的一种模型工具,自 1962 年 Petri 提出 Petri 网理论以来,它已被广泛用于计算机科学的各个领域,包括软件工程、数据库和信息系统,计算机结构和操作系统、通信规程和计算机网络、进程控制以及社会技术系统等领域,Petri 网本身的理论、概念及工具也得到不断完善和发展。本部分将系统研究 Petri 网的理论分析技术,包括可达树(可覆盖树)的构造算法、出现序列、关联矩阵和不变量分析技术等。

(一)网和网系统

构成网的基本元素是变迁(transition)和库所(place),Petri 网着眼从资源流动为行为特征的系统,如生产流水线、信息传递系统等。引起资源流动的事件称为变迁,变迁既可以是物理变化,也可以是化学反应,因而资源在流动中不仅有状态上的改变,还可能有质和量的改变。

网论中的资源包括物质资源和信息资源。存放资源并标志其状态的系统元素称为库所,又称为 S_元素,与此相对应,变迁也称为 T_元素,前者是表示状态的元素,后者是表示变化的元素。前者反映系统中的(局部)状态,后者表示系统(局部)变化。变化由状态体现,状态由变化联结,从而在变迁与库所间存在流(资源流动)关系。资源的流动用有序偶表示,称为流关系。于是有下面网和网系统的定义:

1. 网

三元组 $N = (S, T; F)$ 称为有向网(简称网)的充分必要条件是:

(1)$S \cap T = \varnothing$;

(2)$S \cup T \neq \varnothing$;

(3)$F \subseteq S \times T \cup T \times S$ (其中"$\times$"为笛卡儿积);

(4)$\mathrm{dom}(F) \cup \mathrm{cod}(F) = S \cup T$。

其中 $\mathrm{dom}(F) = \{x \mid \exists y : (x, y) \in F\}, \mathrm{cod}(F) = \{y \mid \exists x : (x, y) \in F\}$ 分别为 F 的定义域和值域。S, T 和 F 分别表示 N 的库所集合、变迁集合和流关系(flow relation),$X = S \cup T$ 称为 N 的元素集。

库所集和变迁集是有向网的基本成分,流关系是从它们构造出来的,所以在 T 和 F 之间用分号(;)隔开。库所和变迁是两类不同的元素,所以有 $S \cap T = \varnothing$,而 $S \cup T \neq \varnothing$ 表示网中至少要有一个元素。每个库所代表一种资源,资源的流动由流关系规定,所以变迁只能与库所有直接的流关系:$F \subseteq S \times T \cup T \times S$,不参与任何变迁的资源表现为孤立的库所,不引起资源流动的变迁表现为孤立的 T_- 元素,条件(4)规定网中不能有孤立元素。

对有向网 $N = (S,T;F)$ 而言,记 $IN_0 = \{0,1,2,\cdots\}$,以 ω 表示无穷: $\omega = \omega + 1 = \omega - 1 = \omega + \omega$。定义的容量函数、标识及权函数如下:

(1) $K : S \to IN \bigcup \{\omega\}$ 为 N 的容量函数(capacity function);

(2) 对给定的容量函数 K, $M : S \to IN_0$ 称为 N 的一个标识的条件是: $\forall s \in S : M(s) \leqslant K(s)$;

(3) $W : F \to IN$ 称为 N 上的权函数,对 $(x,y) \in F$, $W(x,y) = W((x,y))$ 称为 (x,y) 上的权。权函数规定每个变迁发生一次引起的有关资源数量上的变化,它要求对任何 $(x,y) \in F$, $0 < W(x,y) < \omega$。

2. 网系统

六元组 $\Sigma = (S,T,F,K,W,M_0)$ 构成网系统的条件是:

(1) $N = (S,T;F)$ 构成有向网,称为 Σ 的基网。

(2) K, W, M_0 依次为 N 上的容量函数、权函数和标识。M_0 称为 Σ 的初始标识(initial marking)。

系统的动态行为由一个个变迁的发生构成,规定变迁发生条件及后果的是变迁规则。设 $t \in T$ 为任一变迁,M 为任一标识,由于 $W(s,t)$ 和 $W(t,s)$ 分别指明 t 发生需要的 s 资源个数及产生的 s 资源个数,t 在标识 M 下有发生权的条件是:

(3) $\forall s \in S : W(s,t) \leqslant M(s) \leqslant K(s) - W(t,s)$。

其中,$^*t = \{s \mid (s,t) \in F\}$, $t^* = \{s \mid (t,s) \in F\}$ 分别称为 t 的前集和后集,$^*t \bigcup t^*$ 称为 t 的外延。

若 $t \in T$ 在标识 M 有发生权,则在 M 可以发生,发生的结果则是将 M 改变为如下定义的标识 M:

$$(4) M'(s) = \begin{cases} M(s) - W(s,t), & \text{若 } s \in {}^*t - t^* \\ M(s) + W(t,s), & \text{若 } s \in t^* - {}^*t \\ M(s) - W(s,t) + W(t,s), & \text{若 } s \in {}^*t \bigcap t^* \\ M(s), & \text{若 } s \notin {}^*t \bigcup t^* \end{cases}$$

M 和 M' 的关系记作 $M[t > M'$,(3)保证了 M' 必为标识,即为网上资源的一个合理分布。显然,变迁 t 能否发生及发生的结果只依赖和影响 t 的外延 $^*t \bigcup t^*$,这就是下面将提及的网论中的局部确定原理。变迁的发生也叫点火。

3. Petri 网的图形表示

Petri 网可以用图形形式来表示,通常用方框 □ 表示变迁,用圆圈 ○ 表示库所,用箭头表示流关系,网是系统的静态结构,在网上给出资源(包括信息资源)的初始分布即可获得网系统,网系统的动态行为由变迁规则确定。网论中称资源分布为标识(marking),相应的图像表示是在库所中标上一个黑点,称为托肯(token),每个库所中出现的托肯数目不能超过该库所的容量。

例如,若 $T = \{t_1,t_2,t_3,t_4\}$, $S = \{s_1,s_2,s_3,s_4,s_5\}$, $F = \{(s_1,t_1),(t_1,s_2),(t_1,s_3),(s_2,t_3),(t_3,s_5),(s_3,t_2),(t_2,s_4),(s_4,t_3),(t_4,s_1),(s_5,t_4)\}$,库所 s_1 中有一托肯,则 $(S,T;F)$ 满足有向网定义的要求,所以 $\Sigma_1 = (S,T;F)$ 为有向网。Σ_1 是这个有向网的名字,$(S,T;F)$ 为其结构。Σ_1 的图形表示如图 2 - 4 - 1 所示。

有向网 Σ_1 中,各个库所的容量函数 $K(s_i)(i=1,2,3,4,5)$ 均为无穷大,用 $K(s_i)(i=1,2,3,4,5)=\omega$ 表示,各有向弧的权函数 $W(x,y)=1,M_0(s_1)=1,M_0(s_2)=0,M_0(s_3)=0,M_0(s_4)=0,M_0(s_5)=0$。

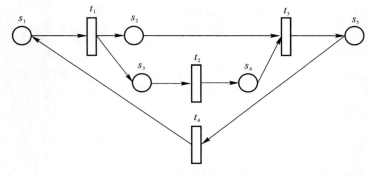

图 2-4-1　有向网 Σ_1

4.网系统的分类

网系统的容量函数 K 和权函数 W 可分为三类:

(1)$K\equiv1,W\equiv1$。该网的每个 $S\_$ 元只有"有托肯"和"无托肯"两种状态,因而可以理解为只有"真"与"不真"两种状态的布尔变量。网论中把这种 $S\_$ 元素称为条件(condition),只与条件关联的变迁称为事件(event)。通常用 B 和 E 表示条件集合和事件集合。这种由条件和事件构成的网系统称为基本网系统(Elementary Net System)或 EN_ 系统。

(2)$K\equiv\omega,W\equiv1$。这是传统上称为 Petri 网的网系统,又称 P/T_ 网。

(3)K 和 W 为任意函数。这种系统通常称为库所／变迁系统(Place/Transition System)或 P/T_ 系统。

P/T_ 网和 P/T_ 系统中流动的均是物质资源,与 EN_ 系统有质的区别,是不同类的。

(二)Petri 网的矩阵表示 —— 关联矩阵

具有 n 个库所和 m 个变迁的 Petri 网的结构可以用一个 $n\times m$ 矩阵来描述,就是关联矩阵(Incidence Matrix),它描述基网的结构。设 $\Sigma=(S,T;F,K,W,M_0)$ 为有限 P/T_ 系统,并假定其基网 $(S,T;F)$ 是单纯的,即 $\forall x\in S\bigcup T:{}^*x\bigcap x^*=\phi$。由于 Σ 是有限的,不妨令 $S=\{s_1,s_2,s_3,\cdots,s_n\}$,$T=\{t_1,t_2,\cdots,t_m\}$,即所有库所和变迁均是排好顺序的。

定义:

(1)以库所集 S 为序标集的列向量 $\boldsymbol{V}:S\rightarrow\boldsymbol{Z}$ 叫作 Σ 的 $S\_$ 向量,其中 $\boldsymbol{Z}$ 是整数集。

(2)以变迁集 T 为序标集的列向量 $\boldsymbol{U}:T\rightarrow\boldsymbol{Z}$ 叫作 Σ 的 $T\_$ 向量。

(3)以 $S\times T$ 作序标的矩阵 $\boldsymbol{C}:S\times T\rightarrow\boldsymbol{Z}$ 叫作 Σ 的关联矩阵,其矩阵元素 $C(s_i,t_j)=W(t_j,s_i)-W(s_i,t_j)$。

如果 $(S,T;F)$ 为单纯网,则对任何 $s_i,t_j,W(t_j,s_i)$ 和 $W(s_i,t_j)$ 中必至少有一个为 0,此时关联矩阵是对基网(连同权函数)的准确描述。如果 $(S,T;F)$ 不是单纯网,那么 $W(t_j,s_i)$ 和 $W(s_i,t_j)$ 就有可能全不为 0(即 $W(t_j,s_i)\neq0\wedge W(s_i,t_j)\neq0$),于是 $W(t_j,s_i)-W(s_i,t_j)$ 就是 t 发生时输入、输出的最终效果,而不是对输入和输出的准确描述。把 $M_0[\alpha>M$ 这一事实写成

等式 $\boldsymbol{M}_0 + \boldsymbol{CF} = \boldsymbol{M}$，其中 α 是把 $\boldsymbol{M}_0$ 变为 $\boldsymbol{M}$ 的变迁序列，$\boldsymbol{F}$ 是 Σ 的 $T\_$ 向量，对 $t_i \in T$，$F(t_i)$ 等于 t_i 在 α 中出现的次数；$\boldsymbol{M}_0$ 和 $\boldsymbol{M}$ 是这两个标识的 S 向量表示。下面以网系统 Σ_2 为例说明。

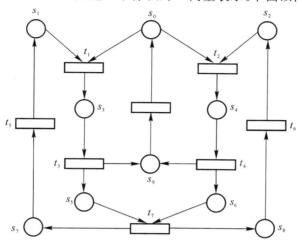

图 2 - 4 - 2 网系统 Σ_2

网系统 Σ_2 的关联矩阵为

$$
\boldsymbol{C} = \begin{pmatrix}
-1 & -1 & 0 & 0 & 0 & 0 & 0 & 1 \\
-1 & 0 & 0 & 0 & 1 & 0 & 0 & 0 \\
0 & -1 & 0 & 0 & 0 & 1 & 0 & 0 \\
1 & 0 & -1 & 0 & 0 & 0 & 0 & 0 \\
0 & 1 & 0 & -1 & 0 & 0 & 0 & 0 \\
0 & 0 & 1 & 0 & 0 & 0 & -1 & 0 \\
0 & 0 & 0 & 1 & 0 & 0 & -1 & 0 \\
0 & 0 & 0 & 0 & -1 & 0 & 1 & 0 \\
0 & 0 & 0 & 0 & 0 & -1 & 1 & 0 \\
0 & 0 & 1 & 1 & 0 & 0 & 0 & -1
\end{pmatrix}
$$

在 Σ_2 中让 t_1, t_3 顺序点火后，即 $\alpha = t_1 t_3$，由 $\boldsymbol{M}_0 = (1,1,1,0,0,0,0,0,0,0)^{\mathrm{T}}$，$\boldsymbol{F} = (1,0,1,0,0,0,0,0)^{\mathrm{T}}$，可计算出后继标识 $\boldsymbol{M} = \boldsymbol{M}_0 + \boldsymbol{CF} = (0,0,1,0,0,1,0,0,0,1)^{\mathrm{T}}$，它表示经过 t_1, t_3 点火后，在 s_2, s_5, s_9 中各有一个托肯。

（三）关联矩阵的作用

线性代数的技巧能够被应用到 Petri 网的关联矩阵上来解决 Petri 网的可达性、有界性和死锁等。例如：给定一个 Petri 网的初始标识 $\boldsymbol{M}_0$，要决定标识 $\boldsymbol{M}$ 能否从初始标识 $\boldsymbol{M}_0$ 可达，也就是 $\boldsymbol{C}$（关联矩阵），$\boldsymbol{M}_0$（初始标识）以及 $\boldsymbol{M}$（给定的标识）是已知的，而 $\boldsymbol{M}$（点火向量）是未知的。利用公式 $\boldsymbol{M}_0 + \boldsymbol{CF} = \boldsymbol{M}$，得到 $\boldsymbol{CF} = \boldsymbol{M} - \boldsymbol{M}_0$，该式有以下三种情况：

（1）如果扩展矩阵 $[\boldsymbol{C} \mid \Delta \boldsymbol{M}]$ 的秩大于 $\boldsymbol{C}$ 的秩，等式没有解。

（2）如果扩展矩阵 $[\boldsymbol{C} \mid \Delta \boldsymbol{M}]$ 的秩等于 $\boldsymbol{C}$ 的秩，而 $\boldsymbol{C}$ 的秩等于未知数的个数，等式有唯一解。

（3）如果扩展矩阵 $[\boldsymbol{C} \mid \Delta \boldsymbol{M}]$ 的秩等于 $\boldsymbol{C}$ 的秩，而 $\boldsymbol{C}$ 的秩小于未知数的个数，等式有无穷多

个解。

考虑图 2-4-1 所示的网系统 Σ_1：其中 $\boldsymbol{M}_0 = [1\ \ 0\ \ 0\ \ 0\ \ 0]^{\mathrm{T}}$，

$$\boldsymbol{C} = \begin{bmatrix} -1 & 0 & 0 & 1 \\ 1 & 0 & -1 & 0 \\ 1 & -1 & 0 & 0 \\ 0 & 1 & -1 & 1 \\ 0 & 0 & 1 & -1 \end{bmatrix}$$

考虑 $\boldsymbol{M}_1 = [0\ \ 1\ \ 1\ \ 1\ \ 0]^{\mathrm{T}}$ 是否可达？

$\boldsymbol{C}$ 的秩是 4，而 $\Delta\boldsymbol{M} = \boldsymbol{M}_1 - \boldsymbol{M}_0 = [-1\ \ 1\ \ 1\ \ 1\ \ 0]^{\mathrm{T}}$，因此

$$[\boldsymbol{C}\ |\ \Delta\boldsymbol{M}_1] = \left[\begin{array}{cccc|c} -1 & 0 & 0 & 1 & -1 \\ 1 & 0 & -1 & 0 & 1 \\ 1 & -1 & 0 & 0 & 1 \\ 0 & 1 & -1 & 1 & 1 \\ 0 & 0 & 1 & -1 & 0 \end{array}\right]$$

该矩阵的秩也是 4，所以说 $\boldsymbol{M}_1$ 是可达的，且有唯一的点火向量 $\boldsymbol{F} = [2\ \ 1\ \ 1\ \ 1]^{\mathrm{T}}$。

向量 $\boldsymbol{F}$ 代表点火序列 $\{t_1, t_2, t_3, t_4, t_1\}$，需要注意的是，虽然代数上能够求出这个解，实际中不一定能够实现，所以也不能到达给定的标识，关于这一点，将在稍后详细说明。我们考虑标识 $\boldsymbol{M}_2 = [0\ \ 0\ \ 0\ \ 0\ \ 0]^{\mathrm{T}}$：

$$\Delta\boldsymbol{M} = \boldsymbol{M}_2 - \boldsymbol{M}_0 = [-1\ \ 0\ \ 0\ \ 0\ \ 0]^{\mathrm{T}}$$

$$[\boldsymbol{C}\ |\ \Delta\boldsymbol{M}_2] = \left[\begin{array}{cccc|c} -1 & 0 & 0 & 1 & -1 \\ 1 & 0 & -1 & 0 & 0 \\ 1 & -1 & 0 & 0 & 0 \\ 0 & 1 & -1 & 1 & 0 \\ 0 & 0 & 1 & -1 & 0 \end{array}\right]$$

这个扩展矩阵的秩是 5，大于 $\boldsymbol{C}$ 的秩 4，因此 $\boldsymbol{M}_2$ 是不可达的。

上面提到，虽然矩阵分析给出了到达标识的点火向量，但是该向量描述的点火序列也许是不可能实现的，例如：给出向量 $\boldsymbol{M} = [1\ \ 0\ \ 1\ \ 0\ \ 0]^{\mathrm{T}}$，通过以上分析可得出点火向量 $\boldsymbol{F} = [1\ \ 0\ \ 1\ \ 1]^{\mathrm{T}}$，它对应着的点火序列包含 t_1、t_3、t_4，然而，t_3 发生的条件是在 S_2 和 S_4 两库所中各有一个托肯，这意味着 t_2 必须点火，但向量 $\boldsymbol{F}$ 中 t_2 没有发生。因而没有对应着向量 $\boldsymbol{F}$ 的点火序列。因此矩阵分析得出的点火向量描述的点火序列不一定能够实现，因此，要使矩阵分析的结果有意义，一定要结合 Petri 网的实际情况分析才正确。

（四）不变量技术

不变量（invariant）是网系统的结构特性，即其基网的性质与初始标识无关。

如果 Σ 中有那么几个库所，其中包含的资源（托肯）个数之总和在任何可达标识之下都不变，即均为这几个库所在初始标识 $\boldsymbol{M}_0$ 下的托肯之和，那么这几个库所就对应着 Σ 的一个 S_ 不变量（S_invariant）。换言之，S_ 不变量代表着 Σ 中若干个资源的流动范围。

令 $S_1 \subseteq S$ 为任一库所子集,定义 $I_1 : S \to Z$ 为:当 $s_i \in S_1$ 时, $I_1(s_i) = 1$,否则, $I_1(s_i) = 0$,列向量 I_1 称为 S_1 的特征向量。行向量 I_1^{T} 是 I_1 的转置。设 $M \in [M_0 >$,则在标识 M 下 S_1 中库所所含托肯总数为 $I_1^{\mathrm{T}}M$ 。如果 S_1 是个 $S\_$ 不变量,则 $I_1^{\mathrm{T}}M = I_1^{\mathrm{T}}M_0$,将计算 M 的公式代入,得

$$I_1^{\mathrm{T}}(M_0 + CF) = I_1^{\mathrm{T}}M_0$$

其中, F 为对应于从 M_0 到 M 变迁序列的列向量。化简后得

$$I_1^{\mathrm{T}}CF = 0$$

但 F 可以是任一变迁序列所对应的列向量,所以必有

$$I_1^{\mathrm{T}}C = \boldsymbol{\theta}_T^{\mathrm{T}}$$

其中, $\boldsymbol{\theta}_T$ 是分量全为 0 的 $T\_$ 向量, $\boldsymbol{\theta}_T^{\mathrm{T}}$ 是 θ_T 的转置。换一种写法:

$$C^{\mathrm{T}}I_1 = \boldsymbol{\theta}_T$$

这样就得到 $S\_$ 不变量的特征向量 I_1 所满足的线性方程组:

$$C^{\mathrm{T}}X = \boldsymbol{\theta}_T$$

其中, $X = (x_1, x_2, \cdots, x_n)^{\mathrm{T}}$ 是由变元组成的 $S\_$ 向量。

另外有一个概念将在后面分析中用到,那就是不变量的支撑集,它的定义如下:

若 $C^{\mathrm{T}}I = \boldsymbol{\theta}_T$, I 为 $S\_$ 不变量, $P_I = \{s \in S \mid I(s) \neq 0\}$ 称为 I 的支撑集(support set)。不变量的支撑集一般是库所集 S 的真子集,它代表了 Petri 网的局部性质。

另外, $T\_$ 不变量的定义与 $S\_$ 不变量的定义对称,它们是对偶概念。

(五) 局部确定原理及基本现象

专门为 Petri 网定义以下属性,设 C 为 EN$\_$ 系统 $N = (B, E; F, c_{in})$ 的情态集, $c \in C$ 为任一情态, $e_1, e_2 \in E$ 为 N 的任意两个事件。

(1) 顺序关系(sequential relation):如果 $c[e_1 >$,但 $c[e_2 >$,而 $c'[e_2 >$,其中 c' 是 c 的后继: $c[e_1 > c'$,就说 e_1 和 e_2 在 c 有顺序关系。

(2) 冲突关系(in conflict):若 $c[e_1 > \wedge c[e_2 >$,但 $c[\{e_1, e_2\} >$,则 e_1 和 e_2 在 c 互相冲突。

(3) 冲撞关系(contact):若有 $b \in B$, $c \in C$ 和 $e \in E$ 使得 $c^* \subseteq c$,而且 $b \in c \bigcap c^*$,则说在情态 c 条件 b 处有冲撞。

(4) 死锁(deadlock):如果一个 Petri 网没有一个变迁能够点火发生,阻止了系统的执行,我们说该状态为死锁状态。

(5) 可达性(reachability):对标识 M_i ,存在一个点火序列 $\{t_i, t_j, t_k \cdots\}$,当这个序列中的变迁依次点火发生后,产生标识 M_{i+1} ,就说标识 M_{i+1} 从 M_i 可达的。

(6) 有界性(boundedness):如果 Petri 网的某个库所中的托肯数目不超过 l ,则说这个库所是 l-有界。

所有由箭头与变迁 t 相连的 s 元素之集合, $\{s \mid (s, t) \in F \bigvee (t, s) \in F\}$,称为 t 的外延。由于权函数 W 满足 $W(x, y) = 0$ if $f(x, y) \notin F$,变迁 t 能否发生及发生后果只与它的外延有关,这就是局部确定原理。这一原理使得网系统中:

(1) 不需要全局状态的概念。

(2) 没有统管全局的时间概念,每座钟的读数只提供局部("当地")时间。

(3) 没有中央控制。

(4) 网系统适合描述并发系统。

下面用图例说明 Petri 网怎样描述并发、冲突以及冲撞关系(见图 2-4-3)。

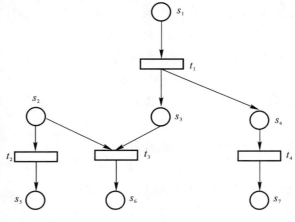

图 2-4-3　网系统 Σ_3

设网系统 Σ_3 中每个库所的容量均为 1,弧上的权也均为 1,在初始标识 M_0 下,库所 s_1,s_2,s_7 中各有一个托肯(各用一个小黑点表示)。

(1) 变迁 t_1 和 t_2 均能够发生,而且它们之一的发生不依赖也不影响另一个,t_1 和 t_2 是并发的。

(2) 若 t_1 发生,那么 s_1 失去托肯而 s_3 和 s_4 各获得一个托肯,这时 t_2 和 t_3 均能发生,但由于它们共享 s_2 中的一个资源,t_1 和 t_2 中任何一个的发生必使另一个失去发生权。t_2 和 t_3 是冲突的。

(3) t_1 发生后尽管 s_4 中已有了托肯,t_4 还是不能发生,因为 s_7 中已有托肯而它的容量为 1,这时我们说在 s_7 处有冲撞。

(六) 消除冲突的点火规则

假如冲突发生后,有许多种解决的方式可以应用,考虑到本节将要出现的情况,下列的方法可以使用:

(1) 如果所有的使能变迁均为时间变迁,则每个变迁均有一个 τ 时间决定值,最短时间的变迁将点火。

(2) 假如所有的使能变迁均为瞬时变迁,那么权值 Ω 将决定哪一个变迁先点火,具体方式如下:

· 设 X 为所有使能变迁的权值之和。

· 变迁 t 将以 $\Omega(t)/X$ 的概率点火。

(3) 假如使能变迁中既有瞬时变迁又有时间变迁,则只考虑瞬时变迁,具体处理方式同(2)。

(七) 构造可达树(可覆盖树)

可达树(可覆盖树)描述一个 Petri 网的所有可能达到的标识,树的根是初始标识。根部以下，列出了所有可能直接到达的标识，从初始标识到每一个可直接到达的标识用弧段相连，并在弧段旁标记上所需的变迁，重复此过程可得到可达树。以网系统 Σ_4 为例（见图 2-4-4）。

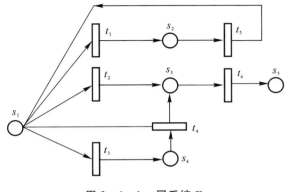

图 2-4-4　网系统 Σ_4

在网系统 Σ_4 中，t_6 是瞬时变迁，而其余 5 个变迁是时间变迁。当冲突发生在瞬时变迁和时间变迁之间时，点火规则如上节所示，也就是说，瞬时变迁总是在时间变迁前点火，因此同时间变迁有关的标识是不可达的，也就不会出现在可达树中。下面构造网系统 Σ_4 的可达树：

第一步：只有变迁 t_1、t_2、t_3 在初始标识下能够发生，直接可达标识有：$\boldsymbol{M}_1 = [0\,1\,0\,0\,0]^T$，$\boldsymbol{M}_2 = [0\,0\,1\,0\,0]^T$，$\boldsymbol{M}_3 = [0\,0\,0\,1\,0]^T$。图示如图 2-4-5 所示。

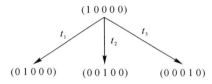

图 2-4-5　网系统 Σ_4 第一步可达标识

第二步：从 $\boldsymbol{M}_1$、$\boldsymbol{M}_2$、$\boldsymbol{M}_3$ 瞬时可达的标识为 $\boldsymbol{M}_4 = [1\,0\,0\,0\,0]^T$，$\boldsymbol{M}_5 = [0\,0\,0\,0\,1]^T$，$\boldsymbol{M}_6 = [1\,0\,1\,0\,0]^T$。从 $\boldsymbol{M}_1$ 直接可达的标识是 $\boldsymbol{M}_4$，等于 $\boldsymbol{M}_0$。图示如图 2-4-6 所示 。

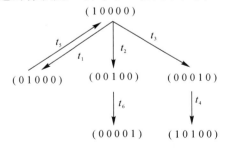

图 2-4-6　网系统 Σ_4 第二步可达标识

第三步：当网系统进入标识 $\boldsymbol{M}_5$，系统进入死锁状态，因为已没有任何标识能够可达。虽然 t_1、t_2、t_3 在标识 $\boldsymbol{M}_6$ 时能够发生，但它们是时间变迁，标识 $\boldsymbol{M}_7 = [1\,0\,0\,0\,1]^T$ 能够从 $\boldsymbol{M}_6$ 可达，因为 t_6 是瞬时变迁。图示如图 2-4-7 所示。

上述过程持续下去，图 2-4-8 显示了 6 步以后的结果，应该注意的是，这个过程可以无限地持续下去,最后形成可达树。

图 2-4-8 显示的许多标识唯一不同的是无界库所中的托肯数目,可以用一个标识来描述它们,具体方法是将 ω 放入无界库所中表明该库所的托肯数目。可得网系统 Σ_4 的可达树如图 2-4-7 所示。

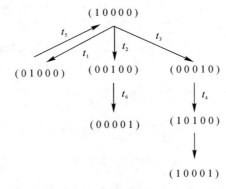

图 2-4-7　网系统 Σ_4 第三步可达标识

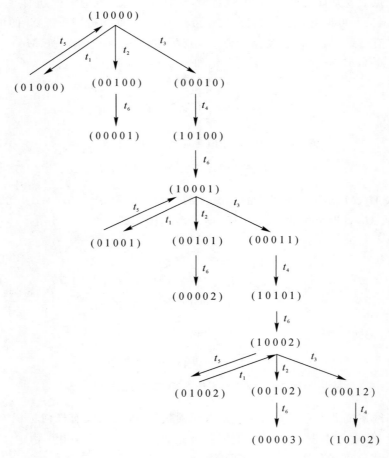

图 2-4-8　网系统 Σ_4 可达树

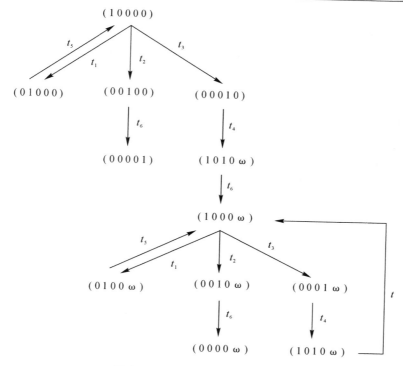

图 2 - 4 - 9　网系统 Σ_4 的可达树

由上述构造可达树的过程,可得出构造可达树的构造算法,可达树的每一个节点 x 都有个标记 M_x,M_x 是从 S 到非负整数或 ω 的映射,即 $M_x:S \rightarrow \{0,1,2,\cdots\} \bigcup \{\omega\}$,算法步骤为:

(1) $T(\Sigma)$ 的初值只有根节点 r,$M_r = M_0$,即 M_r 以初始标识标记。

(2) 令 x 为 $T(\Sigma)$ 的叶节点。若任何变迁 $t \in T$ 在 M_x 均无发生权,x 为真叶节点;若从根节点 r 到 x 的路径上有另一节点 y,$y \neq x$,但 $M_y = M_x$,则 x 也是真叶节点。若 $T(\Sigma)$ 的所有叶节点均为真叶节点,算法终止。否则执行(3)。

(3) 若 $T(\Sigma)$ 有叶节点 x,x 不是真叶节点。于是在 M_x 至少有一个变迁有发生权。对 M_x 授权发生的每个变迁 $t \in T$(当瞬时变迁和时间变迁之间发生冲突时,点火规则如上节所述),在 $T(\Sigma)$ 上添加一个新节点 y,y 是 x 的子节点,从 x 到 y 的有向弧用变迁 t 标记。节点 y 的标记 M_y 是如下定义的:首先计算出 M_x 的后继 M',即对所有

$$s \in S, M'(s) = M_x(s) - W(s,t) + W(t,s)$$

然后计算 M_y:对所有 $s \in S$,有

$$M_y(s) = \begin{cases} \omega, & \text{若从 } r \text{ 到 } y \text{ 的路径上有节点 } z, \text{使得 } M_z < M' \text{ 且 } M_z(s) < M'(s) \\ M'(s), & \text{否则} \end{cases}$$

(4) 回到步骤(2)。

通过构造可达树,可以很容易地得到可达标识的集合,可达树能够用来确定安全性、有界性、守恒性以及 Petri 网的可达能力。

(八) 马尔可夫链分析技术

为了更准确地分析非确定系统(即变迁的发射时间不固定),需要求出系统各状态的概率

分布。采用的方法是通过把 Petri 网转化为等价的马尔可夫链（CTMC）来分析。CTMC 可以用三元组$\langle RS, Q, P(0) \rangle$来定义，$RS$ 是 Petri 网的所有可达标识的集合，$Q = \{\rho_1, \rho_2, \cdots, \rho_m\}$，其中，$\rho_i, i = 1, 2, \cdots, m$ 是变迁 t_i 可发射时，在假定其他变迁不发射的条件下，下一时刻 t_i 发射的条件概率。

定义 NM 为新标识的集合，RS 为可达标识的集合，$E(m)$ 为 Petri 网的标识 m 中可点火的变迁的集合（如果瞬时变迁使能，任何时间变迁被禁止发生），Q 是各个状态间移动的概率，P 是 CTMC 的初始状态。下面给出了将 N 定义的 Petri 网转化为 RS、Q 和 $P(0)$ 定义的 CTMC（连续时间马尔可夫链）的算法：

- input：$N = (S, T, F, K, W, M_0, \Omega)$
- $NM := \{M_0\}, RS := \{M_0\}$
- While $NM \neq \{\varphi\}$ do
- let $m \in NM$
- $NM := NM - \{m\}$
- For all $t \in E(m)$ do

标识 m' 是标识 m 在 t 点火之后产生的标识。

- store $\Omega(m, m', \Omega(t, m))$
- if $m' \notin RS$ Then $NM = NM \bigcup \{m'\}$

$RS = RS \bigcup \{m'\}$

- $P(0) = (1\ 0\ 0\ \cdots 0)$

这个算法构造 RS, Q 和 $P(0)$ 三个集合，其中 RS 包含了 CTMC 的所有状态，Q 表示从一个状态移动到下一个状态的概率，$P(0)$ 表示转化后的马尔可夫链的初始概率向量。应该注意的是，只有有限个可达标识的 Petri 网才能够通过这个算法转化为 CTMC。

（九）时间 Petri 网

我们知道，通常意义下的时间是一个统一的、一维的、单向的、匀速变化的体系。但是，当我们考察一组并发事件时，一个统一的时间体系无法表达各种事件的并发性。

对于一组可以并发运行的个体来说，每个个体均有自身的时间线。在某个个体的介入下，时间形成一个全序集。但对于多个个体来说，讨论一个全局意义上的时间是毫无意义可言的。因为不同个体的几个并发事件不能进行时间上的先后比较。只有当它们到达一些同步点进行会合时，区分其到来的时间先后才有意义。

普通 Petri 网不含时间概念，变迁只要满足点火条件就可以发生，所以只能描述和研究系统的逻辑特性（如系统是否存在死锁等），妨碍了它的推广和应用。为了描述系统的动态行为，分析系统的一些重要的性能参数（如：网络流通率、时间延迟等），有必要在 Petri 网中引入时间概念。任何可能的分布都可以用来定义点火变迁所需时间，在建模的过程中，时间变迁描述系统执行一个给定任务所需时间。

在 Petri 网的定义中体现出来需要用一个扩展的 Petri 网表示，网系统的六元组表示改为七元组表示，即 $\Sigma = (S, T; F, K, W, \Omega, M_0)$，$S, T, F, K, M_0, W$ 的含义没有变化，Ω 则包含两方面的含义，假如该变迁是一个时间变迁，则它表示变迁的平均点火速率。假如该变迁是一个瞬时变迁，则它表示该变迁发生的权重。这样 Ω 有两个作用：一个是用来计算时间 τ，另一个是当不止一个瞬时变迁使能时，决定哪个变迁点火。

　　瞬时变迁点火时,托肯立即从输入库所中移出,输出的托肯直接移到输出库所中。时间变迁点火时,托肯立即从输入库所中移出,输出的托肯经过给定的时间延迟后才移到输出库所中。

（十）有色 Petri 网

　　要为一个复杂的系统建模,要用到高级网系统,高级网系统更抽象:每个 $S\_$ 元素都能代表多种资源,每个 $T\_$ 元素也能代表多种变化,从而使用起来节点少、便于把握,比如有时需要区分不同的资源、顾客、信息等。比较常用的高级网系统是有色网系统即 CPN。

　　有色网系统则将托肯分类,同类的颜色相同,不同类的则染上不同的颜色。每一种颜色的托肯在所模拟的系统中描述一种不同的物理特性,这就允许变迁的不同的点火方式,哪一种方式依据输入库所中的托肯类型,这些点火方式也有不同的输出库所和不同的输出托肯颜色,带有上述特性的 Petri 网被称作有色网系统(Coloured Petri Net),可以用9元数组描述它,即 $\{C, P, T, K, \Phi, I, O, M_0, \Omega\}$,其中各个量的含义如下:

　　(1) C 表示颜色托肯数组,每一个托肯可以是保存在库所中的反映某类信息的复杂数据结构。

　　(2) P 是库所 places 的有限集合。

　　(3) T 是变迁 transitions 的有限集合。

　　(4) K 将每一个库所映射到该库所中可能的托肯颜色集合上,即 $\forall p \in P, K(p) \subseteq C$ 定义了库所 p 中可能的托肯颜色。

　　(5) Φ 将每一个变迁映射到该变迁的所有可能的点火方式上,即 $\forall t \in T, \Phi(t)$ 包含了变迁 t 的所有可能点火方式。

　　(6) $I(p,t)_{c,\varphi}$ 表示映射 $c \times \varphi \rightarrow \mathbf{Z}^+$,其中 $c \in K(p), \varphi \in \Phi(t)$,它定义了输入弧。

　　(7) $O(t,p)_{\varphi,c}$ 表示映射 $\varphi \times c \rightarrow \mathbf{Z}^+$,其中 $c \in K(p), \varphi \in \Phi(t)$,它定义了输出弧。

　　(8) M_0 表示映射 $K(p) \rightarrow \mathbf{Z}^+$,它描述了有色网的颜色托肯的初始分布,也就是说,如果开始是库所 p 中有 i 颜色的托肯数为 l 个,则 $K(p)_i = l$。

　　(9) Ω 有两重含义:如果它是一个时间变迁,则它表示该变迁点火方式的平均点火速率;如果它是一个瞬时变迁,则它表示该变迁发生的权重。

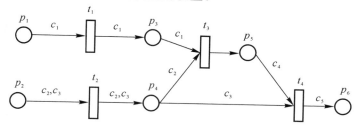

图 2 - 4 - 10　有色网系统 Σ_5

　　在有色网系统 Σ_5 中:

$C = \{c_1, c_2, c_3, c_4, c_5\}$

$P = \{p_1, p_2, p_3, p_4, p_5, p_6\}$

$T = \{t_1, t_2, t_3, t_4\}$

$K(p_1) = K(p_3) = \{c_1\}, K(p_2) = K(p_4) = \{c_2, c_3\}, K(p_5) = \{c_4\}, K(p_6) = \{c_5\}$

$$\Phi(t_1) = \{1\}, \Phi(t_2) = \{2,3\}, \Phi(t_3) = \{4\}, \Phi(t_4) = \{5\}$$

$$I(p_1,t_1)_{c_1,1} = 1, I(p_2,t_2)_{c_2,2} = 1, I(p_2,t_2)_{c_3,3} = 1, I(p_3,t_3)_{c_1,4} = 1, I(p_4,t_3)_{c_2,4} = 1,$$

$$I(p_4,t_4)_{c_3,5} = 1, I(p_5,t_4)^{c_4,5} = 1$$

$$O(t_1,p_3)_{c_1,1} = 1, O(t_2,p_4)_{c_2,2} = 1, O(t_2,p_4)_{c_3,3} = 1, O(t_3,p_5)_{c_4,4} = 1, O(t_4,p_6)_{c_5,5} = 1$$

$$M_0(p_1)_{c_1} = 1, M_0(p_2)_{c_2} = 0, M_0(p_2)_{c_3} = 1, M_0(p_3)_{c_1} = 0, M_0(p_4)_{c_2} = 1, M_0(p_4)_{c_2} =$$

$$0, M_0(p_5)_{c_4} = 0, M_0(p_6)_{c_5} = 0$$

有色网系统跟一般的 Petri 网相比有相似的点火规则,唯一的区别是要考虑到输入库所中的托肯的颜色,当变迁 t_j 有正确的颜色时,点火方式就可以发生。例如:对所有 $p_i \in P$ 以及 $h \in C(p_i)$,如果有 $I(p_i,t_j) \leqslant M(p_i)_h$,则 $F(t_j)$ 使能,这时就可以将指定的托肯从输入库所中移出,并将相关的颜色托肯放入输出库所中。

跟一般的 Petri 网一样,有色网系统也可以用矩阵符号来描述,n 个库所 m 个变迁的有色网系统能够用 $n \times m$ 个矩阵块来描述,C 仍表示关联矩阵,例如:$O(t_j,p_i)$ 是 $|K(p_i) \times \Phi(t_j)|$ 大小的输出关联矩阵,其中行表示托肯颜色数,列表示点火方式的数目。因此,当点火用 $C(p_i,t_j) = O(t_j,p_i) - I(p_i,t_j)$ 定义时,这个矩阵描述 p_i 中颜色托肯数目的变化。有色网系统的标识能够用 $n \times 1$ 个块向量描述,其中 $M(p_i)$ 是一个 $|K(p_i)| \times 1$ 的向量,它的每一个元素是出现在库所 p_i 中的给定的颜色托肯数目。有色网系统的点火序列能够用 $m \times 1$ 个块向量描述,其中每一个元素是一个 $|\Phi(t_j)| \times 1$ 的向量,它对应着点火序列中的变迁 t_j 给定的点火方式的重复次数。像一般的 Petri 网一样,如果给定有色网系统的关联矩阵、初始标识向量以及点火向量,产生的标识就能够用公式 $M = M_0 + CF$ 计算出来。

考虑图 2-4-10 所示的网系统 Σ_5:

$$C = \begin{bmatrix} -C_1 & 0 & 0 & 0 \\ 0 & -C_2 & 0 & 0 \\ C1 & 0 & -C_3 & 0 \\ 0 & C2 & -C_4 & -C_5 \\ 0 & 0 & C_3 & -C_5 \\ 0 & 0 & 0 & C_5 \end{bmatrix}$$

其中,$C_1 = C_3 = C_5 = [1], C_2 = \begin{bmatrix} 1 & 0 \\ 0 & 1 \end{bmatrix}, C_4 = \begin{bmatrix} 1 \\ 0 \end{bmatrix}, M_0 = [M_1 \ M_2 \ M_3 \ M_4 \ M_5 \ M_6]^T$。

其中,$M_1 = [1], M_2 = \begin{bmatrix} 0 \\ 1 \end{bmatrix}, M_3 = M_5 = M_6 = [0], M_4 = \begin{bmatrix} 1 \\ 0 \end{bmatrix}$。

如果变迁 t_1 的点火方式 1 点火,变迁 t_2 的点火方式 3 点火,变迁 t_3 的点火方式 4 点火,则点火向量为

$$F = \begin{bmatrix} F_1 \\ F_2 \\ F_3 \\ F_4 \end{bmatrix}$$

其中,$F_1 = F_3 = [1], F_2 = \begin{bmatrix} 0 \\ 1 \end{bmatrix}, F_4 = [0]$

因此产生的标识可以通过公式 $M = M_0 + CF$ 计算出来：

$$M = \begin{bmatrix} M'_1 \\ M'_2 \\ M'_3 \\ M'_4 \\ M'_5 \\ M'_6 \end{bmatrix}$$

其中，$M'_1 = M'_3 = M'_6 = [0]$，$M'_2 = \begin{bmatrix} 0 \\ 0 \end{bmatrix}$，$M'_4 = \begin{bmatrix} 0 \\ 1 \end{bmatrix}$，$M'_5 = [1]$。

有色网系统仅仅是高级网系统的一种，它是一种扩展的 Petri 网，还有其他的扩展 Petri 网类型，例如：谓词/变迁系统（Pr/T_系统），其中库所中的个体状态用谓词来表示，定义高级网系统的关键是如何表示托肯的个性，如 Pr/T_系统区分托肯个体，给每个个体起个名字，以谓词描述个体状态。

CPN 是应用最为广泛的一种高级网系统，使用 CPN 有三个目的，第一，CPN 模型是一个系统的描述，在设计一个系统之前，可以通过建立一个 CPN 模型来考察系统，这样做的明显好处是：及早发现系统设计中危及安全的关键错误。第二，CPN 模型的行为易于分析，可以通过仿真（即程序执行和程序调试）或更多正规的分析方法（如可达树或不变量）来分析。第三，建立系统的 CPN 模型以及分析其动态行为能够使建模者对系统有特别深入的理解。有色网能够得到广泛应用还因为它有以下几个突出的优点：

（1）CPN 的库所中的托肯可以是任意复杂的数据结构，这样便于编程验证。

（2）CPN 中引入了层次概念，可以将一个大系统的建模分解为一系列有明确界面的子系统的建模。

（3）CPN 对库所和变迁都能准确描述，不像有的系统描述语言，只能描述库所或变迁，而不能二者兼顾，这样使用者就可以随时侧重于库所或变迁来研究。

（4）CPN 提供交互式的仿真，模拟结果可以直观地显示在 CPN 图中。

（5）CPN 有许多成熟的分析方法，其中两个最重要的方法是可达图（occrrence graphs）和状态不变量（place invariants）。

三、典型应用

防空 C^3I 决策系统建模工作一直是防空作战指挥系统的重点。C^3I 系统既是一个目标多样、因素众多的大系统，又是一个人机交互的信息系统，还是一个离散事件动态系统。对 C^3I 系统建模既要考虑其功能、结构等静态特性，又要考虑其执行、交互等动态行为。C^3I 系统的指标体系不仅包括其本身的性能指标，还包括它与武器系统、战场环境相结合完成作战使命的作战效能指标。C^3I 系统的这些特点造成了系统建模的复杂性和多维性，这就需要有合适的描述模型来对其进行建模。而 Petri 网方法被认为是其中最为有效的一种建模方法。本节主要以有色 Petri 网为工具，对防空 C^3I 决策系统的模型进行分析优化。

(一)基于 Petri 网建模的防空 C³I 决策模型

考虑由一个导弹旅指挥站下辖两个导弹营指挥站组成的决策组织。决策组织接收来自警戒雷达的信息,要产生一个目标分配方案(即由哪个导弹营打哪批飞机)。对某一空情 x_i,旅营两级各自进行局面评价,评价过程中与各自的数据库交换信息,旅指挥员得到的是旅防域内的局面评价,营指挥员得到的是营防域内的局面评价,营指挥员将其局面评价结果上报给旅指挥员,旅指挥员综合考虑自己的局面评价和营指挥员上报的局面评价,获得一个新的更准确的局面评价。以此为基础,产生一个目标分配方案(即由哪个营打哪几批飞机),并传送给营指挥员。营指挥员根据自己的局面评价和对上级命令的理解,产生一个小范围的目标分配方案,以此作为决策组织的响应。图 2-4-11 是旅营两级决策组织的方框图。

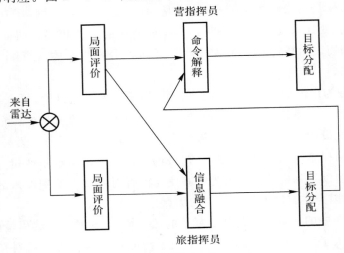

图 2-4-11　旅营两级决策组织的方框图

单个决策者的 Petri 网模型如图 2-4-12 所示。由图可知,一个决策者对信息的处理过程分为 4 个处理级:态势评估(SA)、信息融合(IF)、命令解释(CI)和响应选择(RS)。由图中可以看出,决策者只能从 SA、IF 和 CI 级接收信息,只能在 SA 和 RS 级发出信息。其中,只有 SA 级能从外部环境接收信息输入,只有 RS 级向外部环境输出响应。IF 和 CI 级是从其他决策者处接收输入,而 SA 和 RS 可以向其他决策者输出信息。

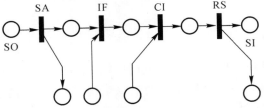

图 2-4-12　单个决策者的 4 级 Petri 网模型

根据决策者之间交互的情况,考虑一个地空导弹 C³I 决策系统的建模,假设某个 C³I 决策系统是一个防空旅,下辖两个导弹营,导弹营有各自的指挥站,分别负责所保护区域的一半。即共有 3 个决策者,分别用 DM_0(旅指挥站),DM_1 和 DM_2 来表示。本节取不同交互中的两种结构模型来研究,如图 2-4-13 所示。

图 2-4-13 中,SA、IF、CI 和 RS 的含义和前图中相同,而 AC 表示火力单元(导弹营)执行命令。如图 2-4-13(a)所示,结构模型 A 中旅指挥站 DM_0 和两个导弹营指挥站(DM_1 和 DM_2)同时接收外界信息,对战场态势进行评估。然后 DM_0 同时向 DM_1 和 DM_2 把自己的态势评估和来自 DM_0 的命令进行融合以后得出自己的武器分配计划,送给武器系统执行。如图 2-4-13(b)所示,结构模型 B 中的 DM_0 则多了把三者的态势进行融合的一步。

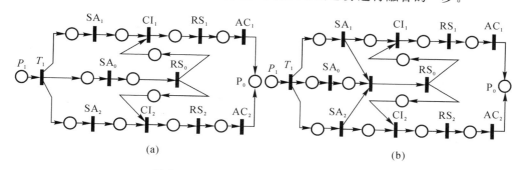

图 2-4-13　不同交互中的两种结构模型

(a)结构模型 A;(b)结构模型 B

(二)基于有色 Petri 网的防空 C^3I 决策模型

在库所/变迁系统模型的基础上,给每个托肯加上颜色,构成有色网系统。这一颜色由两个特征组成,这两个特征能把不同的信息项区分开。

这些信息项所代表的输入进入组织的时刻 T_n;这些信息项进入它们现在所处内部阶段的时刻 T_d,因此颜色就由二元组(T_n,T_d)表示,库所 P 中,具有某一颜色(T_n,T_d)的托肯数记为 $M(P)(T_n,T_d)$,并规定相应的变迁授权规则。

授权规则:变迁 t 有发生权,当且仅当它的所有输入库所都包含一个具有相同属性值 T_n 的托肯。

对于基于旅营两级指挥站的 C^3I 决策系统,有色 Petri 网 C^3I 决策系统结构的思想就是:首先对从实际战场中探测到的信息进行预处理,对系统结构有不同要求的信息赋予不同的颜色,然后再根据输入信号的不同颜色来选取不同 C^3I 系统决策结构。

T 为预处理过程,分析来袭目标的特征。比如当来袭的空中目标为速度较慢的飞机时,则对实时性要求就低一些,可以采取精度较高的 C^3I 系统决策结构。预处理后的数据被赋予不同的颜色。因为有两个导弹营指挥站,可以把输入分成 X_1 和 X_2 两个子集。对应的颜色集含有两种颜色,用 $C_1 = \{m_1, m_2\}$ 表示。给 X_1 赋 m_1 色,给 X_2 赋 m_2 色,当输入数据属于子集 X_1 时,数据送到 P_1,启动决策结构模型 A 的工作;当输入数据属于子集 X_2 时,数据送到 P_2,启动决策结构模型 B 的工作。令 m_1 和 m_2 的交集为空,则始终只有一种决策结构在工作。工作示意图如 2-4-14 所示。这样就有效解决了实时性和准确性相互矛盾的问题。

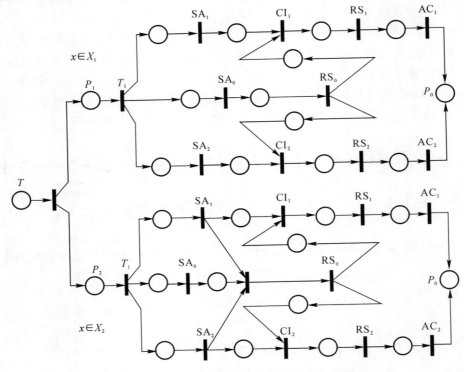

图 2 - 4 - 14　有色 Petri 网的 C^3I 系统决策结构

第五节　系统动力学方法

　　系统动力学是系统科学理论与计算机仿真紧密结合、研究系统反馈结构与行为的一门科学,是系统科学与管理科学的一个重要分支。系统动力学认为,系统的行为模式与特性主要取决于其内部的动态结构与反馈机制,它通常使用定性与定量结合、系统综合推理的方法来分析处理社会、经济、生态和生物等一类复杂大系统问题。

一、系统动力学概述

(一) 系统动力学的产生和发展

　　系统动力学是美国麻省理工学院(MIT) J. W. 弗雷斯特(J. W. Forrester)教授最早提出的一种对社会经济问题进行系统分析的方法论和定性与定量相结合的分析方法。其系统动力学是一门分析研究复杂反馈系统动态行为的系统科学方法,它是系统科学的一个分支,也是一门沟通自然科学和社会科学领域的横向学科,实质上就是分析研究复杂反馈大系统的计算仿真方法。其目的在于综合控制论、信息论和决策论的成果,以电子计算机为工具,分析研究信息反馈系统的结构和行为。从系统方法论来说,系统动力学是结构的方法、功能的方法和历史的方法的统一。它基于系统论,吸收了控制论、信息论的精髓,是一门综合自然科学和社会科学的横向学科。系统动力学的发展过程大致可分为三个阶段：

1. 系统动力学始于 20 世纪 50 年代后期

当时，系统动力学主要应用于工商企业管理问题，诸如生产与雇员情况的波动、企业的供销、生产与库存、股票与市场增长的不稳定性等问题，并创立了"Industrial Dynamics"(1959)，也就是工业动力学。这阶段主要是以弗雷斯特教授在哈佛商业评论发表的《工业动力学》作为奠基之作，之后他又讲述了系统动力学的方法论和原理，系统产生动态行为的基本原理。此后在整个 60 年代，动力学思想与方法的应用范围日益扩大，其应用几乎遍及各类系统，深入各种领域。作为方法论基础，出现了"Principles of Systems (1968)"。总结美国城市兴衰问题的理论与应用研究成果的"UrbanDynamics(1969)"和著名的"World Dynamics (1971)"等也是 J. W. 弗雷斯特等人的重要成就。

2. 系统动力学发展成熟(20 世纪 70—80 年代)

20 世纪 70 年代以来，SD 经历两次严峻的挑战并走向世界，进入蓬勃发展时期。第一次挑战(70 年代初期到 70 年代中期)：SD 与罗马俱乐部一起闻名于世，其主要标志是两个世界模型的研制与分析。这两个模型的研究成功地解决了困扰经济学界的长波问题，吸引了世界各国学者的关注，促进它在世界的传播与发展，确立了在社会经济问题研究中的学科地位。

3. 系统动力学广泛运用与传播(20 世纪 90 年代至今)

在这一阶段，SD 在世界范围内得到广泛传播，其应用范围更广泛，并且获得新的发展。系统动力学正加强与控制理论、系统科学、突变理论、耗散结构与分叉、结构稳定性分析、灵敏度分析、统计分析、参数估计、最优化技术应用、类属结构研究、专家系统等方面的联系。许多学者纷纷采用系统动力学方法来研究各自的社会经济问题，这些问题涉及经济、能源、交通、环境、生态、生物、医学、工业、城市等广泛领域。

系统动力学是综合了反馈控制论(Feedback Cybernetics)、信息论(Information Theory)、系统论(System Theory)、决策论(Decision Theory)，计算机仿真(Computer simulation)以及系统分析的实验方法(Experimental Approach to System Analysis)等发展而来的，它利用系统思考(System Thinking)的观点来界定系统的组织边界、运作及信息传递流程，以因果反馈关系(Causal Feedback)描述系统的动态复杂性(Dynamic Complexity)，将所要研究的问题流体化，并建立量化模型，利用计算机仿真方法模拟不同策略下所研究系统的行为模式，最后通过改变结构，帮助人们了解系统动态行为的结构性原因，以及各部分组成在整个系统结构中的作用，从而分析并设计出解决动态复杂问题和改善系统绩效的高杠杆解决方案(High Leverage Solution，即以最小的投入获取最大的绩效)。

近年来，SD 正在成为一种新的系统工程方法论和重要的模型方法，渗透到许多领域，尤其在国土规划、区域开发、环境治理和企业战略研究等方面，正显示出它的重要作用。随着国内外管理界对学习型组织的关注，SD 思想和方法的生命力更为强劲。但目前应更加注重 SD 的方法论意义，并注意其定量分析手段的应用场合及条件。

（二）系统动力学的研究对象及适用领域

1. 研究对象

SD 的研究对象主要是社会(经济)系统。该类系统的突出特点是：

(1)社会系统中存在着决策环节。社会系统的行为总是经过采集信息，并按照某个政策进行信息加工处理做出决策后出现的，决定了它是一个经过多次比较、反复选择、优化的过程。

对于大规模复杂的社会系统来说,其决策环节所需要信息的信息量是十分庞大的。其中既有看得见、摸得着的实体,又有看不见、摸不到的价值、伦理、道德观念及个人、团体的偏见等因素。

(2)社会系统具有自律性。自律性就是自己做主进行决策,自己管理、控制、约束自身行为的能力和特性。工程系统是由于导入反馈机构而具有自律性的;社会系统因其内部固有的"反馈机构"而具有自律性。因此,研究社会系统的结构,首先(也是最重要的)就在于认识和发现社会系统中所存在着的由因果关系形成的反馈机构。

(3)社会系统的非线性。非线性是指社会现象中原因和结果之间所呈现出的极端非线性关系。如:原因和结果在时间和空间上的分离性、出现事件的意外性、难以直观性等。

高度非线性是由于社会问题的原因和结果相互作用的多样性、复杂性造成的。具体来说,一方面是由于社会问题的原因和结果在时间、空间上的滞后;另一方面是由于社会系统具有多重反馈结构。这种特性可以用社会系统的非线性多重反馈机构加以研究和解释。

SD方法就是要把社会系统作为非线性多重信息反馈系统来研究,进行社会经济问题的模型化,对社会经济现象进行预测、对社会系统结构和行为进行分析,为企业、地区、国家、国际制定发展战略、进行决策,提供有用的信息。

2.适用领域

(1)世界模型。WORLD Ⅱ和WORLD Ⅲ模型(Dennis,Meadows,1974年)研究了世界范围内人口、自然资源、工业、农业和污染诸因素的相互制约关系及产生的各种可能后果。

(2)国家模型。中国SD模型(SDNMC)建立于20世纪80年代末,用于研究数十年乃至百年内中国发展总趋势,揭示未来社会发展的矛盾、问题和阻碍因素,并提出预见性的发展战略和建议。

(3)区域或城市经济发展模型。西方城市SD模型(Jay.W. Forrester,1968年)揭示了西方国家城市发展、衰退、复苏的内在机制;王其藩建立的中心城市技术开发与经济增长的SD模型,研究了上海市科技、教育、经济三者的协调;张炳发建立的佳木斯市宏观经济系统仿真模型,研究了城市宏观经济系统的结构和功能;吴健中等人建立的新疆社会经济发展的SD模型,探讨了新疆社会经济发展的制约因素。

此外,系统动力学还用于企业管理、城市规划、环境与农业的发展和建筑工程管理等方面,其应用范围越来越广泛。

(三)系统动力学的特点

系统动力学针对现实的社会系统,通过相关研究建立动态的仿真模型,对系统的行为进行模拟演化,对可能引起系统变化的因素进行分析和实验,找到提高系统性能的途径和方法。所以,系统动力学是在定性分析的基础上,结合定量分析,对复杂系统进行的仿真分析,与其他建模方法相比,具有如下特点:

(1)系统动力学是定性分析与定量分析的结合。系统动力学的定性分析主要是在构建模型时进行的因果关系分析。为了对系统的行为进行更为有效的分析和评价,需要对引起系统行为变化的关键因素进行因果分析,确定引起系统行为变化的主要影响因素和驱动因素,并建立因果关系图。定性分析之后,为了进一步研究指标间的数量关系,还需要建立系统流图,这是仿真的基础,流图的建立就是一种定量分析。因此,系统动力学将定性分析与定量分析紧密结合,并且可以据此进行仿真实验。

（2）系统动力学适合处理数据精度要求不高的复杂的社会经济问题。在建立好系统流图之后，只要对流位变量设置初始值之后，就可以进行系统动力学的仿真，选择一个时间长度进行指标的演化趋势分析，所以这种仿真只需要借助因果关系和有限的数据就可以做出演化趋势的判断，很适合解决社会系统中数据不足、精度不高时的系统分析和推算问题。所以，系统动力学建立的模型属于管理型模型。

（3）系统动力学研究的目标不是追求对未来的准确预报，而是有条件的预测。系统动力学强调结果产生的条件，通过试验不同策略所达到的效果，达到深化对真实世界的正确理解，评估自己所作假设和每项策略所达到效果的一致性，为预测未来提供了新的手段。

（4）系统动力学采用的是系统结构决定系统行为的原理。由此可知道系统中每个因素的作用，评估系统中不同部分做出的不同行动将如何增强或削减系统行为的趋势。这与经济学采用的方法完全不同。经济学的方法是引用相互间独立的变量的历史数据，用统计学方法确定这些变量与系统参数形成的方程，描述系统行为，不需要考虑因素之间的内在关系。

（5）系统动力学注重策略的长期效果。因为各种系统行为都有一定的周期性规律，需要在一个较长的时间内才能观测到其变化规律。要理解长期效果只有找出能产生任何可能变化的一些主要因素。最理想的状况是，系统要在宽广的时间范围内，在系统主要变量作任何重要的、可选择的变化方案下，能理解其产生的响应机制，并对其机制做出较为科学的解释。所以系统动力学不是研究系统短期行为的，而是研究系统行为的长期演化特性，依此制定的政策或策略也是注重长期效果的。

总而言之，系统动力学在处理复杂系统问题时有其非常鲜明的特点和优势，尤其是解决高阶、非线性、动态的系统问题，在数据比较缺乏、用一般数学方法很难求解的时候，可以借助于系统动力学仿真技术和原理，以及计算机技术的辅助，获得所需要的主要信息。

二、系统动力学原理

系统动力学所研究的对象往往是多种要素相互作用形成的高阶系统，由于非线性因素的作用，高阶次复杂时变系统通常会表现出反直观的、千姿百态的动态特性。系统动力学解决问题的本质是将这些复杂的高阶系统分解为若干个低阶子系统，通过研究这些子系统内部要素的作用以及子系统之间的联系来反推高阶系统的演变机理。因此，本节将从最简单的一阶系统开始，对系统动力学的建模原理与数学方法进行讨论。

（一）一阶系统模型

系统动力学中的阶指的是系统中状态变量的个数。一阶反馈系统是系统动力学模型最小最基本的系统，一阶系统中的理论方法和数学模型是推导求解高阶系统问题的基础。一个系统动力学模型至少包括一个一阶系统，一般会包含多个一阶系统。城市交通系统是一个复杂的高阶系统，但在具体研究中通常可以将多个要素相互作用的高阶问题分解为若干个两两要素相互作用的一阶系统问题来研究。

1. 一阶正反馈系统

一阶正反馈系统是指只有一个正反馈回路（加强型回路）的系统如图 2-5-1 所示。一阶正反馈系统可以用差分方程表示为

$$LEV.K = LEV.J + (DT)(RT.JK) \qquad (2.5.1)$$

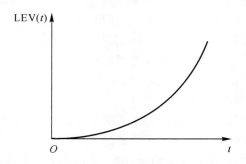

图 2-5-1　一阶反馈状态变量随时间变化曲线

式中　LEV——状态变量；

　　　　RT. JK——J 时刻到 K 时刻的状态变量变化速率；

　　　　DT——J 时刻到 K 时刻计算时间间隔；当 DT 趋于 0 时，并假定 RT$(t)=$const$\times$
　　　　　　LEV(t)，可求解上述差分方程为

$$\text{LEV}(t)=\text{LEV}(O)\,\mathrm{e}^{\text{const}\cdot t} \tag{2.5.2}$$

式中　LEV(t)——状态在 t 时的值；

　　　　LEV(0)——状态的初始值；

　　　　const——比例常数。

（1）时间常数 T：在式（2.5.1）中，定义时间常数 $T=\dfrac{1}{\text{const}}$，可以看出，时间常数 T 决定正反馈系统增长或衰减的速度。时间常数 T 值越大，系统变化越慢，系统状态相应为较平缓的增长曲线；时间常数 T 值越小，系统变化越快，系统状态相应为较陡的增长曲线。

（2）倍增时间/减半时间 T_d：倍增时间是指状态变量由当前值 LEV(t_1) 增至原来 2 倍 LEV$(t_2)=2$LEV(t_1) 所用时间；同理，减半时间则是指状态变量由当前值 LEV(t_1) 减小至原来一半 LEV$(t_2)=1/2$LEV(t_1) 所用时间。由式（2.5.1）可推算出倍增时间/减半时间 $T_d=T\ln 2=0.69T$。

　　2. 一阶负反馈系统

　　一阶负反馈系统是指只有一个负反馈回路（平衡型回路）的系统如图 2-5-2 所示。

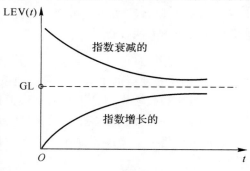

图 2-5-2　一阶负反馈系统的两种寻的模式

　　一阶负反馈系统可以用差分方程表示为

$$\text{LEV}. L=\text{LEV}. K+(\text{DT})(\text{RT}. KL) \tag{2.5.3}$$

$$RT.KL = \text{const} \times DISC.K \tag{2.5.4}$$

$$DISC.K = GL - LE.K \tag{2.5.5}$$

式中:LEV——状态变量;

　　RT.KL——K 时刻到 L 时刻状态变量变化的速率;

　　const——比例常数;

　　DISC.K——K 时刻的状态变量值与 L 时刻目标值之间的偏差;

　　GL——L 时刻的目标值。

同样,令 DT 趋向于 0,可解得

$$LEV(t) = GL - [GL - LEV(O)]e^{-\text{const} \cdot i} \tag{2.5.6}$$

式中:LEV(t)——状态在 t 时的值;

　　LEV(0)——状态的初始值。

(1)时间常数 T:与一阶正反馈系统相同,时间常数 $T = 1/\text{const}$,时间常数 T 决定负反馈系统寻求目标的速度,时间常数 T 值越大,系统变化越慢,系统状态相应为较平缓的增长曲线;时间常数 T 值越小,系统变化越快,系统状态相应为较陡的增长曲线。

(2)减半时间常数 T_h:如果负反馈是指数衰减过程,则状态变量减小至原来一半所需的时间为 $T_h = T\ln2 = 0.69T$(由于负反馈系统的寻的特性,随着时间的推移增长速度减慢,倍增时间会逐渐增大,不再是定值,故在负反馈系统中没有讨论意义)。

3.S 形增长系统

S 形增长系统属于多反馈的一阶系统,它同时包括一个正反馈回路和一个负反馈回路,如图 2-5-3 所示。S 形增长是一种典型的系统行为,其行为过程包含了指数与渐近(寻的)两种增长过程。产生 S 形增长特性的必需条件是,系统内部起主导反馈作用的回路发生变化,指数增长过程是正反馈回路起主导作用,渐进(寻的)增长则是负反馈回路起主导作用,S 形增长系统可以用差分方程表示为

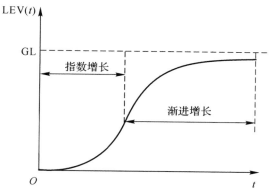

图 2-5-3 S 形增长曲线

$$LEV.K = LEV.J + (DT)(RT.JK) \tag{2.5.7}$$

$$RT.KL = \text{const} \times LEV.K \times DISC.K \tag{2.5.8}$$

$$DISC.K = GL - LEV.K \tag{2.5.9}$$

式中:LEV——状态变量;

　　RT.KL——K 时刻到 L 时刻状态变量变化的速率;

const——比例常数;

DISC. K——K 时刻的状态变量值与 L 时刻目标值之间的偏差;

GL——L 时刻的目标值。

同样,令 DT 趋向于 0,可解得

$$RT. KL = const \times LEV. K \times (GL - LEV. K) \tag{2.5.10}$$

通过分析速率-状态关系,可以发现状态随时间变化的特性,LEV 的初始值略大于 0,从而产生正比于 LEV 的 RT 值。RT 值在 DT 的时间间隔内经过积累作用,反过来与 LEV 初始值叠加形成新的增大了的 LEV 值,接着又产生新的较前大一些的 RT 值和更加增长的 LEV 值。如此周而复始形成愈演愈烈的正反馈的指数增长过程,直到 LEV 达到某一值。此后转入负反馈区,增长开始受限,显然 LEV 仍然继续增长,但 RT 值却是不断减小的,直至 RT 趋于 0,与此相应 LEV 值渐进地达到系统的目标值 GL。S 型增长系统应用较为广泛,人口增长模型、阻尼摆模型、污染物扩散模型等均可看作是 S 型增长系统。

(二)二阶系统模型

系统动力学是在时域中分析研究系统的,它采用状态空间法描述系统结构。系统状态空间表达式为

$$\left. \begin{array}{l} \dot{X} = Ax + Bu \\ y = Cx + Du \end{array} \right\} X \in \mathbf{R}^m, u \in \mathbf{R}^r, y \in \mathbf{R}^n \tag{2.5.11}$$

其中,$\mathbf{R}$ 表示欧式空间,状态向量 x 为 m 维,u 代表 r 维输入变量,y 代表 n 维输出变量,$\mathbf{X} = \mathbf{Ax} + \mathbf{Bu}$ 表示系统状态变量构成的状态方程,$y = Cx + Du$ 表示输出变量与状态变量和输入变量关系的输出方程。当不考虑外界输入变量对系统的影响时,对一阶系统来讲,取 $m = 1, r = 0$;对二阶系统而言,则取 $m = 2, r = 0$,其状态方程可以表示为

$$\dot{X} = Ax \tag{2.5.12}$$

式中:$A = \begin{bmatrix} a_{11} & a_{12} \\ a_{21} & a_{22} \end{bmatrix}$——转移矩阵。

二阶系统比一阶系统更为复杂,一般在一个系统中包含两个独立的状态变量,并且这两个状态变量在同一个回路中。例如,草原上的草—羊—狼生态系统,羊和狼的数量为独立的状态变量,我们既要考虑羊和狼内部个体竞争关系对各自种群数量产生的影响,也要考虑到羊和狼之间捕食与被捕食对各自种群数量的影响,这就形成了二阶系统。由于二阶系统的复杂性,其行为模式也产生了多种结果,主要有阶跃、渐进增长、超调、振荡(减幅、等幅、增幅)等,没有固定的规则,行为可预测性较低,通常需要借助于软件模拟来对二阶系统进行研究。

三、系统动力学建模

构建系统动力学模型,首先要明确问题,确定系统的边界(规定哪些部分应该划入模型,哪些部分不应归入模型,必须将系统中的反馈回路考虑成一个闭合回路)。对于实际问题而言,在系统分析阶段需要先进行相应的任务调研,采集数据;其次要分析系统结构,进行系统内生性解释以及绘制系统结构图(主要有因果回路图和存量流量图)将实际数据抽象成系统状态变量;然后就可以编写系统方程来构建整个模型;最后还必须对模型进行必要的测试与检验,对

不符合实际情况的模型进行修改完善,从而实现使用模型对相关政策进行分析(见图 2 - 5 - 4)。

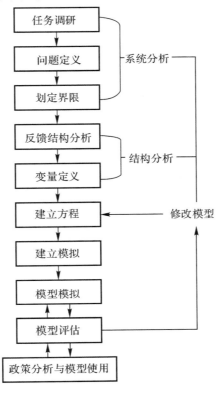

图 2 - 5 - 4 系统动力学建模过程

下面就从系统动力学模型的基本构成要素系统因果关系的建立、系统流图原理及画法、系统动力学方程构建、系统动力学模型检验等方面具体讨论。

(一)系统动力学模型的基本构成要素

1.因果关系

因果关系分析是系统动力学方法的重要内容和基础。在社会系统中,影响系统行为的各种要素相互作用,形成因果反馈关系,所以因果关系是社会系统内各子系统之间相互关系的真实反映。

若两变量 A、B 之间存在因果关系,变量 A 是原因,变量 B 是可能引起的结果,那么变量 A 和 B 之间的关系就可以表述为:变量 A 的变化是导致变量 B 变化的原因。变量 A 变化之后可能导致变量 B 出现两个方向的变化,一种是和变量 A 的变化同方向,即变量 A 增加,那么变量 B 也增加,这种关系说明 A、B 之间的因果关系是正极性的;还有一种情况是变量 B 的变化和变量 A 反方向,即若变量 A 增加,则变量 B 减少,这种因果关系是负极性的。用因果链可以将两变量的上述关系表示成:

$$A \rightarrow +B \text{ 或 } A \rightarrow -B$$

因果关系是逻辑关系,没有计量和时间上的意义。

2.反馈回路

在明确了因果关系之后,应该进一步研究因果关系反馈环(Causal Feedback Loop)。原因和结果相互作用就会形成反馈回路。

反馈回路是有极性的,极性是由反馈回路上因果链的积累效应决定的,而因果链的积累效应取决于反馈回路上正极性和负极性因果链的个数,尤其是负极性因果链的个数。如果负极性因果链的个数是奇数,则该反馈回路就是负反馈回路,这种类型的反馈回路具有自我调节的效果,能不断修正和调整系统的行为;如果负极性因果链的个数是偶数,或者全部都是正极性因果链,则该反馈回路为正反馈回路,这种类型的反馈回路会导致系统行为出现不断增长和强化的效果。

3.变量

对于系统反馈结构来说,变量要素主要包括状态变量、流率变量、辅助变量和常数等。变量要素按一定次序排列和组合,可以构成反馈回路。

(1)状态变量。状态变量在系统动力学中也称为积累变量或流位变量(level),主要是描述系统的积累效应的变量,反映了系统运作的结果。积累是系统内部的流的堆积。物流、资金流、信息流这三种流的堆积都可以形成状态变量。比如,库存量、储水量、人口等都可以用level表示。流位或积累变量有比较严格的表达格式,现在的积累量等于前次或前期的积累量加上流入流与流出流的差。

$$积累(现在时刻)＝积累(前一时刻)＋(流入流速－流出流速)×时间间隔$$

这个表达式可以反映出状态变量的基本特征,即状态变量具有累积性,反映从最初时刻到目前为止的累积数。

(2)流率变量。流率变量(rate)也称为决策变量,是反映流位变量变化速度的变量,之所以被称为决策变量,是因为流率变量是可以人为选择和调节的,又称控制变量、操作变量和设计变量,是指单位时间内的流量。流率变量会影响流位变量的积累效果。令 DT 是当前时刻与前一时刻的时间间隔,如果 DT 足够小,则当前时刻的状态变量可表述成:

$$状态变量(当前时刻)＝状态变量(前一时刻)＋DT×决策变量(前一时刻)$$

(3)常数。描述系统中不随时间变化而变化的量,称为常数(constant)。在仿真运行期间,某个参数的值如保持不变,则该参数称为常数。

(4)辅助变量。当流率变量的表达式较复杂时,可以引入辅助变量(aulixliary)。辅助变量反映了流率变量对流位变量影响的途径,是构建反馈关系的重要因素。

(二)系统因果关系建立

系统中的反馈结构实际上体现的是变量之间的因果关系,在系统动力学建模中,因果回路图(CLD)是反映系统中变量关系的有力工具。在因果回路图中变量之间的因果关系由因果链表示,多条因果链闭合形成因果回路图。

(1)为图中因果链标注正负极性。

1)$A \xrightarrow{+} B$:A 的变化使 B 在同一方向上变化。

2)$A \xrightarrow{-} B$:A 的变化使 B 在相反方向上变化。

(2)确定回路极性。

1)若反馈回路包含偶数个负的因果链,则其极性为正;

2)若反馈回路包含奇数个负的因果链,则其极性为负。

（3）命名回路。

（4）注明因果链中的重要延迟。

（5）明确表示负回路的目标。目标是期望系统达到的状态，并且所有的负回路通过把实际状态同目标状态进行比较，然后对差异进行修正来发挥作用。

图 2-5-5 示例表现的是公共交通发展与道路交通拥堵之间的因果回路图，可以从中看出各要素之间的因果关系，政府通过加强对公共交通的投资力度，可以有效改善公共交通的服务质量，提高公共交通的吸引力，增加公共交通出行分担率，逐渐改变居民的出行方式，降低城市机动车使用数量，从而缓解城市道路拥挤状况。整体而言，公共交通的吸引力与城市道路拥挤程度呈现负反馈关系，即政府通过投资公共交通促进公共交通吸引力的提高，可以有效缓解城市道路拥堵状况。

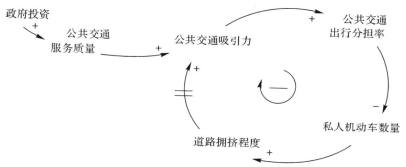

图 2-5-5　公共交通发展与道路交通拥堵的因果回路图

（三）系统流图原理及画法

因果回路图并不区分存量和流量，即系统中只有资源的累积和改变资源的变动因素。因果回路图的直观性较强，但是当建模需要继续进行，需要量化模型的时候，就要区别不同类型的变量，在因果回路图的基础上画出存量流量图，以建立变量之间的数学关系。

1.存量流量的概念及数学解释

存量是累积量，其数学意义是积分，它积累了流入量和流出量的差（净流入）；流量使存量发生变化，流量是速率量，它表征存量变化的速率：

$$\text{Stock}(t) = \int_{t_0}^{t} \left[\text{Inflow}(s) - \text{Outflow}(s) \right] \mathrm{d}s + \text{Stock}(t_0) \qquad (2.5.13)$$

其中，$\text{Stock}(t)$ 表示 t 时刻存量的数量，$\text{Inflow}(s)$ 代表流入量，$\text{Outflow}(s)$ 代表流出量。

2.存量流量的表示方法

在图 2-5-6 中，存量由矩形所代表，流入量由箭头指向（增加）存量的管道所代表，流出量由箭头指离（减少）存量的管道所代表，阀门表示流量受其他因素影响可以变化，云团代表流量的源和沟。源是作为流量起点的存量，沟是作为流量终点的存量，源和沟均位于模型边界之外。

3.物质流与信息流

在系统动力学模型中，有两种独立的流，即物质流和信息流。物质在流动过程中总数量不会发生改变，是构成系统的基本流，它是守恒的；信息流则是连接状态变量和速率变量的信息通道，信息流是不守恒的。

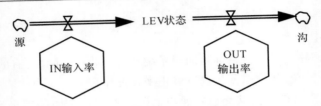

图 2-5-6　流图及其表示符号

4.存量流量的建立原则

(1)每一个反馈回路都至少有一个存量;

(2)只有流量能够改变存量;

(3)一般情况下,存量为系统提供信息,而这信息会用于改变速率变量,表示根据系统状态进行决策,对系统进行控制;

(4)辅助变量都是在信息流中。

图 2-5-7 表示的是关于人口问题的存量流量图。在这个系统中,人口数量是存量,出生速率和死亡速率是流量,出生比例和平均寿命是常量。出生比例提高使得人口的出生速率增加,出生速率的增加又导致人口数量的更快增长,人口数量的增加又会引起死亡数量的增加,人口的平均死亡速率和人的平均寿命呈现反比例关系。出生速率与死亡速率之间的辩证关系决定了人口数量绝对值的变化。

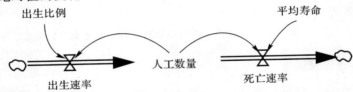

图 2-5-7　流图示例(以人口问题为例)

(四)系统动力学方程构建

1.变量种类

(1)状态变量(level variable):也称积累变量/存量,是最终决定系统行为的变量,随着时间变化,当前时刻的值等于过去时刻的值加上这一段时间的变化量。

(2)速率变量(rate variable):直接改变积累变量值的变量,反映积累变量输入或输出的速度,本质上和辅助变量没有区别。

(3)辅助变量(auxiliary):辅助变量值由系统中其他变量计算获得,当前时刻的值和历史时刻的值是相互独立的。

(4)常量(constant variable):常量值不随时间变化。

(5)外生变量(exogenous variable):随时间变化,但是这种变化不是由系统中其他变量引起的。

2.变量方程

(1)积累变量方程:

$$\text{lvS}(t) = S(t_0) + \int_{t_0}^{t} \text{rateS}(t)\mathrm{d}t$$

$$= S(t_0) + \int_{t_0}^{t} \left[\text{inflow}S(t) - \text{outflow}S(t)\right]\mathrm{d}t \tag{2.5.14}$$

式中：$\text{lv}S(t)$——t 时刻积累变量；

　　$\text{rate}S(t)$——该积累变量变化的速率。

　　若写成离散方程为

$$\text{LEV}.K = \text{LEV}.J + \text{DT} \times (\text{inflow}.JK - \text{outflow}.JK) \tag{2.5.15}$$

式中：LEV——状态变量，就是式(2.5.14)中的 $\text{lv}S(t)$；

　　inflow——输入速率(变化率)；

　　outflow——输出速率(变化率)；

　　DT——计算时间间隔(从 J 时刻到 K 时刻)。

　　(2)速率方程：

$$\text{rate}S(t) = g\left[\text{lv}S(t), \text{aux}(t), \text{exo}(t), \text{const}\right] \tag{2.5.16}$$

式中：$\text{rate}S(t)$——积累变量变化的速率；

　　$\text{lv}S(t)$——t 时刻积累变量值；

　　$\text{aux}(t)$、$\text{exo}(t)$——分别是 t 时刻辅助变量和外生变量值；

　　const——常数。

　　(3)辅助方程：

$$\text{aux}(t) = f\left[\text{lv}(t), \text{aux}^*(t), \text{exo}(t), \text{const}\right] \tag{2.5.17}$$

其中，$\text{aux}^*(t)$ 是除了待求辅助变量之外的其他辅助变量。

　　3. 系统动力学中的重要函数

　　(1)表函数。模型中往往需要描述某些变量之间的非线性关系，这很难通过简单的变量之间运算组合来实现，比较方便的是能够以图形方式给出这种非线性关系。表函数曲线并不是一个光滑的曲线，它也是通过离散化来实现的。

$$\text{Lookup name}\left([X_{\min}, X_{\max}] - [Y_{\min}, Y_{\max}], (X_1, Y_1), \cdots, (X_n, Y_n)\right) \tag{2.5.18}$$

　　(2)延迟函数。该函数常用于描述物质延迟：

$$\text{delay}_1 I(\text{input}, \text{delay time}, \text{initial value})$$

展开成方程组为

$$\begin{cases} \text{delay}_1 I = \dfrac{\text{LEV}(t)}{\text{DT}} \\[2mm] \text{LEV}(t) = \text{LV}(t_0) + \int_{t_0}^{t} \left[\text{input}(t) - \text{delay}_1 I\right]\mathrm{d}t \\[2mm] \text{LEV}(t) = \text{IV} \times \text{DT} \end{cases} \tag{2.5.19}$$

式中：$\text{LEV}(t)$——状态变量；

　　IV——input 的初始值；

　　DT——delay time。

　　(3)平滑函数。信息的平滑或平均实质上是一种积累过程，平均或平滑信息导致延迟，因此平滑函数也常常被用于描述信息的延迟。

$$\text{smooth}I(\text{input}, \text{delay time}, \text{initial value})$$

展开成方程组为

$$\begin{cases} \mathrm{smooth}I(t) = \mathrm{smooth}I(t_0) + \int_{t_0}^{t} [\mathrm{rate}(t)]\mathrm{d}t \\ \mathrm{smooth}I(t_0) = \mathrm{IV} \\ \mathrm{rate}(t) = [\mathrm{input}(t) - \mathrm{smooth}I(t)] \cdot \mathrm{DT} \end{cases}$$

(2.5.20)

式中：rate(t)——速率变量；

IV——input 的初始值；

DT——delay time。

(4)构建系统动力学模型的原则。

1)用状态变量对待研究问题的系统比较完整地加以描述；

2)模型中每一反馈回路至少应包含一个状态变量；

3)物质守恒、信息非守恒原则；

4)状态变量仅受其速率控制；

5)唯有信息链能连接不同类型的物流守恒系统或子块。

(五)系统动力学模型参数估计

系统动力学模型参数的种类有三类，具体如下：

1.常量类

常量是指人口、总户数、人均可支配收入、道路总长度、停车车位以及燃油费用增长率，购置税率、保险率、报废率，交通管理水平、养路费、道路交通通行费等其他费用以及部分转换系数、调节时间等。

2.初始值

系统动力学模型三类参数中，初始值的估计是最为烦琐也至关重要的，模型中状态方程的初始值状态通常有三种：①对历史数据的拟合；②模型模拟从平衡开始；③模型模拟开始于某种特殊的降低（或增长）规律。这三种类型的初值各有其特殊的问题，确定模型的初始值是一项既困难又需较高技术水平的工作。

对模型中常量及初始值参数的估计通常有以下几种方法：

(1)搜集整理已有的数据。这类参数数值可以通过实地的调查获取或者由熟悉研究对象客观系统的一方提供。比如机动车保有量模型需要机动车数量相关数据，可以查阅地方统计年鉴或由交通运输管理部门提供；车辆的平均使用寿命可由社会调查获取或由车辆管理部门提供。

(2)利用模型中部分变量之间的关系估计参数值。

(3)参照历史数据，运用统计学方法、预测技术或灰色方法来估计参数。

(4)根据专家或相关部门的经验估计选取参数。

有时因为重要数据确实难以获取，部分参数的具体数值一时无法确定，可以先利用专家或有关部门的经验判断该参数变动的可能性（专家咨询法），从而估计其上下限，继而在后续的建模过程中逐步加以确定。

(5)对于从未被定义过的变量，可根据系统整体状况做出符合实际的有根据的推断估计。虽然相对于参数估计的精确度来说，系统动力学在建模中更注重模型的整体架构，但是尽可能地量化系统变量，进行准确、合理的参数估计依然是必要的。因为模型中融合了这类参数值，尽可能精确地估值将会变得更加实用，也更接近于实际系统。

3.表函数

确定表函数需要一定的技巧,本书研究模型中用到了一些重要的表函数,这些函数在确定时主要参照以下几个原则:

首先,建立表函数时主要需考虑曲线的形状和斜率、一个或者一个以上的特殊点及参考值。

其次,调整设置曲线的斜率,使其与所表征的影响性质相匹配,即正值斜率代表着正反馈,负值斜率代表着负反馈。

再者,确定曲线的形状,仔细确定在极端条件下以及曲线中段位置处的斜率和曲率的数值。曲线中趋于平坦的部分即对应到影响减弱和饱和的状况,而其陡急升降的部分则对应于影响和效应增强的状况。

(六)系统动力学模型检验

系统动力学模型是以仿真系统变量和变量间相互关系结构为基础,模拟系统的行为特性的模型。系统动力学模型中变量数目繁多,并且变量之间均存在相互制约关系,而且由于同一仿真系统选用不同的变量,或者选用相同变量但系统变量的结构存在差异,造成系统动力学方程中的状态方程、速率方程和辅助方程等表达式不同,而获得的仿真模拟结果较难统一。因此,需要在实施模拟仿真试验前对系统动力学模型进行校核和有效性检验。

当模型不可能完全与真实情况相同时,我们要保证其一致性和适用性。当一致性达到某种程度时,模型才可以应用于实际。常用的统计学理论中,95%的信度水平是公认比较客观的标准。因此,在以该信度水平作为检验标准时,系统动力学模型预测误差应该在±5%以内才满足精度要求。

系统动力学模型的适用性与一致性的检验过程包括许多测试方法与技巧。它们可划分成四组:模型结构的适合性检验、模型行为的适用性检验、模型结构与实际系统的一致性检验以及模型行为与实际系统的一致性检验。

(1)模型结构的适合性检验:包括量纲的一致性检验、方程式极端条件检验、模型界限检验。

(2)模型行为的适用性检验:包括参数灵敏度检验、结构灵敏度检验。

(3)模型结构与实际系统的一致性检验:包括"外观"检验、参数含义及其数值检验。

(4)模型行为与实际系统的一致性检验:包括检验模型行为是否能重现参考模式、认真对待模型的奇特行为、极端条件下的模拟、统计学方法的检验。

模型测试检验的方法如表2-5-1所列。

表 2-5-1 模型检验的种类、目的和步骤总结表

种类名称	测试目的	工具和步骤
(1)边界适当性检验	当边界假设被放宽时,模型行为是否变动剧烈? 当模型边界被扩展时,有关政策的建议是否会发生改变	检验模型边界图、子系统示意图、流量图等,直接检查模型方程; 内部化各种常量和外生变量,然后重复敏感度和政策分析

种类名称	测试目的	工具和步骤
（2）量纲一致性检验	在没有使用无现实意义的参数情况下，每个方程的量纲是否能够做到前后一致	使用软件进行量纲分析； 检查不确定参数的方程表达
（3）参数估计检验	参数值与相关描述性和数值方面的系统认知是否相符？ 所有参数是否都能在现实世界中找到其对应物	进行局部模型测试，校验子系统； 基于面谈、专家意见、统计材料、直接经验等做出主观判断； 创建更为细化的子系统，估计用在更为概要模型中的相互关系
（4）极端条件检验	在输入变量采用极端值的情况下，每个方程是否依然有意义？ 在受到极端策略、波动和参数影响时，模型的响应是否依然合理	检查每个方程是否稳健； 单独和联合测试每一个输入变量的极端值所带来的反应
（5）行为异常检验	当改变或删除模型的假设条件时，是否会出现异常行为	屏蔽主要回路的影响（回路中断分析）； 将均衡假设替换为不均衡的机构
（6）行为重现检验	模型是否重现了系统中研究的关键性行为？ 是否与历史数据相吻合	将历史参数输入模型中进行模型仿真，和历史实际发生的行为与数据进行对比，进行误差、关联度等检验
（7）敏感性检验	数值方面：变量值是否变化显著？ 行为方面：模型生成的行为模式是否变化显著？ 政策方面：政策含义是否变化显著	进行单变量和多变量的敏感性测试； 使用分析方法（线性化、局部和全局的稳定性法分析等）； 使用优化方法，找出会生成不合理结果或颠覆政策效果的参数组合

模型的检验其实就是一个证伪的过程，然而想要面面俱到地来证明模型中可能存在的漏洞是不现实的，这样全面的测试既不便于操作也没有必要，通常情况下做其中几种对研究对象分析较为重要的测试即可。

（七）系统动力学的建模步骤

系统动力学的建模步骤是在因果反馈关系的基础上建立的，因此要构建系统动力学的模型，就必须先建立系统变量之间的因果关系，分析系统变量之间是如何相互影响，并最终形成因果反馈关系的。系统变量的因果关系用因果关系图表示。根据前面的分析，可以了解到因果关系是有极性的，因此在因果关系图中也包含了原因与结果之间的极性，并由此决定了反馈回路的极性，从极性可以判断反馈回路的运动轨迹是不断加强还是自我不断修正和调节。构建了因果关系图之后，为了能进行模型的仿真，需要进一步建立变量之间的数量关系，构建系统流图。模型具体构建过程如下：

1. 明确系统建模目的

一般说来，系统动力学的建模目的在于研究系统主要问题或矛盾，并以问题为导向进行研究。系统动力学模型最终要为决策提供依据,因此构建模型首先要目的明确,这样才能为决策提供更为科学的依据。

2.明确系统的边界

一般来说,系统动力学是研究封闭系统的,也就是说,系统行为主要是受内部要素的影响,外部因素不会给系统行为带来本质的影响,因此明确了建模目的之后,就需要进一步明确系统的边界,这有利于确定系统研究的范围,明确哪些要素是内部要素,哪些要素是外部要素,研究的重点应该放在内部要素上面。

3.因果关系分析和因果关系图构建

明确系统边界之后,就可以进一步确定影响系统行为的内部要素。为了了解内部要素是如何影响到系统行为的,需要对内部要素之间的因果关系进行分析,系统动力学构建的因果关系是复杂的、非线性的,而且是有反馈性的,即原因影响到结果,结果又会反过来影响原因。因果关系分析是建立系统动力学模型的关键步骤和基础,因果关系合理与否,会直接影响到分析的效果和决策的科学性。因果关系建立之后,加入极性,就可以构建因果关系图。

4.建立系统动力学流图

在上一步虽然定性地分析了影响系统行为的各要素之间的因果关系,但是这种定性分析无法准确地描述复杂经济系统的结构和行为,需要在变量之间进一步确定数量关系,并建立系统流图。流图不仅反映了变量之间的因果关系,更清晰地显示了系统变量之间的定量关系,为计算机仿真提供了基础和条件。

5.计算机仿真和结果分析

由于流图中包含了变量之间的数量方程式,因此就可以将模型输入计算机进行仿真,首先,可以判断和检验构建的模型是否有效,对模型的不足之处可以进行修正,使其更加符合现实系统的行为特性。其次,可以根据仿真结果对系统行为的演化特性进行深入分析,为政策的制定提供科学依据。

系统动力学建模过程实际上也是一个完整的反馈回路过程。

四、系统动力学仿真环境搭建

系统动力学研究的对象通常是包含多种要素在内的复杂系统,虽然可以将高阶系统分解为若干低阶系统,运用数值求解的方法逐层分析,但其计算量庞大。因此国内外学者通常借助于计算机仿真软件求解分析系统动力学模型,而将主要精力放在建立准确全面的系统动力学模型上面。

(一)系统动力学仿真软件

20 世纪 50 年代系统动力学发展初期,其用于计算机模拟的编译系统是 SIMPLE(Simulation of Industrial Management Problems with Lots of Equation),之后发展成为 DYNAMO,DYNAMO 旨在建立真实系统模型借助计算机进行系统结构与动态行为的模拟。随着计算机技术的发展,随后又出现了较为高级的 DYNAMO Ⅱ 和 DYNAMO Ⅲ。

进入 20 世纪 90 年代后,随着 Windows 操作系统的普及,系统动力学软件也发生了很大变化,从原来的编写语言发展到图形化应用软件,如 iThink、Simile、Stella、Simulink(MATLAB组件)、Vensim 等,其中,美国 Ventana 公司推出的 Vensim 应用范围广、操作简

单,是目前比较受欢迎的系统动力学仿真软件之一。本书中的模型主要使用 Vensim 软件搭建(见表 2-5-2)

表 2-5-2 系统动力学常用仿真软件

软 件	应 用 特 点
DYNAMO	用 DYNAMO 写成的反馈系统模型经计算机进行模拟,可得到随时间连续变化的系统图像,可据此分析系统的结构、功能及行为
iThink	iThink 是一款用于沟通流程和问题之间相互依存关系的工具,可以支持分层模型结构的搭建,可以进行系统变量敏感性分析,揭露关键杠杆点
Simile	Simile 运用基于逻辑的陈述式建模技术,可以构建可视化的模型,呈现各变量之间的相互作用关系,并可以图形、表格或动画形式显示结果
Stella	Stella 用直观的基于图标的图形界面简化模型的构建,可以实现长时间的仿真模拟,尤其适用子物流库存系统的建模分析
Simulink	Simulink 是 MATLAB 中的一种可视化仿真工具,是实现动态系统建模、仿真和分析的一个软件包
Vensim	Vensim 用于开发、分析和封装高质量动态反馈模型,它可以通过图形化的各式箭头记号连接各式变量记号,将它们之间的关系以方程式功能写入模型,分析各变量的输入与输出间的关系

(二)Vensim 仿真环境搭建

Vensim 包含 3 个联结层:最上一层是映射层,在映射层可以建立模型的基本结构。中间一层是图标层,有分别代表积累变量、流速变量和参数变量的图标,是建立模型的主要"组件",给每一"组件"赋予初始值或函数关系,再通过信息流将这些"组件"连接起来,就是系统的模型流程图;同时,还可以在这一层形成用来采集数据的图表。最下层是模型中每一参数和关系的方程式,即构造方程,当在中间层建立系统模型流程图时,这些方程式便会自动生成。

在建立系统动力学流图之后,可通过仿真软件来模拟实际问题。Vensim PLE 是 Vensim系统动力学模拟环境的个人学习版,是为了更便于学习系统动力学而设计的,具有如下几个特点:

1.利用图示化编程建立模型

Vensim 用户界面为标准 Windows 应用程序界面,提供了支持菜单、快捷键、工具体与相应图标,非常便于用户使用。在 Vensim 中,只需点击相应的图标,即可输入参数、建立模型,点击运行后,就可以直接进行仿真了(见图 2-5-8)。

2.对模型提供多种分析方法

Vensim 提供的分析工具分为两类:结构分析工具,如 cause tree 可找出模型中树状因果关系结构;loops 功能分析模型中因果环路。另一类为数据分析工具,如 graph 与 causes strip graph 等。

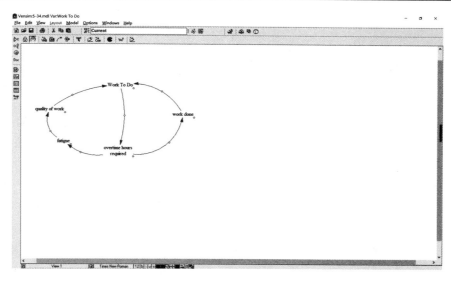

图 2 - 5 - 8　Vensim **软件界面**

五、典型应用

(一)基于系统动力学的信息战模型

1.信息战的概念分析

信息战按其运用的范畴和性质不同,分为广义信息战和狭义信息战。广义信息战是在平时和战时敌对双方在政治、经济、外交、军事、科技和文化等诸多领域运用信息技术手段,为夺取信息优势而进行的秘密或公开的、有控制的、破坏性或毁灭性的对抗或斗争。它内容宽泛,包括军事和民事两大领域。狭义信息战即战场信息战,是在情报部门的支援下,综合运用电子战、计算机网络战和心理战等手段,攻击包括作战人员在内的整个敌信息系统及信息化武器,破坏敌战场信息流,以影响、削弱和摧毁敌指挥控制能力,同时保护己方指挥控制能力免遭敌类似行动的影响,即敌对双方在军事领域内为争夺战场信息优势而进行的斗争,我们称之为"信息作战"。美陆军《FM 100 - 6 信息作战》条令给信息战下的定义是:"在军事信息环境中,使己方部队具备得到加强和防护的采集,处理信息及根据信息付诸行动的能力,以便在各种情况下实施胜敌一筹的、不间断的军事行动。

信息战具有以下 10 个特点:

(1)战争的内涵扩大;

(2)争夺"制信息权"的斗争将异常激烈;

(3)战场十分透明;

(4)作战一体化程度空前提高;

(5)全纵深与同时攻击融为一体;

(6)集中兵力的内容新;

(7)作战指挥要求高,难度大;

(8)作战空间大,密度小;

（9）战争持续时间短；

（10）战争伤亡破坏小。

了解信息战的特点，我们就能更好地把握所研究问题的本质，更准确地建立系统动力学模型。

2. 信息战 SD 模型

在信息战中，信息活动起着十分重要的作用，它对战斗力的保持有重要的影响，如图 2-5-9所示，显示了兵力与信息力相互作用的关系。若在 X、Y 双方对抗条件下进行考虑，双方的兵力、信息力都会相互影响，形成一个大的反馈系统，其中主要的反馈如下。

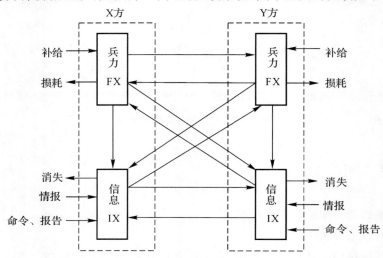

图 2-5-9 兵力与信息力相互作用图

（1）双方的信息反馈作用：

X 方的信息量→X 方信息设备对 Y 方造成的信息消失率→Y 方的信息输出率→Y 方的信息量→Y 方信息设备对 X 方造成的信息消失率→X 方的信息输出率→X 方的信息量

（2）双方的兵力反馈作用：

X 方的兵力量→X 方的面开火损耗率→Y 方的兵力损耗率→Y 方的兵力量→Y 方的面开火损耗率→X 方的兵力损耗率→X 方的兵力量

（3）X 方的兵力与信息反馈作用：

X 方的兵力量→X 方的兵力活动增加的信息量→X 方的信息输出率→X 方的信息量→X 方的信息活动产生的兵力损耗→X 方的兵力损耗率→X 方的兵力量

（4）Y 方的兵力与信息反馈作用：

Y 方的兵力量→Y 方的兵力活动增加的信息量→Y 方的信息输出率→Y 方的信息量→Y 方的信息活动产生的兵力损耗→Y 方的兵力量

（5）X 方的兵力与 Y 方信息的反馈作用：

X 方的信息量→X 方兵力设备对 Y 方造成的信息消失率→Y 方的信息输出率→Y 方的信息量→Y 方信息作用产生的 X 方兵力损耗率→X 方的兵力损耗率→X 方的兵力量

（6）Y 方的兵力与 X 方信息的反馈作用：

Y 方的信息量→Y 方兵力设备对 X 方造成的信息消失率→X 方的信息输出率→X 方的

信息量→X方信息作用产生的Y方兵力损耗率→Y方的兵力损耗率→Y方的兵力量

根据前面的分析,考虑敌我双方的信息影响因素和兵力影响因素,我们可以建立如图2-5-10所示的信息战SD模型。模型含有X方的信息量IX、X方的兵力数量FX、Y方的信息量IY、Y方的兵力数量FY四个流位变量,X方信息输入量QX、X方信息输出量PX等8个流率变量,40个辅助变量和常量。模型紧紧围绕信息与兵力损耗的关系,内设多重反馈回路,并具有一定的可扩充性。

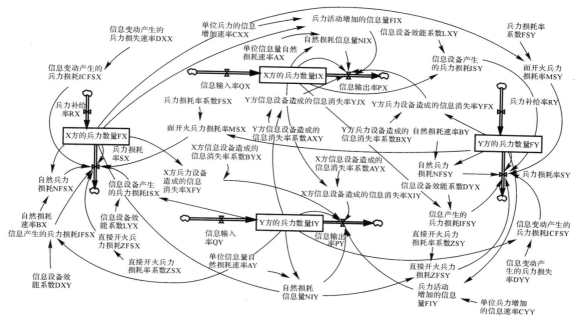

图 2-5-10 信息战 SD 模型

3.仿真分析

按照表2-5-3给定的初始数据值可以对信息战过程进行仿真分析,如图2-5-11所示在X方信息量是Y方信息量3倍,但兵力却是Y方1/3的情况下,最终X方却战胜了Y方。从图中可以看出,在作战初始阶段,显然X方兵力处于劣势,此时信息优势并没有发挥明显的作用,但是随着作战的深入(大约在 $T=150$ 时),X方的信息优势逐渐凸显出来,并最终使X方在兵力上由劣势转为优势,此时X方已具备全面优势,取得最后的胜利。

表 2-5-3 模型中流位变量的初始数据表

变量名	X方的信息量 IX	Y方的信息量 FY	X方兵力数量 FX	Y方兵力数量 FY
初始值	60 000(单位)	20 000(单位)	1 000(单位)	3 000(单位)

在信息化条件下的作战中,兵力兵器的优势和信息优势是两大重要因素,如图2-5-12所示,我们在X方初始兵力相同的情况下对其兵力损耗进行仿真,显然,在3倍信息量的信息优势下,X方的兵力损耗较为缓慢,信息优势的作用较强,兵力损耗量较小,相反,在3倍兵力优势的情况下,兵力损耗速度较快,没有任何信息优势可言,而且兵力几乎全部损耗殆尽,所以在信息战中,制信息权是影响战争进程和战争结束的主要因素,而兵力优势并不能起到决定性作用。

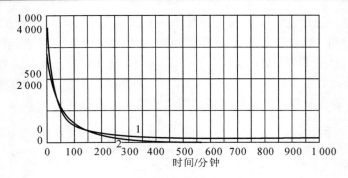

图 2-5-11　兵力变化仿真结果图

1—X 方兵力数量 FX；2—Y 方兵力数量 FY

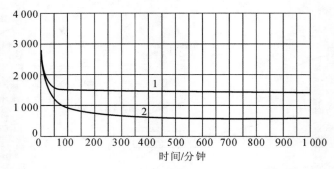

图 2-5-12　兵力量和信息量对兵力变化比较图

1—3 倍信息量；2—3 倍兵力量

(二)战时城市系统动力学模型

1. 平时城市的系统描述

由普利高津(Pigigone J.)的耗散结构理论可知,城市是一个多维度、具有复杂结构的开放系统,该系统必须与外界不断进行物质流、能量流、信息流的交换,才能保持系统的有序平衡。城市的物质、能量、信息流动主要由两部分组成,一部分在城市内部流动,以保障城市各系统的正常运行,另一部分在城市内外之间流动,以维持城市各系统的可持续发展。一般地,物质流主要是指货物从城市外部进入城市内部,经过生产、加工和经营,一部分用以维持居民生活或支持城市发展;另一部分则以新产品形式输出城外。能量流主要是指能源,从城市外部进入城市内部,经过处理、变换或转移,一部分热效做功,另一部分耗散损失掉;信息流一方面在城市内部流动以维系城市里的交往方式,另一方面在城市内外之间流动以维系城市间的交往方式。

可见,物质、能量、信息对城市系统的重要性,在此不妨将城市中参与物质、能量、信息流动的各组成部分抽象为 3 个系统,分别为物质循环系统、能量流动系统和信息传递系统,并将各系统当前的发展水平或发展状态简称为发展指数。设某一城市的物质循环系统的发展指数、能量流动系统的发展指数、信息传递系统的发展指数分别为 $m = m(t)$、$e = e(t)$、$c = c(t)$。一般地,假设 $m(t)$、$e(t)$、$c(t)$ 都是时间 t 的连续可导函数。显然,城市中的物质循环系统、能量流动系统和信息传递系统,任何一个的发展都离不开另外两个,它们之间相互联系、相互促进、相互制约,按照系统动力学的方法,三者的状态方程为

$$\left. \begin{array}{l} \dfrac{\mathrm{d}m}{\mathrm{d}t} = m(t)\varPhi_1(m,e,c) \\[2mm] \dfrac{\mathrm{d}e}{\mathrm{d}t} = e(t)\varPhi_2(m,e,c) \\[2mm] \dfrac{\mathrm{d}c}{\mathrm{d}t} = c(t)\varPhi_3(m,e,c) \end{array} \right\} \qquad (2.5.21)$$

一般而言,关于时间 t 的相对变化率 $\varPhi_i(m,e,c)(i=1,2,3)$ 是变量 $m(t)$、$e(t)$、$c(t)$ 的连续可导函数。为了方便,不妨假设 $\varPhi_i(m,e,c)$ 是线性函数,则有

$$\left. \begin{array}{l} \dfrac{\mathrm{d}m}{\mathrm{d}t} = m(t)(\varepsilon_1 + \lambda_{11}m + \lambda_{12}e + \lambda_{13}c) \\[2mm] \dfrac{\mathrm{d}e}{\mathrm{d}t} = e(t)(\varepsilon_2 + \lambda_{21}m + \lambda_{22}e + \lambda_{23}c) \\[2mm] \dfrac{\mathrm{d}c}{\mathrm{d}t} = c(t)(\varepsilon_3 + \lambda_{31}m + \lambda_{32}e + \lambda_{33}c) \end{array} \right\} \qquad (2.5.22)$$

这个线性形式的关系方程组就是城市系统的 Volterra 模型。其中,参数 $\varepsilon_i(i=1,2,3)$、$\lambda_{ij}(i,j=1,2,3)$ 均为常数,符号要根据具体城市中各系统本身以及相互之间的关系而定。一般地,假设 $\lambda_{ij}(i=j)\leqslant 0$,即城市中各系统的发展是自限的,都要受到自身不同程度的制约。

2. 战时城市的系统描述

现代高技术条件下的局部战争中,作为战争的目标、中心和重点,城市要生存和发展,必须考虑到作战情况及战争态势的影响。显然,不同的城市特点不同,不同的交战方作战模式不同,城市系统的战时模型也就多种多样。在此,设函数 $\psi_1(m)$、$\psi_2(e)$、$\psi_3(c)$ 分别表示 t 时刻战争对 3 个系统的影响,将其加到式(2.5.21)中各方程式等号的右端,得

$$\left. \begin{array}{l} \dfrac{\mathrm{d}m}{\mathrm{d}t} = m(t)\varPhi_1(m,e,c) - \psi_1(m) \\[2mm] \dfrac{\mathrm{d}e}{\mathrm{d}t} = e(t)\varPhi_2(m,e,c) - \psi_1(e) \\[2mm] \dfrac{\mathrm{d}c}{\mathrm{d}t} = c(t)\varPhi_3(m,e,c) - \psi_1(c) \end{array} \right\} \qquad (2.5.23)$$

$\psi_1(m)$、$\psi_2(e)$、$\psi_3(c)$ 别是变量 $m(t)$、$e(t)$、$c(t)$ 的复杂非线性函数。若假设单位时间内,城市某一系统的被破坏量与其自身的发展指数成正比,比例系数为 $\delta_i(i=1,2,3)$,那么,式(2.5.23)可变为

$$\left. \begin{array}{l} \dfrac{\mathrm{d}m}{\mathrm{d}t} = m(t)(\varepsilon_1 - \delta_1 + \lambda_{11}m + \lambda_{12}e + \lambda_{13}c) \\[2mm] \dfrac{\mathrm{d}e}{\mathrm{d}t} = e(t)(\varepsilon_2 - \delta_2 + \lambda_{21}m + \lambda_{22}e + \lambda_{23}c) \\[2mm] \dfrac{\mathrm{d}c}{\mathrm{d}t} = c(t)(\varepsilon_3 - \delta_3 + \lambda_{31}m + \lambda_{32}e + \lambda_{33}c) \end{array} \right\} \qquad (2.5.24)$$

式(2.5.24)中,ε_i 是各系统的固有发展速率,而 δ_i 是战争对各系统的破坏率,为简明起见,用 γ_i 代替 $\varepsilon_i - \delta_i$。满足上面一般形式的 Volterra 方程组即为战时城市的系统模型。

3. 几种典型的城市模型

现代战争中,由于电磁战、电脑战、信息战的出现,改变了高技术条件下战争的形态,特别是争夺信息优势、取得制信息权成了作战的重心之一。近年来的几场局部战争,交战双方首先

打击的就是对方的信息系统,破坏对方指挥控制能力,从而赢得战争的主动权。因此,着重考虑某城市在信息系统处于不同状态下的生存发展状况。

(1)信息系统瘫痪下的城市模型。

若战争初期,敌方集中主要作战力量对城市信息系统的构成设施进行硬摧毁,同时阻挠对其进行修复重建,导致信息系统始终处于瘫痪状态,城市因此而陷入混乱无序。在某一时刻起,式(2.5.24)中的 $c(t) = 0$,这样,战时城市的系统模型改写为

$$\left.\begin{aligned}\frac{\mathrm{d}m}{\mathrm{d}t} &= m(t)(\gamma_1 - \lambda_{11}m + \lambda_{12}e) \\ \frac{\mathrm{d}e}{\mathrm{d}t} &= e(t)(\gamma_2 + \lambda_{21}m - \lambda_{22}e)\end{aligned}\right\} \tag{2.5.25}$$

其中:参数 λ_{ij} 大于 0。该模型的仿真结果如图 2-5-13 所示。

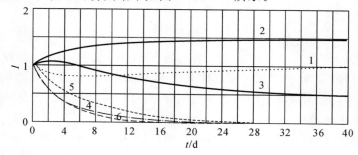

图 2-5-13　信息系统瘫痪模型的仿真结果

1— 条件下的物质循环系统发展;2— 条件下的能量流动系统发展;3— 条件下的物质循环系统发展;
4— 条件下的能量流动系统发展;5— 条件下的物质循环系统发展;6— 条件下的能量流动系统发展

(2)信息系统受损下的城市模型。

与前一个模型不同的是,敌方对城市信息系统进行打击破坏,但并没有完全毁坏,也没能完全阻止城市对该系统的修复重建。因此,在战争期间,城市信息系统仍然具有一定的指挥控制能力。此时相应的城市系统模型为

$$\left.\begin{aligned}\frac{\mathrm{d}m}{\mathrm{d}t} &= m(t)(\gamma_1 - \lambda_{11}m + \lambda_{12}e + \lambda_{13}c) \\ \frac{\mathrm{d}e}{\mathrm{d}t} &= e(t)(\gamma_2 + \lambda_{21}m + \lambda_{22}e + \lambda_{23}c) \\ \frac{\mathrm{d}c}{\mathrm{d}t} &= c(t)(\gamma_3 + \lambda_{31}m + \lambda_{32}e - \lambda_{33}c)\end{aligned}\right\} \tag{2.5.26}$$

式(2.5.26)中的参数 λ_{ij} 均大于 0。该模型的仿真结果如图 2-5-14 所示。

(3)信息系统紊乱下的城市模型。

现代战争中,敌方对城市信息系统进行硬打击,同时还进行软打击。依靠先进的网络信息技术,侵入城市的信息系统,通过篡改、伪造、中断等方式,破坏其指挥控制能力,信息对其他系统产生了负面性的作用,从而导致了战时城市的系统模型变为

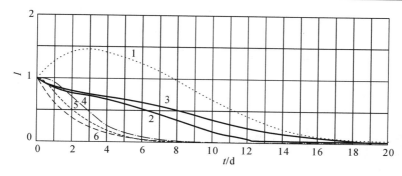

图 2 - 5 - 14　信息系统受损模型的仿真结果

1— 条件下的物质循环系统发展；2— 条件下的能量流动系统发展；3— 条件下的信息传递系统发展；

4— 条件下的物质循环系统发展；5— 条件下的能量流动系统发展；6— 条件下的信息传递系统发展

$$
\left.
\begin{aligned}
\frac{\mathrm{d}m}{\mathrm{d}t} &= m(t)(\gamma_1 - \lambda_{11} m + \lambda_{12} e - \mu_1(t)\lambda_{13} c) \\
\frac{\mathrm{d}e}{\mathrm{d}t} &= e(t)(\gamma_2 + \lambda_{21} m - \lambda_{22} e - \mu_2(t)\lambda_{23} c) \\
\frac{\mathrm{d}c}{\mathrm{d}t} &= c(t)(\gamma_3 + \lambda_{31} m + \lambda_{32} e - \lambda_{33} c)
\end{aligned}
\right\}
\qquad (2.5.27)
$$

式中，参数 λ_{ij} 均大于 0。$\mu_1(t)$、$\mu_2(t)$ 分别表示信息系统对其他系统作用参数的影响因子。该模型的仿真结果如图 2 - 5 - 15 所示。

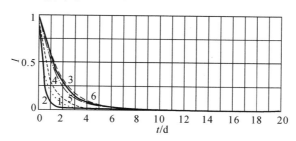

图 2 - 5 - 15　信息系统紊乱模型的仿真结果

1—条件下的物质循环系统发展；2—条件下的能量流动系统发展；3—条件下的信息传递系统发展；

4—条件下的物质循环系统发展；5—条件下的能量流动系统发展；6—条件下的信息传递系统发展

4. 模型的反馈回路流图

根据战时城市中各系统之间的关系以及具体的假设，采用 Vensim PLE 来编写 SD 流图，如图 2 - 5 - 16 所示。

5. 技术分析

在信息系统瘫痪模型中，当城市中某系统遭到重点打击时，该系统的发展会受到影响，同时也会影响到其他与之相关的系统，进而影响到整个城市的生存发展。当物质循环系统为主要打击对象，但由于其防护和恢复能力较好，系统受损不是很严重，仍可以较好地发展，同时对能量系统的影响也比较小。当能量流动系统受到较大的破坏，发展几乎趋近于零状态，物质系统也受到明显的影响，只能以较低的水平发展。当各系统均受到打击破坏，自身的恢复能力又比较差时，相互间的影响就非常明显，系统几乎无法继续发展下去，整个城市就陷入瘫痪。

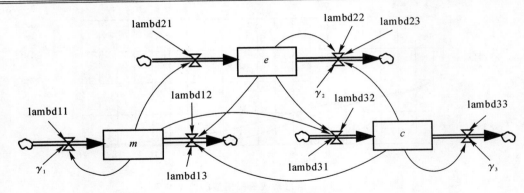

图 2 - 5 - 16 战时城市 SD 流图

在信息系统受损模型中,不同的城市在同样的战争条件下,若系统之间的关系密切,相互间能够密切配合,快速支援,特别是在信息系统较好的组织指挥下,各系统的发展能够持续较久,城市也就能够生存较长时间。

在信息系统紊乱模型中,若城市信息系统的设施比较发达,城市中各系统关系密切,对信息系统的依赖性很强,并且缺乏对信息的甄别,一旦信息系统被敌方侵入,为敌方所用,那么城市受到的破坏反而比一般城市要大。

第三章　目标系统分析

　　系统分析技术把系统分析对象视为由多种要素和子系统构成的一个复杂系统,首先应对其功能关系进行全面分析,使所有相互影响的主要功能关系和它们的相关因素得以定量描述,实现军事问题的整体与各组成部分之间,系统的目标、评价准则与功能、环境、效果之间的关系分析功能。目标系统分析主要是借鉴系统分析方法理论,研究目标系统与目标体系分析技术,实现根据相关要求对目标价值、运行机理等进行系统分析,是复杂目标系统与目标体系分析的重要手段之一。本章主要介绍系统分析、典型目标系统分析理论、基于典型系统分析方法的目标分析应用。

第一节　目标系统分析概述

　　系统分析(System Analysis)是兰德(RAND,Researchand Development)公司在 20 世纪 40 年代提出的一套解决复杂问题的方法和步骤,他们称之为"系统分析"。早期系统分析主要应用在军事武器系统的研究与开发等领域中。第二次世界大战,系统分析逐步由武器系统分析转向国防战略和国家安全政策的系统分析。20 世纪 60 年代以来,开始将系统分析方法广泛地应用于各类系统的分析,并在实践中逐步认识到仅有定量分析是不够的,还必须同时对众多相互影响的社会因素进行定性分析。70 年代,欧美 12 个国家的有关部门组成国际应用系统分析研究所(IIASA)。目前系统分析已经广泛应用于社会、经济、能源、生态、城市建设、资源开发利用、医疗、国土开发和工业生产等方面。

一、系统分析的定义

　　从系统工程方法论中可以看出,系统分析是系统工程的一个逻辑步骤,这就是狭义上的系统分析。也就是说,认为系统分析是系统工程的一项优化技术,或者是系统工程技术在非结构化问题决策中的具体应用。广义的解释是把系统分析看作系统工程的同义语,认为系统分析就是系统工程。无论是从哪种角度去定义,无论哪种解释,系统分析的重要性都是显而易见的。

　　兰德公司的 E. S. Krendel 给出的系统分析定义是:"所谓系统分析,就是在体系上探讨决策者的真正目的,对用于达到此目的的替代政策和战略所伴随的费用、有效度以及风险等在可能的限度内进行比较,当探讨的替代方案存在缺陷时,通过做成其他的替代方案帮助决策者进行行为选择的一种方法。"

　　在科学技术高度发达的现代化社会里,随着系统分析在各个领域和各类问题中的广泛扩展和应用,所涉及的专业内容和运用领域的侧重点不同,给出的系统分析定义也不同。下面我们按照时间顺序介绍不同学者和专家给出的系统分析的定义和概念。

(1)在 20 世纪 50 年代,人们将系统分析与运筹学作对比,认为系统分析是运筹学应用的扩展,两者之间的关系犹如战略之于战术的关系。

兰德公司曾提出:系统分析对于运筹学的关系犹如战略对于战术的关系。

希契(C. Hitch)认为,系统分析是运筹学的扩展,系统分析提供了利用各个领域专家的知识来综合解决问题的途径。运筹学用于解决目标明确、变量关系简单的近期问题,系统分析用于解决更为复杂和困难的远期问题。但系统分析和运筹学分析在基本内容上有共同点。

(2)在 20 世纪 60 年代,人们认为系统分析是一种研究方法。它有本身的内容,可以通过目标、可行方案集、模型、效用和评价准则等连成一体,由数学模型和计算机仿真来实现,从而可以处理一些较大规模的事件或问题。

奎德(E. Quade)认为,系统分析是一种研究战略的方法,是在各种不确定条件下帮助决策者处理好复杂问题的方法。具体来说,就是通过调查全部问题,找出目标与可供选择的方案,按它们的效果进行比较,利用恰当的评价准则,发挥专家们的见解,帮助决策者选择一系列方案的一种系统方法。

尼古拉诺夫(S. Nikoranov)认为,系统分析要解决的基本问题是选择一个最适合的替代方案来实现使高层决策者更有效地控制和利用资源。这种替代方案(往往含有大量的变量和不确定因素)的选择必须保证完整性和可测性,为此必须采用数学模型和计算机技术。该定义的具体内容有 11 项,分别是:问题的提出、对问题各相关因素的估计、目标和约束系统的确定、制定评价准则、该问题所特有的系统结构的确定、分析系统中的关键因素和不利因素、选择可能的替代方案、建立模型、提出求解过程的流程、进行运算并求得具体结果、评价结果和提出结论。

科弟科特(P. Coldicott)认为,系统分析是了解系统在有效利用各类资源时产生的有效变化或可能的替换,而这些有价值的信息是借助于计算机技术实现的。

克罗(R. Krone)认为,系统分析可被视为由定性、定量或者两者相结合的方法组成的一个集合,其方法论源于科学方法论、系统论及为数众多的涉及选择现象的科学分支。应用系统分析的目的,在于改进人类组织系统的功能。

切克兰德(P. Checkland)认为,系统分析是系统观念在管理规划功能上的一种应用。它是一种科学的作业程序或方法,考虑所有不确定的因素,找出能够实现目标的各种可行方案,然后,比较每一个方案的费用-效益比,通过决策者对问题的直觉与判断,以决定最有利的可行方案。

(3)在 20 世纪 70 年代,人们将系统分析与决策相联系,作为解决层次较高、难度较大的大系统问题的手段。

菲茨杰拉德(J. Fitzgerald)认为:系统分析方法用于分析和评价系统中各个决策点对系统的效果所产生的各种影响和制约。所谓决策点就是系统中那些能对输入数据做出反应和能做出决策的点(可以是人或自动装置)。因此,在系统分析中,一个系统的设计是以各种决策点为依据的。

(4)在 20 世纪 80 年代,系统分析不但应用于多层次、大规模的复杂系统,而且还考虑以人为中心的系统行为。系统分析与决策紧密相连,强调研究系统的整体结构和行为过程。它通过各种方法来减少决策者对问题不清楚或无把握的程度,力争使之达到尽可能清晰的认识,以便于决策。系统分析已成为当今决策分析的核心内容。

唐明月认为,系统分析是一种对系统进行信息处理的方案,系统分析的过程是希望对所研究的问题尽可能缩减信息量,并保证能充分反映该系统的信息品质。在理想状况下,一个系统在决策时最后所剩下的信息量(亦即决策者必须面对的信息量)应等于次系统不可知的信息量。

宋健认为,系统分析是研究系统结构和状态的变化或演化规律,即研究系统行为的理论和方法。

汪应洛在《系统工程(3版)》中给出的定义是:系统分析是在对系统问题现状及目标充分挖掘的基础上,运用建模及预测、优化、仿真、评价等方法,对系统的有关方面进行定性与定量相结合的分析,为决策者选择满意的系统方案提供决策依据的分析研究过程。

系统分析作为一种研究解决复杂问题的方法,仍在发展和完善,到目前为止都没有统一的定义。我们可以从上述定义中抽取出适合处理现代社会各类系统问题的系统分析的定义。

系统分析是在对系统目标充分挖掘的基础上,确定系统的要素、结构、功能和环境,运用建模及预测、优化、仿真、评价等方法,对系统的有关方面进行定性与定量相结合的分析,给出系统行为的演化规律,为决策者选择满意的系统方案提供决策依据的分析研究过程。

从上述定义看出:

(1)目标导向是解决问题的开始。即使有些工作是以问题为导向的,但目标导向是根本。因为如果以问题为导向,只能解决当前出现的问题,而目标导向会使系统更能向长远发展,不仅仅是解决当前的问题。

(2)在进行系统分析时,系统分析人员需要对与问题相关的要素进行研究、探索和展开,需要对系统的目的、功能、结构、环境、费用与效果等进行周密而充分的分析、比较、考察和试验,结合以往的经验广泛收集数据和资料,并分析处理有关的资料和数据,从而可以获得对问题综合的和整体的认识,制定一套经济有效的处理步骤和程序,或提出对原系统的改进方案。

(3)建模及预测、优化、仿真和评价等科学技术方法与运筹学有共同之处。系统分析需要对若干备选的系统方案建立必要的模型,进行优化计算或仿真实验,把计算、实验、分析的结果同预定的任务或目标进行比较和评价,最后把少数较好的可行方案整理成完整的综合资料,作为决策者选择最优或满意的系统方案的主要依据。

(4)系统分析对系统问题的解决不应该是静态的,因为环境是变化的,系统是变化的。在当前对各个备选方案进行评价后,还要给出系统行为演化规律,包括演化的环境、条件和机制,这样对决策者具有更长远的意义。

(5)系统分析的目的是帮助决策者对所面临的问题逐步进行清晰、透彻的分析,并为其提供可能的解决问题的依据,起到辅助决策的作用;其方法就是通过采用系统的观点和方法,对系统的结构和状态进行定性和定量的分析,提出多种可行的备选方案,并对可行方案进行比较、评价和协调,从而得出最优的解决方案;其任务就是向决策者提供系统方案和评价意见,并提出建立新系统的建议,便于决策者选择方案。这里的"选择"不是一个动作,而是一个过程。

系统分析是系统工程处理问题的核心内容,也是运用系统工程解决问题过程中的一个不可或缺的环节。系统分析是对整体问题的目标设定、方法选择、有限资源的最佳调配和行动策略的决定有效的工具。

二、系统分析的要素

在所遇到的实际问题中,我们所接触到的系统都处于不断的动态变化之中,而且系统所处的环境都各不相同。即使是同一系统,由于不同的阶段所要分析的目的不同,所采用的方法和手段也不相同。因此,要找出技术上先进、经济上合理的最佳系统,系统分析时就必须要先确定系统当前组成要素具体是什么,进而分析其功能、结构、演化规律等,从而达到分析的要求。

美国兰德公司曾对系统分析的方法论做过如下概述:①期望达到的目标。②分析达到期望目标所需要的技术与设备。③分析达到期望目标的各种方案所需要的资源和费用。④根据分析,找出目标、技术设备、资源环境等因素间的相互关系,建立各种方案的数学模型。⑤以方案的费用多少和效果优劣为准则,依次排队,寻找最优方案。以后把这 5 条归纳并补充为系统分析的 7 个基本要素,7 个要素间的关系如图 3-1-1 所示。

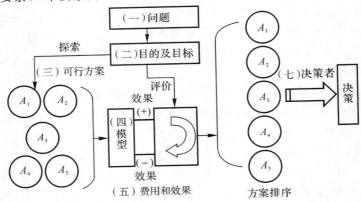

图 3-1-1 系统分析要素间的关系

(一)问题

在系统分析中,问题包含以下两个方面:①研究的对象,或称对象系统,需要系统分析人员和决策者共同探讨与问题有关的要素及其关联状况,恰当地定义问题。②问题表示现实系统与目标系统的偏差,为系统改进方案提供线索,运筹学中目标规划就是应用这一思想,解决系统实际目标函数与预期指定目标值的偏差问题,从而得到系统的满意解。

(二)目的及目标

目的是对系统的总要求,具有整体性和唯一性,这是系统存在的根源,是建立系统的根据,是系统分析的出发点。

目标是系统目的的具体化,目标具有从属性和多样性。目标是系统所希望达到的结果或完成的任务。前面讲过,如果没有目标,方案将无法确定;如果对目标不明确,匆忙地做出决策,就很可能导致失败。

目的和目标的重要性可用谚语"If you have a goal, everybody can help you, or a map fails."来说明。对某一系统进行分析的时候,首先要明确系统所要达到的目的,明确系统的若干个子目标,并说明这些确定的目标是有根据的、是可行的。一般来说,系统的目的是具有多重属性的,可以用若干个具体目标来表达。对于系统所要达到的目的一般是一个反复分析的过程,可以用反馈控制法,逐步地明确问题,选择手段,确定目标。

对于系统分析人员来说,首先要对系统的目的和要求进行全面的了解和分析,确定目标是有必要的(即为什么要做这样的目标选择)、有根据的(即要拿出确定目标的背景资料和各个角度的论证和论据)和可行的(即在价值、重要程度、武器配置、规模、武器可打击性等方面是有打击价值保障的),因为系统的目的和目标既是建立系统的根据,又是系统的出发点。系统分析要解决问题的"5W1H"见表 3-1-1。

表 3-1-1　系统分析要解决问题的"5W1H"

项目	提问
目的(Why)	为什么要研究该问题? 目的或希望的状态是什么?
对象(What)	研究什么问题? 对象系统(问题)的要素是什么?
地点(Where)	使用的场所在哪里? 系统的边界和环境如何?
时间(When)	分析的是什么时候的情况?
人员(Who)	决策者、行动者、所有者等关键主体是谁?
方法(How)	如何实现系统的目标状态?

(三)可行方案

一般情况下,为了实现某一目标,可以采取多种手段和措施,这些手段和措施在系统分析中称为可行方案或替代方案。可行方案首先应该是可行的,或经过努力后是可行的,同时还应该是可靠的。由于条件的不同,方案的适用性也不同,因此,在明确系统的目的之后,就要通过系统分析,提出各种可能的方案,供决策时选择。

我们知道,好与坏、优与劣都是在对比中发现的。因此,只有拟定出一定数量和质量的可行方案供对比选择,系统分析才能做的合理。

对于简单的问题,可以很快地设想出几个备选方案,这些方案的内容一般比较简单。但对于复杂的问题,就很难立即设计出包括细节在内的备选方案,一般要分成两个步骤:第一步先进行轮廓设想,第二步再精心设计。

1.轮廓设想

要从不同的角度和途径设想出各种各样的可行方案,以便为系统分析人员提供尽可能多的方案。这一步的关键是要打破框框,大胆创新。拟定备选方案的人员能否创新,取决于这些人员扎实的知识基础和创新能力,更重要的是具有敢于冲破习惯势力与环境压力的精神。

2.精心设计

轮廓设想的特点在于可以暂时撇开细节,减少对创新设想的束缚,得到的方案比较粗糙,需要进一步精心地设计之后才有使用价值。精心设计主要包括两项工作,一是确定方案的细节,二是估计方案的实施结果。

方案的细节包括的内容要根据分析问题的性质而有所不同,很难确定出一份不变的清单。方案实施结果的估计要通过预测得出,预测是否准确,既取决于过去的经验和资料是否丰富可靠,还与所采用的预测技术有关。

(四)模型

模型具有帮助人们认识系统、模拟系统和优化与改造系统的作用。在系统分析中,模型是用来对前面给出的备选方案进行对比、分析和评价的手段;模型用来预测各个替代方案的性能、费用和效益,以定量分析为主。因为模型可将复杂的问题简化为易于处理的形式,用简便的方式,在决策制定出来以前预测出它的执行结果,所以说模型是系统分析的主要工具。

模型具有如下三个最基本的特征:

(1)模型是现实系统的抽象描述。模型是对原系统特性的简化描述形式,是对实际系统问题的描述、模仿或抽象。

(2)模型是由一些与所分析问题有关的主要因素构成的。

(3)模型表明有关因素之间的关系。

在系统分析中,常常根据目标要求和实际条件,建立相应的结构模型、数学模型或计算机仿真模型等来表示系统中需要考虑的因素和因素间的关系,从而告诉人们系统的本质所在,规范分析各个备选方案。因此,模型是研究与解决问题的基本框架,也是人们在理论和应用研究中普遍使用的一个工具。

在实际使用时,各种模型经常交错使用,用以发挥其各自的长处。使用模型的意义在于能摆脱现实的复杂现象,不受现实中非本质因素的约束,模型比现实容易理解,便于操作、试验、模拟和优化。特别是改变模型中的一些参数值,比在现实问题中去改变要容易得多,从而节省了大量人力、物力、财力和时间。模型不能弄得很复杂,既要反映实际,又要高于实际。因此,模型既要反映系统的实质要素,又要尽量做到简单、经济和实用。

(五)费用和效果

1. 费用

费用是一个方案,用于实现系统目标所需消耗的全部资源的价值,可用货币表示。这里的费用是广义的,包括失去的机会与所做出的牺牲(即机会成本)。但是在一些对社会具有广泛影响的大型项目中,还有一些非货币支出的费用。

费用分为以下类型。

(1)货币费用与非货币费用。

(2)实际费用与机会费用。实际费用是指为了达到某个目的所实际支付的费用。机会费用就是当一项资源用于某个用途时,也就失去了该项资源本来可以用于其他方面的用途和由此带来的利益价值,在失去了的用途中的最优用途所带来的价值,就是该项资源的机会费用。

当对各替代方案进行权衡时,仅仅用实际费用所产生的价值还不能评价替代方案的价值。

(3)内部费用与外部费用。既要考虑到系统内部的费用,还必须考虑系统外部所发生的费用。

(4)一次武器费用和保障费用。既要考虑一次性目标打击武器费用的大小,还要考虑日常目标打击武器保障费用的大小等。

2. 效果

效果就是达到目标所取得的成果,衡量效果的尺度是效益和有效性。效益是指用货币尺度来评价达到目标的效果;而有效性是指用非货币尺度来评价达到目标的效果。效果可以分为好、较好、较不好和不好,也可以进行排序。好和较好的可以采用。较不好的,需要再进行系统分析,找出较好的解决方案,再看方案的效果。不好的,就应该及时放弃,并建立新的系统。在分析系统的效果时,必须注意直接效果,但是也不能忽略间接效果。

3.效益

当某个目标打击的目的实现后,即基于目标打击的作战意图实现以后,就可以获得一定的效果。其中能换算成可度量价值的那部分效果就称为效益。效益又分为直接效益和间接效益(次生效益)。直接效益包括打击所带来的报酬,或由于打击得到意想不到的收入。间接效益则指直接效益以外的那些增加作战效能潜力的效益。

4.有效度

评价系统的效果,虽然通过一定方法可以将效果进行数量化,但并不是所有的效果都能换算成可度量价值量。因此,就产生了有效度的概念。用可度量价值量以外的数量尺度所表示的效果称为有效度。

无论是用效益还是有效度来测定效果,都需要把效果作为替代方案的价值属性和外部环境的评价属性的函数而公式化。替代方案的价值属性表现为价值要素,例如,系统功能和可靠性等。外部环境的属性则表现为各评价项目对于系统价值的权重。

(六)评价标准

衡量可行方案优劣的指标,即为评价标准。由于可以有多种可行方案,要想对这些可行方案进行比较和评价,就要制定统一的评价标准,对各种方案进行综合评价,比较各种方案的优劣,确定对各种方案的选择顺序,这样才能保证得出的结果是最优的可行方案,从而为决策提供依据。评价标准必须具有明确性、可计量性和敏感性。明确性是指评价标准的概念要做到明确、具体、尽量单一,而且还要对方案达到的指标能够做出全面的衡量。

可计量性是指确定的评价准则,应力求是可计量和可计算的,尽量用数据来表达,使分析的结论有定量的依据。敏感性是指在多个评价准则的情况下,要找出标准的优先顺序,分清主次。

目标价值评价标准常用的指标有目标固有价值、目标重要性、目标对我后续行动的影响、目标打击效用、与任务一致性、目标对我的威胁程度等。

(七)决策者

决策者是系统问题中的利益主体和行为主体,他们在系统分析中从头到尾都起着重要作用,是一个不容忽视的重要因素。决策是决策者根据系统分析结果的不同侧面、不同的角度、个人的经验判断以及各种决策原则进行综合的整体考虑,最后做出优选决策。决策的原则包括当前利益与长远利益相结合;整体效益与局部效益相结合;外部环境与内部环境相结合;定性分析与定量分析相结合。实践证明,决策者与系统分析人员的有机配合是保证系统工作成功的关键。

三、系统分析的步骤

系统分析是一个有目的、有步骤的探索和分析过程,在此过程中既要按照系统分析内容的逻辑关系有步骤地进行,也要充分发挥分析人员的经验和智慧。通常按照系统分析的定义、内容及要素,参照系统工程的基本工作过程,将系统分析的基本过程归结为如图 3-1-2 所示的几个步骤。

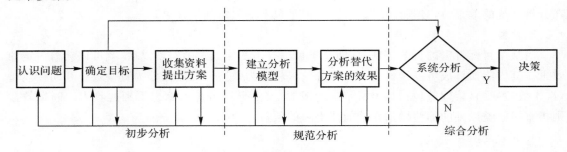

图 3 - 1 - 2　系统分析的基本过程

　　系统分析处理问题的方法是指从系统的观点出发,充分分析系统各种因素的相互影响,在对系统目标进行充分论证的基础上,提出解决问题的最优可行方案。系统分析已经形成了一套完整的处理问题的思维步骤和逻辑框架。但需要知道,有些系统分析是以目标为导向的,以目标分析为出发点,而不仅仅是从问题出发的。

(一)认识问题

　　在进行系统分析时,首先要认识所面临的问题,明确问题本质,划定问题范围。问题一般产生于一定的外部环境和系统内部因素的相互作用之中,它不可避免地带有一定的本质属性和存在范围。当一个有待研究的问题确定以后,我们要对这个问题进行一个明确的阐述,说明其重点和范围,以便于进一步的研究和分析。其次,要进一步研究所涉及的因素之间的联系和外部环境的联系,把问题界限进一步划清。

(二)确定目标

　　为了解决问题,要确定具体的目标。系统的目标可通过某些指标表达,制定的标准则是衡量目标达到的尺度。系统分析是针对所提出的具体目标而展开的,由于实现系统功能的目的是靠多方面因素来保证的,因此系统目标也必然有若干个。

(三)收集资料,提出方案

　　资料和数据是系统分析的基础和依据。根据所确定的系统的目的和各个目标,集中收集必要的资料和数据,为后续的分析工作做好充分的准备。收集资料通常多借助于调查、实验、观察、记录及引用相关文献等方式。收集资料时切记盲目,不能一味追求数量和规模的庞大,而要注重数据和资料的实用性、价值性和有效性。有时能说明一个问题的资料很多,但这些对于分析人员并不都是有用的资料,因此,选择和鉴别资料是收集资料过程中所必须注意的问题。收集资料还必须要注意数据和资料的可靠性,说明重要目标的资料必须经过反复核对和推敲。

　　所拟定的可行方案至少应具备先进性、创造性、多样性的特色。先进性是指应采纳当前国内外最新科技成果,符合世界发展趋势,前瞻未来若干年,当然也要结合国情和实力;创造性是指应有创新精神、新颖独到、有别一般、不同于传统的方法,包括设计人员的一切智慧结晶;多样性是指所提方案应从事物的多个侧面提出,解决问题的思路是使用多种方法计算模拟的方案,避免落入主观、直觉的误区。此外,可行方案还往往具有强壮性、适应性、可靠性和可操作性等特点。

(四)建立分析模型

为了便于对可行方案进行分析比较,应该建立分析模型。建立分析模型之前,首先要将显示问题的本质特征抽象出来,化繁为简,找出说明系统功能的主要因素及其相互关系,即系统的输入、输出、转换关系以及系统的目标和约束等。由于表达方式和方法的不同,有图示模型、仿真模型、数学模型和实体模型之分。通过模型的建立,可确认影响系统功能目标的主要因素及其影响程度,确认这些因素的相关程度、总目标和分目标达成途径及其约束条件等。

(五)分析替代方案的效果

通过对已建立的各种模型的运作和分析,揭示系统的内在运动规律及其与环境之间的因果关系和交互情况。利用模型对替代方案可能产生的结果进行计算和测定,考察各种指标达到的程度,不同方案的输入、输出不同,得到的指标也会不同。当分析模型比较复杂、计算工作量较大时,应充分应用计算机技术,根据模型产生的各种结果,系统分析人员可以采用定性或者定量的方法来分析各个方案的优劣与价值。

(六)综合分析与系统评价

在上述分析的基础上,再考虑各种无法量化的定性因素,考虑到各种相关的无形的因素,如政治、经济、军事、科技、环境等因素,对比系统目标达到的程度,用标准来衡量,从而获得对所有可行方案的综合分析与评价。评价结果应该能够推荐出一个或几个可行方案,或列出各方案的优先顺序,以供决策者参考。鉴定方案的可行性,系统仿真往往是一个经济有效的方法。

上述分析步骤适用于一般情况,但并非是一成不变的固定规则。在实际运用的过程中,要根据具体情况而定。在处理实际问题时,应懂得灵活变通,有些项目可平行进行,有些项目可改变顺序。对于有些复杂的系统,系统分析的上述步骤并非进行一次就可以完成。根据完善修订方案中的问题需要,有时根据分析结果需要对提出的目标进行再探讨和再分析,甚至重新划定问题的范围。

此外,进行系统分析时尽量避免发生原则性错误和避免造成资源浪费,具体实施时应注意以下问题:

(1)忽视明确问题。前面已经说明,系统分析有可能是目标导向,也有可能是问题导向。在问题导向中容易出现这类问题:即在阐明问题阶段,没有足够重视明确问题的重要性和复杂性,没有对问题进行充分透彻的理解和分析,以至于还没有弄清问题是什么,就急于进行分析,这样就很容易走上偏路,误入歧途,造成资源浪费。

(2)过早得出结论。系统分析是一个反复优化的过程,仅进行一次循环就得出结论和提出建议,往往有失周密和妥当。只有进行几次循环分析,当得出的分析结果趋于一致的时候,再得出结论和提出建议,这样才能得到准确周密的分析结果。

(3)过分重视模型而忽略问题本身。任何模型都有一定的假定条件和适用范围,超越了这些条件和范围,都将失去意义。在很多情况下,我们为了研究的方便,将模型的假设条件设定得比较理想化。在这样的情况下,一定要注意结合实际问题的情况。有人热衷于定量计算和分析,认为把模型搞得越大越好,越深奥越表示水平高,而忽视了问题本身,以至于所得到的结果,费时费力,还对解决问题没有多大帮助。模型不要复杂,只要能解决所面临的问题就好,这样既经济又高效。

(4)抓不住重点。有人做事追求尽善尽美,不必要地扩大分析范围,贪大求全,希望所建立的模型能面面俱到,不忽视每一个细节,不管该细节是否是要解决问题的重点,以至于过分注意细节,反而忽视了问题的重点所在,这样会给系统分析工作带来很大的资源上的浪费。

(5)数据不准确。样本不足会掩盖真相,造成假象。当样本容量较小的时候,比较容易受到异常数据的影响,而曲解了研究的结果;选错考察对象,数据就无法反映实际问题;分析方法有错,会得出错误的数据等。这一点在管理及社会系统研究中尤其要注意。

(6)忽视定性分析。很多时候分析人员往往集中注意数量化的分析结论,而忽视不便量化的因素和主观判断,导致未预料的损失。在这样的情况下,一定要注意将定性分析和定量分析相结合,进行综合分析和评价。

四、系统分析的方法

系统分析没有一套特定的、普遍适用的分析方法,一般是根据不同的分析对象及其特点,选择合适的定性与定量方法。定量分析方法适用于系统结构清楚、收集到的信息准确、可以建立数学模型的情况。例如,投入产出分析法、效益成本分析法、统计回归方法等。定性分析方法适用于系统结构不清、收到的信息不太准确,或是由于评价偏好不一、难以形成常规的数学模型等情形。例如,目标-手段分析法、因果分析法、Delphi 法,Technique 法、KJ 法等。当然,现在还有各种仿真方法,如人工神经网络方法、遗传算法和一些智能算法等。这里详细介绍两种定性的分析方法。

(一)目标-手段法

目标-手段法就是将要达到的目标和所需要的手段按照系统来展开,一级手段等于二级目标,二级手段等于三级目标,依次类推,从而便产生了层次分明、相互联系又逐渐具体化的分层目标系统(见图 3-1-3)。在分解过程中,要注意使分解的目标与总目标保持一致,分目标的集合一定要保证总目标的实现。在分解过程中,分解的目标绝不能背离总目标。分目标之间可能一致,也可能不一致,甚至是矛盾的,这就需要细致分析、反复地调整和论证,最终使之在总体上保持协调。

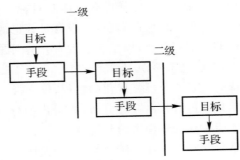

图 3-1-3 目标-手段系统图

(二)KJ 法

KJ 法是一种比较直观的定性分析方法,它是由日本东京工业大学的川喜田二郎(K.Jir)教授发明的。其基本原理就是:把一条一条信息做成信息小卡片,将全部的小卡片平平地铺摊在桌子上进行仔细观察并对其进行思考,把内容相似、有"亲近性"的卡片集中到一起合称为子问题,然后依次做下去,最后便可以求得问题的整体构成。显然,这是一种从很多具体的信息中归纳出问题整体含义的系统分析方法。它集合人体直觉的综合能力与人体对图形的仔细思考功能,它并不需要多么特别、多么专业的手段和知识,不管是单独一个人或者几个人组成的小团体都能简便地实施这种分析方法,因此,这是一种分析复杂问题的有效方法。

KJ 法的实施步骤如下:

(1)尽量广泛收集与问题相关的各种信息,并用关键的词句简洁、概括地描述出来。

(2)每条信息做成一张小卡片,小卡片上的标题记载要做到简明、易懂。

(3)将全部的小卡片铺摊在桌子上通观全局,充分调动人的直觉综合能力,把内容相似、有亲近性的小卡片集中起来并组成为一个小组。

(4)给每个小组取个新的名称,其注意事项同步骤(1),并把它作为子系统登记,记录上发现该小组的意义所在。

(5)重复步骤(3)、(4)分别形成小组、中组和大组,对难于编组的小卡片先不要勉强编组,可以把它们单独放在一起,留置于一边。

(6)把小组(卡片)进行移动,按照小组间的类似、对应、从属和因果关系等进行排列。

(7)将排列结果用图表的形式描述出来,即把小组按大小用粗细线框起来,把一个个有关系的框用"有向枝"(带箭头的线段)连接起来,构成一目了然的整体结构图。

(8)仔细观察最终求得的整体结构图,分析它的含义,取得对整个问题的明确认识。

第二节　系统分析主要内容

一、系统环境分析

(一)环境分析的意义

环境分析的主要目的是认识和了解系统与环境之间的相互关系、相互影响,以及二者相互作用时可能产生的后果。系统与环境是相互依存、相互作用和相互影响的。任何一个方案的实施结果都和将来付诸实践时所处的环境有关。离开未来环境去讨论方案后果是没有任何实际意义的。

从系统分析的角度研究环境因素的意义在于:

(1)环境变化是提出系统新问题的根源。环境发生某种变化,如目标的大气条件、温度、能见度、地面形状、植被、土壤、高程、崎岖、原料、人员、能源、供水等,都将引出目标系统的新问题。

(2)问题边界的确定要考虑环境因素,如有无外界要求或指挥控制问题。

(3)系统分析的资料包括环境资料,如目标系统周围环境信息、气候发展情况等对一个目标筹划计划起着重要的作用。

(4)系统的外部约束就是来自环境的大气环境、地貌、物理联系等方面的限制。比如,对于系统$\{S,R,J,G,H\}$来说,可建立如下模型:

$$\text{Optimal 系统的整体} \tag{3.2.1}$$
$$\text{Subject to 来自 } H \text{ 的约束}$$

其中,H 表示系统的环境。

(5)系统分析的质量要根据系统所在环境提供评价资料。从系统分析的结果实施过程来看,环境分析的正确与否将直接影响到系统方案实施的效果,只有充分把握未来环境的系统分析才能取得良好的结果。这说明环境是系统分析质量好坏的评判基础。

弄清楚重要的环境因素对系统的影响和可能产生的后果,可使系统具有较强的环境适应能力。当在有利的环境条件下,及时采取手段或措施加以利用;当外部环境出现不利的条件时,及时采取相应的对策,规避风险,避免可能造成的损失,使系统得以生存和发展。

(二)环境因素的确定与评价

环境因素的确定就是根据实际系统的特点,通过考察环境与系统之间的相互影响和作用,找出对系统有重要影响的环境要素的集合,划定系统与环境的边界。环境因素的评价,就是通过对有关环境因素的分析,区分有利和不利的环境因素,弄清环境因素对系统的影响程度、作用方向和后果等。

在确定和评价环境因素时,需要注意以下几点:

(1)对于所考虑的环境因素,要抓住重点、分清主次。

(2)选取适当的因素,把与系统联系密切、影响较大的因素列入系统的环境范围中,不必追求面面俱到,过于吹毛求疵。如果环境因素列举过多,会使分析过于复杂;如果过分简化环境因素,又会使方案的客观性变差。

(3)不能片面地、静止地去考察环境因素,要全面、动态地考察环境因素,清楚地认识到环境是一个动态发展变化的有机整体,应以发展变化的观点来研究环境对系统的作用和影响。

(4)不能忽略某些间接、隐蔽、不易被察觉的、可能会对系统产生重要影响的环境因素,对其也要进行细致、周密的考虑和分析。对于环境中人的因素,其行为特征、主观偏好以及各类随机因素都应有所考虑。

在对系统的环境因素进行分析时,还不能忽略自身的条件,也就是说,要综合分析系统内部条件和外部环境,一般会采用 SWOT 分析法(Strengths, Weaknesses, Opportunities, Threats),SW 是指系统内部的优势和劣势,OT 是指外部环境存在的机会和威胁。这是一种广泛应用的系统分析和战略选择方法,基本过程如图 3-2-1 所示。SWOT 分析表主要用于系统因素调查和分析。

(三)未来环境预测

未来环境预测是根据当前所掌握的资料和数据对环境因素的发展变化、系统生命周期内未来环境的可能状态以及系统可能产生的后果进行预测和估计。

在对环境进行预测时,对于那些变化较缓慢、处于相对稳定状态的一类环境因素,如风俗习惯、人口发展等,只需作一般性的探讨,但要注意缓慢变化的累积效应;对于平稳发展,具有明显趋势、带有一定规律性或周期性变化的环境因素,可采用调查预测法、德尔菲法等定性分析方法,时间序列分析、回归分析、投入-产出法、灰色预测法等定量分析方法;对随机性很强、动荡不定的环境因素,通常采用定性分析方法,如情景分析法。

情景分析(Scenario Analysis)法是一种常用的对未来环境进行预测的方法,又称情景描述法、脚本法。情景分析法以逻辑推理为基础,通过构想出未来行动方案在实施的时候所处的几种可能的环境状态及其特征,预测和估计出行动方案的社会、技术和经济后果,这是一种常用的分析、预测方法。

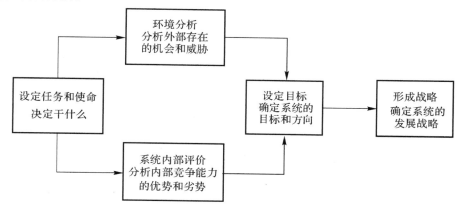

图 3－2－1　SWOT 分析过程

在情景分析法中,主要通过情景设定和描述来考察和分析系统,描述可能出现的状况和获得成功所必需的条件等。简单地说,情景设定和描述就是对每种备选方案设定未来环境的集中状态——正常的、乐观的和悲观的环境状况,并给出相应的特征和条件。通过对环境现状的分析,再依据事件的逻辑连贯性,对一系列的因果关系,以逻辑推理、思维判断和构想为基础,并结合定量分析方法,弄清从现状到未来情景的转移过程,进而判断可能出现的情况及其特征。应用情景分析法的大致步骤是:

(1)明确情景描述的目的、基本设想和范围(如预测时间、关联因素、环境范围等)以及所持观点(如乐观、悲观和现实的观点等)。

(2)对预测对象的历史状况和现实状况进行分析,在此基础上对其发展趋势和未来状态进行分析和预测。

(3)结合相关的数据资料,采用定量方法进行估计和预测,从而得出一个对未来发展前景更为科学的描述。

(4)根据之前的结果,制定出实现未来战略目标的备选方案以及主要问题和课程,估计和预测备选方案在多种设定情景下的社会、经济和技术后果,以制定适应性强的战略规划。

情景分析法迫使人们对变化着的现实环境和未来环境进行细致的分析和严密的思考,弄清环境的发展趋势、可能的状况和演变过程,以及容易疏忽的细节。这种方法带有充分自由设想的特色,但又具科学性。由于它不存在固定的模式,所以较难把握,在实际应用中须注意下面的问题:

(1)在情景描述时,要弄清从现状到未来情景的转移变化历程,要具有合理性和连续性。无论变化如何曲折和剧烈,都须注意因果关系上的合理性。

(2)对于未来的前景(Prospect),人们存在不同的看法,应充分表达他们的分歧点,以及研究这点看法和根据。

(3)在情景描述时,要处理好各种矛盾,既要考虑事物量的变化,又要考虑事物质的变化。

(4)注意定性和定量分析相结合,增强分析的科学性。

情景分析法在研究复杂系统问题时十分有用。这种方法可以描述远期可能出现的多种情景，以及对抽象的事物作尽可能具体的描述；还可以同时考虑社会、政治、经济和心理因素的状况及其相互间产生的联系和影响。

二、系统目标分析

目标分析是系统分析和设计的出发点。通过制定目标，把系统应达到的各种要求落到实处。目标分析是整个系统分析工作的关键，是系统目的的具体化过程。系统目标一旦确定，系统就将朝着系统所规定的方向发展。系统目标关系到系统的全局和全过程，它对系统的发展方向和成败起着决定性作用。系统目标分析的目的，一是论证目标的合理性、可行性和经济性；二是获得分析的结果——目标集。系统目标分析的主要研究对象包括系统目标的分类、目标集的确定以及目标冲突和利害冲突。

（一）系统目标的分类

目标是要求系统达到的期望的状态。人们对于系统的要求往往是涵盖多个方面的，这些要求和期望在系统目标上反映出来就形成了不同类型的目标。

1. 总体目标和分目标

总体目标集中地反映对整个系统总的要求，通常具有高度抽象性、概括性、全局性和总体性的特征。系统的所有活动都应以总体目标为中心而展开，系统目标的各组成部分都应为实现总目标服务。分目标是总目标的具体化分解，包括各子系统的子目标和系统在不同阶段上的目标。将总目标进行具体化分解成为一个个大大小小的分目标是为了更好地落实和实现系统的总体目标。

2. 战略目标和战术目标

战略目标是关系系统的全局性和长期性战略发展方向的目标。它规定了系统发展变化所要达到的预期的成果，指明了系统的发展方向，使系统能够协调一致地朝着既定的方向发展下去。战术目标是战略目标的具体化和定量化，是实现战略目标的各种手段和方法。战术目标的实现要有利于战略目标的实现，战术目标要服从战略目标，否则将制约和阻碍战略目标的实现。

3. 近期目标和远期目标

根据系统的总目标分别制定出系统在不同时期或阶段上的目标，包括短期内要实现的近期目标和未来要达到的远期目标。

4. 单目标和多目标

目标是指系统要达到和实现的目标只有一个。它具有目标单一、制约因素少、重点突出等特点。但在实际中，只追求单一的目标，往往具有很大的局限性和危害性。多目标是指系统同时存在两个及以上的目标。多目标追求利益的多面性，符合实际要求。在制定对系统的多目标要求时，既要充分总结单目标系统决策的失败教训，也要符合利益日趋多元化、综合化和全面化的客观要求，符合从单一目标决策向多目标决策的时代发展的必然趋势。大型复杂系统往往都是存在多目标的。

5. 主要目标和次要目标

在系统的众多目标中，有些目标相对要重要一些，是具有重要地位和决定性作用的主要目标;而有些目标则相对次要一些,是对系统整体影响较小的次要目标。因此,要审时度势地分清当前的主要目标和相对次要的目标。将系统的目标分为主要目标和次要目标,是因为不可能同时实现所有的目标,同时,也是为了避免由于过分重视次要目标,而忽视了系统的主要目标。主要目标和次要目标不是一经确定就不能改变的,而是可以随着系统的内部条件和外部环境条件的变化及时调整的。

(二)目标集的确定

各级分目标和目标单元集合在一起便形成了目标集。建立相对稳定的目标集是逐级逐项落实系统总目标的结果。总目标通常具有高度的概括性,但缺乏具体性和直观性,而且不宜直接操作,因此,要把总目标逐步分解为各级分目标,直到具体、直观、便于操作为止。在分解过程中,一定要注意使分解后的各级分目标与总目标保持一致,分目标的集合一定要能够保证总目标的实现。分目标之间有时会一致,也可能不一致,还有可能是相悖的,但是一定要在整体上做到协调一致。

1.目标确定的方法

对总目标进行分解后会形成一个目标层次结构,我们把这个层次结构就称为目标树,如图3-2-2所示。目标树就是采用树的形式,将目标以及目标间的层次关系直观、清晰地表达出来,同时便于目标间的价值衡量。建立目标树的过程就是把目标逐步分解、细化、展开的过程。由目标树就可以了解系统目标的体系结构,掌握系统问题的全貌,进一步明确问题和分析问题,在总体目标的指导下统一地组织、规划和协调各分目标,使系统整体功能得到优化。

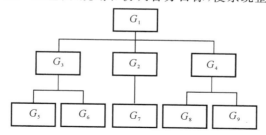

图3-2-2　目标树

建立系统的目标集不是随便、想当然、靠想象力来完成的,而是一个细致分析、反复调整和论证的过程,不仅需要严谨的逻辑推理和创造性的思维,还需要丰富的社会、经济、科学技术知识和实践经验,以及对系统的深刻认识和理解。现在我们通过举例来加深对系统目标树的理解。

2.建立目标集的基本原则

(1)一致性原则。在目标分解的过程中,要注意每一级目标都应与上一级目标保持一致,这样才能保证总目标的实现。各分级目标之间、目标与目标之间不是孤立的,而是相互关联的,应在上一级目标指导下,做到纵向目标关系和横向目标关系的协调一致。

(2)全面性和关键性原则。越是复杂系统分目标就会越多,就越容易分不清主次、忽视重点,因此必须强调和突出对实现总目标起关键性作用的分目标。可以通过设置权重来表示目标之间的相对重要程度,从而达到衡量目标重要性的目的。在突出重点目标的同时,还应考虑目标体系的完整性、全面性。

(3)应变原则。做任何事情都没有一成不变的规律和套式。当系统自身的条件或其所处的环境条件发生变化,或寻求方案出现阻碍,或有新的观点和见解被提出时,就必须对之前已经制定好的目标加以调整和修正,以适应新的要求。

(4)可检验性与定量化原则。系统的目标必须是可检验的,否则将没办法对其效果进行衡量。要使目标具有可检验性,最好的办法就是使用可以量化的指标来表示有关目标。然而,并不是所有的目标都能够定量表示,目标的层次越高,则定量化表示的难度越大。对于不方便定量化描述的目标,必须详细说明目标的重要特征和实现目标的日期等,从而使其在一定程度上具有可检验性。

(三)目标冲突和利害冲突

一般来说,对于多个目标并存的情况,目标之间的关系分为三种:①两个目标相互独立,也就是说两个目标的存在与实现没有任何关系,是互不影响的。②目标互补关系,也就是说一个目标的实现将促进另一个目标的实现。③目标冲突关系,也就是说一个目标的实现将会制约或阻碍另一个目标的实现。在目标分析过程中,系统分析人员经常会发现,许多关键情况往往是目标之间存在着目标冲突关系造成的。

根据涉及的范围,目标冲突可以分为以下两种情况:

一种是纯属专业技术性质的,即目标冲突问题。这种目标冲突无碍于社会,其影响范围是有限的。在面临这种情况时,对于互相冲突的两个目标,可以去掉一个目标,也可以设置或者改变约束条件,或按实际情况增加某一个目标的限制条件,这样使得另一个目标充分实现,从而达到协调目标冲突的目的。

另一种目标冲突还往往表现在不同层次的决策目标上,即基本目标、战略目标和管理目标之间的不协调和冲突。其中基本目标是系统存在的理由;战略目标是指导系统达到基本目标的长期方向;而管理目标则是把系统的战略目标变成具体的、可实现的形式,以便于形成短期决策。这三个层次上的目标冲突还反映了长期利益与短期利益之间的矛盾。因此,要想有效地实现系统的基本目标就必须协调好不同层次上的目标冲突。

在实际的管理和决策问题中,由于多个主体对系统的期望和利益要求有差异,就会产生目标冲突。不同的主体,如组织管理系统中的各部门及其主管等,分别有着各自的利益要求,通常称为利益集团。而目标冲突往往反映出不同主体在利益上的不同要求。因此要协调好目标冲突的根本任务就在于,把各方面因价值观、道德观、知识层次、经验和所依据的信息等方面存在的差别而造成的矛盾和冲突,加以有效地疏通和化解。

三、系统结构分析

任何系统都是以一定的结构形式存在的。所谓系统结构是指系统的构成要素在时空连续区上的排列组合方式和相互作用方式。系统结构分析是系统分析的重要组成部分,也是系统分析和系统设计的理论基础。

(一)系统结构分析的基本思想

系统结构是系统保持整体性和使系统具备必要的整体功能的内部依据,是反映系统内部元素之间相互联系、相互作用的形态化,是系统中元素秩序的稳定化和规范化。

　　系统结构分析用以保证系统在对应于总目标和环境约束集的条件下,系统组成要素、要素间的相互关系集以及要素集在阶层分布上的最优结合,并在给出最优结合效果的前提下,能够得到最优的系统输出的系统结构。系统结构分析就是寻求系统合理结构的分析方法。

（二）系统结构分析的主要内容

　　系统是由多个要素组成的一个集合体,在系统工程中所要分析的系统大多是社会系统,因此常常包含成百上千的组成要素。这时就很有必要对系统内部各组成要素之间的相互关系进行分析。系统结构分析通过分析系统的要素集和要素间相互关系集在各种环境约束的条件下的阶层分布从而得到最优组合,进而得到最优输出。

　　为了达到系统给定的功能要求,即达到对应于系统总目标具有的系统作用,系统必须具有相应的组成部分,即系统要素集 $S = \{s_i, i = 1, 2, \cdots, n\}$。系统要素集可以在已确定的目标树的基础上进行确定,还可以借助价值分析技术使所选出的要素、功能单元的构成成本最低。当系统目标分析取得了不同的分目标和目标单元时,此时也将会产生相应的要素集。然后,对已经得到的要素集进行价值分析。这是因为实现某一目标可能有多种要素,因此存在着择优问题,其选择的标准是在满足既定的目标的前提下,实现构成要素成本的最低化。

　　经过要素集的确定和对要素集的价值分析两项工作之后,就可以得到满足目标要求和功能的要素集,由于此要素集经过必要性和择优分析,因此它是合理的。但是这个要素集也不一定是最优的,也不是最差的,因为还有许多相关联的环节需要分析与协调。系统结构分析的上述内容可表示为

$$\prod{}^{**} = \max_{\substack{p \to M \\ p \to H}} P(S, R, F)$$

$$S_{\mathrm{opt}} = \max\{S \mid \prod{}^{**}\}$$

$$(3.2.1)$$

其中,$\prod{}^{**}$ 表示系统的最佳结合效果,S_{opt} 表示系统最大输出,$R = \{r_{ij}, i, j = 1, 2, \cdots, n\}$ 表示系统组成要素的相关关系集合,F 表示系统要素及其相互关系在阶层上的可能分布形式,P 表示 S, R, F 的结合效果函数,M 为目标集合,H 为环境集合。

（三）系统的相关性分析

1. 相关关系的概念

　　系统要素集的确定只是说明已经根据分目标集的对应关系选定了各种所需要的系统结构组成要素或功能单元。然而,它们是否达到总目标的要求,还取决于它们之间的相关关系,这就是系统的相关性分析问题。

　　系统的属性不仅取决于它的组成要素的质量和合理化,还取决于要素之间应保持的某些对应关系。

　　由于系统的属性的差异,其组成要素的属性也是多种多样的,因此,要素间相关关系的表现形式也是千差万别的。比如,空间结构、排列顺序、因果关系、数量关系、位置关系、松紧程度、时间序列、数量比例、力学或热力学特性、操作程序、管理方法、组织形式和信息传递等方面。这些关系组成了一个系统的相关关系集,即

$$R = \{r_{ij}, i, j = 1, 2, \cdots, n\}$$

$$(3.2.2)$$

由于相关关系只能发生在具体的要素之间,因此任何复杂的相关关系,在要素不发生规定

性变化的条件下,都可变换成两要素之间的相互关系,即二元关系是相关关系的基础,其他更加复杂的关系都是二元关系的推广。

在二元关系分析中,首先要根据目标的要求和功能的需求来明确系统要素之间必须存在和不存在的两类关系,同时要必须消除模棱两可的二元关系。当 $r_{ij} = 0$ 时,要素间不存在二元关系。

2. 相关关系的确定(因果关系分析)

相关关系的确定方法有两种:相关矩阵分析法和因果关系分析法。

(1) 相关矩阵分析法。相关矩阵分析法是分析系统要素之间相互影响和相互作用常用的一种简便易行的方法。设系统要素包括 n 个要素 s_i, $i = 1, 2, \cdots, n$,如两两要素间的关系可用如下矩阵表示:

$$\begin{matrix} & \begin{matrix} s_1 & s_2 & \cdots & s_i & \cdots & s_n \end{matrix} \\ \begin{matrix} s_1 \\ s_2 \\ \vdots \\ s_j \\ \vdots \\ s_n \end{matrix} & \begin{bmatrix} r_{11} & r_{12} & \cdots & r_{1j} & \cdots & r_{1n} \\ r_{21} & r_{22} & \cdots & r_{2j} & \cdots & r_{2n} \\ \vdots & \vdots & & \vdots & & \vdots \\ r_{i1} & r_{i2} & \cdots & r_{ij} & \cdots & r_{in} \\ \vdots & \vdots & & \vdots & & \vdots \\ r_{n1} & r_{n2} & \cdots & r_{nj} & \cdots & r_{m} \end{bmatrix} \end{matrix} \tag{3.2.3}$$

其中,

$$r_{ij} = \begin{cases} 1, \text{当 } s_i \text{ 对 } s_j \text{ 有影响时} \\ 0, \text{当 } s_i \text{ 对 } s_j \text{ 无影响时} \end{cases} \tag{3.2.4}$$

(2) 因果关系分析法。因果关系分析法的工具是因果关系图。因果关系图可以描述系统中元素的因果关系、系统的结构和系统的运行机制。系统动力学中常常用因果关系分析图来表示系统的运行机制。制作因果关系分析图可以分为以下几个步骤:

1) 确定系统的主要元素。通过这些元素能够明确地描述出系统的状态。

2) 找出元素间的因果关系。元素间的因果关系分为正因果关系和负因果关系。例如,元素 A 和元素 B 之间存在着因果关系。A 的增长导致 B 的增长,A 的减少导致 B 的减少,这即为正因果关系;若 A 的增长导致 B 的减少,而 A 的减少导致 B 的增长,这即为负因果关系。

3) 绘制因果关系分析图。

(四) 系统的阶层分析

在实际的研究中,大多数系统都是以多阶层递阶形式存在的。系统阶层分析的主要内容包括:哪些要素应归属于同一阶层,阶层之间应保持何种关系,以及阶层的层数和层次内要素的数量等。阶层性分析的合理性可以从以下两个方面来考虑:

(1) 传递物质、能量和信息的效率、费用和质量。

(2) 功能单元的合理结合与归属。为了实现既定的系统目标,系统或分系统必须具备某种相应的功能,这些功能是通过系统要素的一定组合和结合来实现的。某些功能单元放在一起能起到相互补益的作用,有些则相反。

(五) 系统整体分析

系统整体分析是系统结构分析的核心,是解决系统协调性和整体性最优化的基础。在某种程度上,上述的系统要素集、关系集和系统的阶层的分析,都是研究问题的一个方面,它们的合理化或优化还不足以说明整体的性质。整体性分析则要综合上述分析的结果,从整体最优、满意或合理上进行概括和协调,这就使系统要素集、相互关系集和系统阶层分布达到最优组合,以得到系统效应的最大值和整体的最优输出。系统整体优化和取得整体的最优输出是可能的,因为构成系统的要素集、关系集和系统的阶层分布都有允许变动的范围,在既定的目标要求下,它们三者可以有多种组合方案,我们可以通过分析比较、综合评价选出最优的方案。

第三节　贝叶斯网络理论

贝叶斯网络是概率论和图论相结合的产物,其数学基础是概率论。概率论是人工智能中处理不确定性问题的基础理论之一,也被认为是数学基础最强的不确定性处理理论。本节从静态贝叶斯网络(BN)出发,引出动态贝叶斯网络(DBN)的基本概念及图形表达,归纳总结了动态贝叶斯网络的学习过程和特点。

一、概率网络

概率网络(Probabilistic Network,PN)通常也被称为因果网络(Causal Networks)或者可信度网络(Belief Networks),之所以在这里叫它概率网络,是因为从名字上就体现了它的基本特点:概率和网络。概率是指网络中相关变量的状态以及网络中变量之间的相互关系是以概率的形式来表达的;网络是指概率网络的拓扑结构的形式。对于概率网络,可以从两个方面来看它:首先概率网络表达了各个节点间的条件独立关系,我们可以直观地从概率网络中得出变量之间的条件独立以及相互依赖关系;其次可以认为概率网络是事件联合概率分布的另一种表现形式,由概率网络的拓扑结构以及条件概率分布(CPD)可以快速推理出每个基本事件的概率。

(一)一般结构

概率网络的网络结构是一个有向无环图(Directed Acyclic Graph),图中每个节点代表一个变量,节点间的有向弧代表变量间的概率依赖关系。一条弧由一个变量 A 指向另外一个变量 B,表明了变量 A 的取值可以对变量 B 的取值产生影响,由于概率网络是有向无环图,A、B 间不会出现有向回路。在概率网络中,直接的原因节点(弧尾)A 叫作其结果节点(弧头)B 的父节点(parents),B 叫作 A 的子节点(children)。如果从一个节点 X 有一条有向通路指向 Y,则称节点 X 为节点 Y 的祖先(ancestor),同时称节点 Y 为节点 X 的后代(descendent)。下面用图 3-3-1 简单的例子来说明概率网络的结构。

图 3-3-1 中共有 5 个节点和 4 条弧。下雨 A 是一个原因节点,它会导致路滑 B。而我们知道路滑 B 可能使得行人摔跤 C,车子相撞 D。另外,摔跤严重的话还可能导致骨折 E。这是一个简单的概率网络的例子,在概率网络中像 A 这样没有输入的节点被称为根节点(root),其他节点被统称为非根节点。概率网络当中的弧表示节点间的依赖关系,如果两个节点间有弧连接说明两者之间有因果联系。反之,如果两者之间没有直接的弧连接或者是间接的有向联通路径,则说明两者之间没有依赖关系,即是相互独立的。节点间的相互独立关系是概率网

络当中很重要的一个属性,可以大大减少建网过程当中的计算量。同时根据独立关系来学习概率网络也是一个重要的方法。使用概率网络结构可以清晰地得出属性节点间的关系,进而也使得使用概率网络进行推理和预测变得相对容易实现。

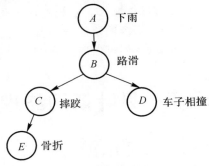

图 3 - 3 - 1　概率网络的例子

(二)主要用途

概率网络的主要用途包括预测、诊断、控制、优化和监督学习等。如图 3 - 3 - 2～图 3 - 3 - 4 所示,黑色节点代表的是已知信息(可观测到的数据),而白色节点代表的是未知信息,属于隐含的(不可观测的)。在实际使用中,我们需要对白色节点的部分进行信息综合,即求得某些属性(属性集)的边缘概率。概率网络以前用于诊断比较多,现在许多研究者则通常将其用于监督学习。

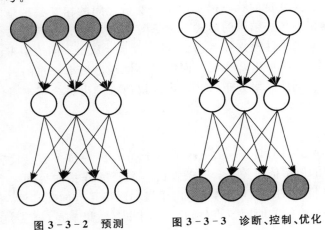
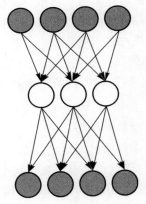

图 3 - 3 - 2　预测　　　　图 3 - 3 - 3　诊断、控制、优化　　　图 3 - 3 - 4　有监督的学习

(三)概率网络的定性、定量分析

可以从定性和定量两个方面来看概率网络。

1. 定性方面

概率网络的定性分析可以从以下几个方面来看:

• 先验的因果关系;

• 专家意见;

• 数据学习;

• 待定的拓扑(如层次图)等。

下面定性地来看图 3-3-5～图 3-3-7 中的节点 A、B、C 在不同的情况下的相关性,图中白色节点代表未知状态,黑色节点代表已知状态。

(1)图 3-3-5:C 未知时,A 和 B 在边上是条件相关的;C 已知时,A 和 B 是条件无关的。

(2)图 3-3-6:C 未知时,A 和 B 在边上是条件相关的;C 已知时,A 和 B 是条件无关的。

(3)图 3-3-7:C 未知时,A 和 B 在边上是条件无关的;C 已知时,A 和 B 是条件相关的。

由此可见,当 A、B、C 间的连接关系发生变化时,以及 C 的已知性条件不同,都会影响到 A、B 之间的相关性。

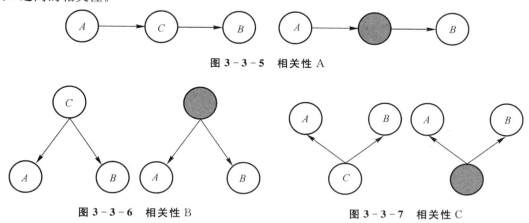

图 3-3-5　相关性 A

图 3-3-6　相关性 B　　　　　　　图 3-3-7　相关性 C

2.定量方面

概率网络的定量分析就是根据网络中已有的数据去推理出网络中某一变量的边缘概率分布或者是某些变量的联合概率分布,而这些概率分布可以通过贝叶斯网络的推理机制推理计算得到。如图 3-3-8 所示,A、B 是 C 的父亲节点,C 是 D 和 E 的父亲节点,D 和 E 是 F 的父节点,因此 C 受它的父节点 A、B 的影响,D、E 受它的父节点 C 的影响,F 受父节点 D 和 E 的影响,因此 A、B、C、D、E 之间就形成了图 3-3-8 描述的这种概率依赖关系。

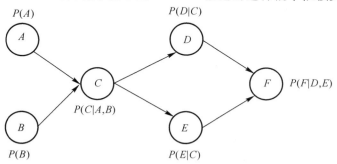

图 3-3-8　图的定量性

二、贝叶斯网络

贝叶斯网络其实就是上面所讲的概率网络,网络中的节点 $n \in \mathbf{N}$ 表示所研究问题的相关变量,网络中的每条弧表示变量之间的相互依赖关系,每个节点对应一个条件概率分布表

CPT,条件概率分布反映了变量与其父节点之间概率依赖关系的强弱。

贝叶斯网络的重要作用就是它能够将变量的联合概率分布用一些局部概率分布的乘积来表示,即贝叶斯网络的拓扑结构表示变量间概率依赖关系,具有清晰的语义特征,容易得出变量之间的条件独立关系,这种独立性的语义指明了如何利用这些局部概率分布来表示变量间的联合概率分布。贝叶斯网络的定量部分给出了变量之间不确定性的数值度量。用大写字母 $X = (X_1, X_2, \cdots, X_3)$ 表示网络中的变量,由于贝叶斯网络的结构蕴含了所有变量的联合概率分布,用条件概率的形式表现出来,即

$$P(X) = P(X_1, X_2, \cdots, X_n) = \prod_{i=1}^{n} P(X_i \mid pa_i) \tag{3.3.1}$$

其中,pa_i 表示 X_i 的父节点。

贝叶斯网络由两部分组成:网络拓扑结构和条件概率表。图 3-3-9 是一个简单的贝叶斯网络示例。

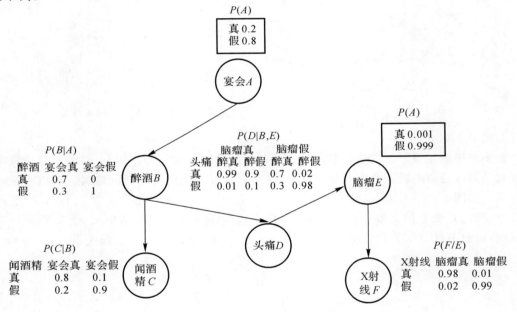

图 3-3-9 贝叶斯网络

(一) 贝叶斯统计的基本观点

在一个随机实验中有 n 个互相排斥、竭尽可能的事件域,选 $A_1, A_2, \cdots, A_n$。用以 $P(A_i)$ 表示事件 A_i 发生的概率,那么有 $\sum_{i=1}^{n} P(A_i) = 1$。记 B 为任一事件,则有

$$P(A_i \mid B) = \frac{P(B \mid A_i)P(A_i)}{\sum_{j=1}^{n} P(B \mid A_i)P(A_i)}, \quad i = 1, 2, \cdots, n \tag{3.3.2}$$

这就是概率论中著名的贝叶斯公式。其中 $P(A_i), \cdots, P(A_n)$ 是事先根据经验就已经知道的,称之为先验信息,由于 $\sum_{i=1}^{n} P(A_i) = 1$,满足概率分布的基本条件,称 $\{P(A_i), \cdots, P(A_n)\}$ 为

先验分布。假设在某次试验中看到事件 B 发生了，于是对于事件 $A_1,A_2,\cdots,A_n$ 发生的可能性大小有了新的认识。它们发生的概率由贝叶斯公式（3.3.2）给出，这是在试验之后给出来的，即是后验的知识。而且，$P(A_i \mid B) \geqslant 0, \sum_{i=1}^{n} P(A_i \mid B) = 1$，所以后验概率 $P(A_i \mid B), i = 1, 2, \cdots, n$，满足概率分布的条件，称为后验分布。后验分布考虑了先验信息和试验所提供的新信息，形成了对事件 A_i 发生可能性大小的最新认识。这个由先验信息到后验信息的转化，是贝叶斯统计的基本观点。

（二）贝叶斯网络的建立

依据贝叶斯网络的相关定义，建立一个与研究问题相关的贝叶斯网络模型包括三个方面：

（1）提取所研究问题的相关变量并确定它们状态的所有可能取值；

（2）建立反映变量之间因果关系的拓扑结构图；

（3）确定模型中反映变量之间因果关系强弱的条件概率。

目前的贝叶斯网络构造方法主要有以下四种：

（1）完全基于专家知识的贝叶斯网络确定。通过咨询专家提取所研究问题需要的相关变量，并由专家根据经验人为指定变量之间的关系，即拓扑结构，同样变量之间的条件概率也由专家指定。

（2）完全基于样本数据来进行贝叶斯网络的构建。通过大量的样本数据来分别学习贝叶斯网络的拓扑结构和变量之间的条件概率，这种方法受专家知识的影响较小。

（3）专家知识与基于数据的学习相结合。由专家指定网络的拓扑结构，利用样本数据来学习网络中的参数即变量之间的条件概率。这种方法在变量之间关系比较明显的情况下比完全基于数据的方法更高效。

（4）由相关研究领域中已有的模型知识转化得到贝叶斯网络。

三、动态贝叶斯网络

在很多情况下，需要对随机过程进行建模，即变量的取值随着时间的变化而变化。动态贝叶斯网络（DBN）将贝叶斯网扩展到对时间演化的过程进行表示。这里的"动态"指的是建模的系统是动态的，而不是说贝叶斯网的结构是动态变化的。

设变量集 $X = (X_1,\cdots,X_n)$，我们用 $X_1^t,\cdots,X_n^t$ 表示变量在 t 时刻的状态。另设：① 随机过程满足马尔科夫假设，即 t 时刻的状态只受到 $t-1$ 时刻的影响，$P(X^t \mid X^0,\cdots,X^{t-1}) = P(X^t \mid X^{t-1})$；② 随机过程是稳定的，即对所有 t，条件概率 $P(X^t \mid X^{t-1})$ 都是相同的（在这种情况下，统一用 $P(X' \mid X)$ 来表示，其中 X 表示当前状态，X' 表示下一个时刻的状态）。有了马尔科夫假设和稳定性假设后，有如下定义：

定义 1　（转移网络 $B_{\rightarrow}$）一个转移网络 $B_{\rightarrow}$ 是一个贝叶斯网片段，节点包括 $X \bigcup X'$，其中 X 中的节点没有父节点，X' 中的节点具有条件概率分布 $P(X' \mid \mathrm{parent}(X'))$，由链规则可知，$B_{\rightarrow}$ 表现了条件概率分布：

$$P(X' \mid X) = \prod_{i=1}^{n} P(X_i' \mid \mathrm{parent}(X')) \tag{3.3.3}$$

定义 2　一个动态贝叶斯网模型表示为一个二元组 $(B_0, B_{\rightarrow})$，其中 B_0 是以 X^0 为节点的初始贝叶斯网，$B_→$ 是 2-时间片的转移网络。对任意时刻 t，$X^0，\cdots，X^t$ 的联合概率分布为

$$P(X^0，\cdots，X') = P(X^0) \prod_{i=1}^{t} P(X^t \mid X^{t-1}) \tag{3.3.4}$$

给定窗口长度，我们可以通过叠加 B_0 和 $B_→$ 形成一个完整的动态贝叶斯网络，这个过程称为动态贝叶斯网络的打开。动态贝叶斯网络的图模型如图 3-3-10 所示。

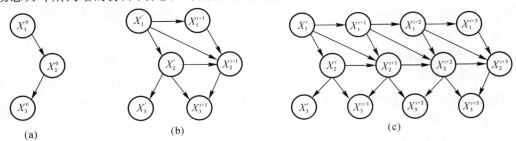

图 3-3-10　动态贝叶斯网络的图模型

(a)DBN 初始网络 B_0；(b)DBN 转移网络 $B_→$；(c) 按时间轴展开的 DBN

动态贝叶斯网络是静态网络在时间序列上的扩展，初始网络代表了网络的初始状态，转移网络反映了动态贝叶斯网络中相邻时间片之间的前后依赖关系，相邻时刻变量之间转移概率的大小反映了它们之间依赖关系的强弱。动态贝叶斯网络不仅能够描述变量之间的因果关系，而且还能够对变量在时间序列上状态的演化过程进行描述，即它能够对动态事件进行建模与分析。

（一）动态贝叶斯网络的学习

状态空间模型往往包括一些必要的参数 θ，用以定义状态空间的转移概率模型 $P(X^t \mid X^{t-1})$ 和观测概率模型 $P(Y^t \mid X^t)$。学习意味着从大量的数据中估计这些参数 θ，这也称作系统辨识。通常使用的方法是应用最大可能性原则（Maximum Likelihood，ML），这适合于存在大量数据的离线学习模型。例如，在语音识别或生物序列分析中，现在已经获得了 N_{train} 个序列的样本，观测值为

$$Y = (Y_1^{1:T}，Y_2^{1:T}，Y_3^{1:T}，\cdots，Y_{train}^{1:T})$$

学习的目的是计算：

$$\theta_{ML}^* = \arg\max_{\theta} P(Y \mid \theta) = \arg\max_{\theta} \lg P(Y \mid \theta) \tag{3.3.5}$$

其中

$$\lg P(Y \mid \theta) = \lg \prod_{m=1}^{N_{train}} P(Y_m^{1:T} \mid \theta) = \sum_{m=1}^{N_{train}} \lg P(Y_m^{1:T} \mid \theta) \tag{3.3.6}$$

DBN 的学习技术是 BN 学习技术的扩展，包括参数学习及网络拓扑结构学习。其中，参数学习包括离线学习与在线学习两种方式，离线学习应注意到在各个时间片上的参数是互相连接的，且动态系统初始状态学习可以通过相对独立的转移矩阵来完成。在线学习的过程其实质即为滤波过程，将参数添加进状态空间中，然后进行在线推理。在拓扑结构学习中应注意：

（1）跨时间片的连接必须是有向无环图（DAG）；

（2）学习跨时间片的连接问题相当于一个变量选择问题，对于 t 时刻的 BN 中的每个节

点,必须从 $t-1$ 时刻 BN 中选择其父节点;

(3)跨时间片的连接一旦给定,DBN 的学习过程主要集中在特征提取方面。

(4)推理算法是学习的基本环节。

贝叶斯网络结构学习的目标是寻找对先验知识和数据拟合的最好的结构。结构学习有两种方式,一种是模型选择(即选择一个最好的网络结构);另一种是选择性的模型平均(即选择合适数量的网络结构,以这些网络结构代表所有网络结构)。因果马尔可夫条件原理表明:如果图形结构 S 是一个随机变量集合 X 的因果图,那么图形结构 S 也是该随机变量集合的联合概率分布所对应的网络结构图。根据这一原理,在实际的应用中,可以利用领域专家知识来构造关于这些随机变量的因果图,作为贝叶斯网结构图。

学习的目的是使得模型更合理,或者说更确切地描述已知的样本数据。模型的学习从不同的角度看,可以分为很多类学习问题:

(1)参数学习(Parameter Learning)和结构学习(Structure Learning)。参数学习,顾名思义就是学习模型里面的一些变量的概率分布,很多模型都仅仅只需参数学习。结构学习是指对网络拓扑进行学习,它也被称为模型选择(Model Selection)。

(2)观测完全和观测不完全。在某些问题中,模型的每一个参数都有学习的样本,这类问题相对简单。但在某些问题中,并不是所有参数都有观测样本,有些数据可能丢了,或者可能根本没有观测数据,这类问题相对较难。

(3)静态网络和动态网络。现有的许多学习方法都是针对静态网络的,这些学习方法也可以用到动态网络中,但某些针对动态网络特性的方法并不能同样地用于静态网络。

表 3-3-1 中对贝叶斯网络的一般学习方法进行了总结,这些方法既适用 BN,也适用 DBN。

表 3-3-1　DBN 的学习方法

网络结构	观测	学习方法
已知	完全	样本统计(学习参数 θ_i)
已知	不完全	EM(学习参数 θ_i)
未知	完全	搜索模型空间(学习网络结构)
未知	不完全	结构化 EM(既学习参数又学习网络结构)

(二)动态贝叶斯网络的特点

动态贝叶斯网络的推理方法是由静态的贝叶斯网络发展而来的,除具有静态贝叶斯网络的优点之外,还具有时间特性,即分析问题的过程中考虑了时间因素的影响,这使得推理过程具有了前后连续性,这样推理方法就更符合客观事物的发展规律。这样前一时刻输入信息会在下一时刻自动地保留而不丢失,能够结合历史信息和当前证据信息,具有信息的时间累积能力,能更有效地降低不同层次的信息融合推理过程中的不确定性,提高信息融合的准确度。

四、基于贝叶斯网络的作战目标分析

(一)评估模型拓扑结构

贝叶斯网络作战目标评估模型拓扑结构定性描述了网络中各节点之间的因果关系。本节在参考美军目标选择标准的基础上,进一步细化评估指标,构建了具有三级评估指标的目标评估模型(见图3-3-11)。一级评估指标包括关键性(Importance)、可行性(Feasibility)、复原力(Resilience)、脆弱性(Vulnerability)、效果(Effect)和可辨认性(Identifiability);关键性指标还包括体系支撑能力(System Support Ability,SSA)和威胁等级(Threat Level,THL),可行性二级指标包括防御等级(Defense Level,DL)、目标位置(Target Location,TLO)和打击手段(Blow Means,BM),可辨认性二级指标包括目标几何大小(Target Size,TS)、伪装能力(Camouflage Ability,CA)和伪造能力(Forging Ability,FA);威胁等级三级指标包括指挥控制能力(Command and Control Ability,CCA)、空中攻击能力(Air Attack Ability,AAA)、地面攻击能力(Ground Attack Ability,GAA)、远程打击能力(Long-distance Attack Ability,LAA)和信息作战能力(Information warfare Ability,IAA);防御等级三级指标包括空中防御能力(Air Defense Capability,ADC)、地面防御能力(Ground Defense Capability,GDC)和信息防御能力(Information Defense Capability,IDC);打击手段三级指标包括空中打击(Air Strike,AIS)、战役战术导弹打击(Campaign Tactical Missile Strike,CMS)、火炮打击(Artillery Strike,ARS)和特种打击(Special Strike,SS)。

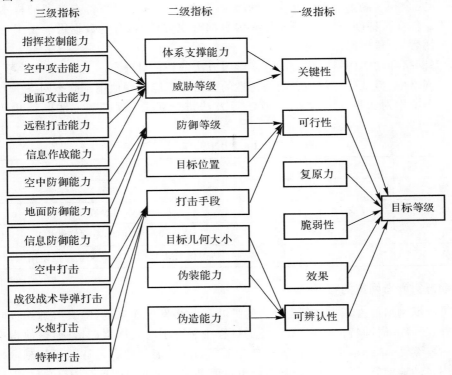

图3-3-11 目标评估模型

(二)评估模型参数

1.评估模型中节点状态分析

目标等级和一级指标均采取三级评定制,由一级至三级,目标的综合评定等级和一级指标等级递减。一级指标评估标准如表3-3-2所示。二级指标中体系支撑能力、伪装能力、伪造能力分为强、中、弱三级,威胁等级、防御等级分为高、中、差三级,目标位置分为前沿和纵深,打击手段分多样和单一,目标几何大小分大和小。三级指标中指挥控制能力、远程打击能力、空中攻击能力、地面攻击能力、信息作战能力、空中防御能力、地面防御能力、信息防御能力均分强、中、弱三级,空中打击、战役战术导弹打击、火炮打击、特种打击皆有是和否两种状态。

表 3 - 3 - 2　一级指标等级标准

关键性	可行性	复原力	脆弱性	效果	可辨认性	等级
破坏后明显降低任务效果	任务容易完成	几天内可恢复	一点被毁丧失功能	对军心士气影响较大	容易辨认	一级
破坏后将降低任务效果	任务可以完成	数周内恢复	部分被毁丧失功能	对军心士气影响一般	辨认困难	二级
破坏后不会降低任务效果	任务很难完成	数月内恢复	全部被毁丧失功能	对军心士气影响不大	极难辨认	三级

2.样本数据集

经相关领域专家判断,建立作战目标样本数据集。由于篇幅限制,此处仅列出一级指标样本数据集(见表 3 - 3 - 3),包含作战力量、武器装备、军事设施等不同类型的 35 个样本数据。

表 3 - 3 - 3　贝叶斯网络参数学习样本数据集(一级指标)

序号	关键性	可行性	复原力	脆弱性	效果	可辨认性	目标等级
1	一级	二级	三级	一级	一级	三级	一级
2	二级	二级	二级	一级	一级	三级	二级
3	二级	二级	二级	一级	一级	三级	二级
4	三级	一级	二级	三级	三级	二级	三级
5	二级	二级	二级	三级	二级	二级	二级
6	二级	二级	二级	三级	三级	二级	三级
7	二级	二级	二级	三级	三级	二级	三级
8	二级	一级	二级	三级	一级	二级	二级
9	一级	二级	三级	二级	二级	一级	一级
10	一级	二级	三级	一级	二级	二级	一级
11	一级	二级	三级	一级	二级	三级	二级
12	二级	二级	二级	三级	二级	三级	三级
13	一级	三级	二级	一级	二级	三级	二级
14	一级	二级	三级	一级	二级	三级	一级
15	三级	一级	二级	一级	三级	一级	三级
16	二级	二级	二级	一级	三级	一级	二级
17	二级	二级	二级	一级	三级	三级	三级
18	二级	二级	二级	一级	三级	一级	二级

序号	关键性	可行性	复原力	脆弱性	效果	可辨认性	目标等级
19	二级	二级	一级	三级	三级	一级	二级
20	一级	一级	三级	一级	一级	一级	一级
21	二级	一级	三级	一级	一级	一级	二级
22	三级	一级	三级	一级	一级	一级	三级
23	一级	三级	一级	三级	三级	三级	二级
24	二级	三级	一级	三级	三级	三级	三级
25	三级	三级	三级	三级	三级	三级	三级
26	一级	二级	三级	三级	一级	一级	一级
27	一级	三级	三级	一级	一级	一级	一级
28	一级	三级	二级	一级	一级	一级	一级
29	一级	三级	一级	一级	一级	一级	一级
30	一级	三级	一级	二级	一级	一级	一级
31	一级	三级	一级	三级	一级	一级	一级
32	一级	三级	一级	三级	二级	一级	一级
33	一级	三级	一级	三级	三级	一级	二级
34	一级	三级	一级	三级	二级	二级	一级
35	一级	三级	一级	三级	二级	三级	二级

3. 网络参数训练

本节采用 Netica 贝叶斯网络仿真工具,建立贝叶斯网络结构,并利用 Netica 集成的梯度下降法对样本数据集进行学习,得出节点的概率分布,如图 3-3-12 所示。

(三)作战目标评估模型实验论证

论证实验同样运用 Netica 仿真工具。限于篇幅,本节以目标评估模型中的一级指标为例进行测试评估。随机选取指挥所、作战力量、机场、导弹阵地等类型非样本数据集中目标作为测试样本数据(见表 3-3-4)。

表 3-3-4　作战目标评估模型测试数据集

序号	名称	关键性	可行性	复原力	脆弱性	效果	可辨认性	目标等级
1	XX 战术司令部	一级	三级	三级	二级	二级	三级	二级
2	XX 步兵营	三级	二级	二级	三级	三级	二级	三级
3	XX 装甲旅	二级	二级	三级	三级	三级	二级	二级
4	XX 机场	一级	二级	一级	二级	二级	二级	一级
5	XX 导弹阵地	一级	二级	三级	一级	二级	三级	一级

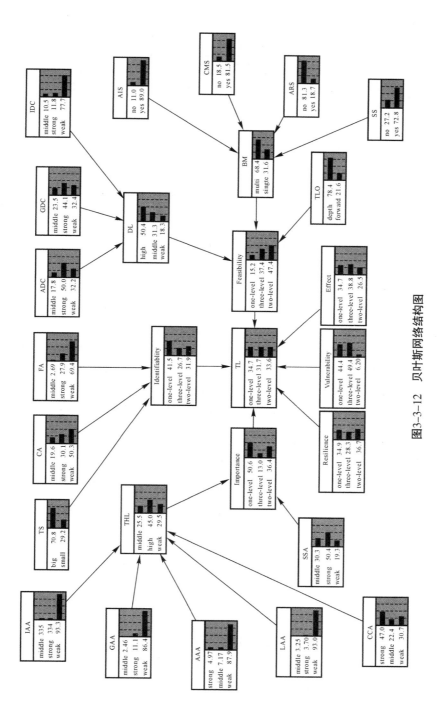

图3-3-12 贝叶斯网络结构图

将测试样本分别输入到评估模型中,得出评估结果如表 3-3-5 所示。将表 3-3-5 综合评定等级与表 3-3-4 目标等级进行对比可得出,评估结果正确率为 100%。由此可见,本节建立的贝叶斯网络作战目标评估模型,能够准确评估作战目标等级。

表 3-3-5 作战目标评估模型测试结果

序号	名称	一级/(%)	二级/(%)	三级/(%)	综合评定
1	XX 战术司令部	28.9	37.6	33.5	二级
2	XX 步兵营	34.5	27.3	38.2	三级
3	XX 装甲旅	29.5	37.5	33.1	二级
4	XX 机场	37.6	29.8	32.6	一级
5	XX 导弹阵地	98.6	0.68	0.68	一级

五、基于贝叶斯分类器的目标价值等级分析

(一)朴素贝叶斯分类器简介

朴素贝叶斯分类器基于类条件假设,即一个属性值对给定类的影响独立于其他属性值。设有变量集 $U = \{A_1, A_2, \cdots, A_n\}$,其中 $A_1, A_2, \cdots, A_n$ 是实例的属性变量,C 是取 m 个值的类变量。假设所有的属性条件都独立于类变量 C,即每个属性变量都以类变量作为唯一的父节点,即可得到朴素贝叶斯分类器。使用朴素贝叶斯分类器进行分类的工作过程如下:

将每个没有类标号的数据样本用 n 维特征向量 $\boldsymbol{X} = \{x_1, x_2, \cdots, x_n\}$ 表示,分别描述 $\boldsymbol{X}$ 在 n 个属性 $A_1, A_2, \cdots, A_n$ 上的属性值。设有 m 个类 $\{c_1, c_2, \cdots, c_n\}$,朴素贝叶斯分类将未知样本 $\boldsymbol{X}$ 分配给类 c_j,当且仅当:

$$\arg\max_{c(x_1, \cdots, x_n)} \left\{ p(c_j) \prod_{i=1}^{n} p(x_i \mid c_j) \right\}, 1 \leqslant j \leqslant m \tag{3.3.7}$$

概率 $p(c_j)$ 为先验概率,$p(x_i \mid c_j)$ 为条件概率,可以从训练样本值中得到,如式(3.3.8)所示。

$$\left.\begin{array}{l} p(c_j) = \dfrac{N_{1c_j}}{N_t} \\[3mm] p(x_i \mid c_j) = \dfrac{N_{ic_j}}{N_{k_j}} \\[3mm] p(x_i \mid c_j) = \dfrac{1/N_t}{N_{k_j} + n_i/N_t} \end{array}\right\} \tag{3.3.8}$$

式中:N_t 为训练集的总样本个数;N_{k_j} 为类标属性值为 c_j 的样本个数;N_c 为类的个数;N_{ic_j} 为类 c_j 中属性 X_i 的属性值为 x_i 的样本个数;n_i 为离散属性 X_i 的属性个数。

(二)基于无向图的贝叶斯算法描述

基于无向图的贝叶斯(Graph Augmented Bayes,GAB)模型在朴素贝叶斯模型的基础上,考虑了属性间的联系,则基于 GAB 的分类器表达式为

$$\arg\max_{c} \left\{ p^n(c) \left[\prod_{i=1}^{n} p(a_i \mid c) \prod_{j=1}^{n-1} \prod_{j=i+1}^{n} p(a_i, a_j \mid c) \right] \right\} \tag{3.3.9}$$

对式(3.3.9)中的先验概率 $p(c)$、条件概率 $p(a_i \mid c)$ 和联合概率 $p(a_i, a_j \mid c)$ 的计算为

$$p(c) = \frac{N_{1c} + 1/N_c}{N_t + 1}$$

$$p(a_i \mid c) = \frac{N_{ic} + 1/n_i}{N_{lc} + 1} \qquad (3.3.10)$$

$$p(a_i, a_j \mid c) = \frac{N_{ijc} + 1/(n_i \times n_j)}{N_{lc} + 1}$$

式中：N_t 为训练集样本总数；N_{1c} 是类为 c 的样本数；N_c 为类的个数；N_{ic} 为类 c 中属性 A_i 的属性值为 a_i 的样本个数；N_{ijc} 是类 c 时，满足 $A_i = a_i$ 且 $A_j = a_j$ 的样本个数；n_i 为离散属性 A_i 的属性个数。

利用 GAB 分类器对数据集进行分类，尤其是在小样本分类上可以取得比朴素贝叶斯网络较好的分类性能，这对于作战目标价值分析这样的可实际获得的数据少的情况十分有利。

(三)基于贝叶斯分类器的目标价值等级评估模型

对于目标价值等级评估模型的建立，首先综合考虑战场目标中各种信息源及其之间的相互作用关系，建立相应的指标体系。在总结文献的基础上，认为目前的目标价值分析主要采用3级指标体系。

(1)一级指标：目标价值等级指标。通过目标的价值大小来体现其所具有的重要性。

(2)二级指标：目标综合属性指标。该级指标要将目标融合于复杂的战场态势和作战进程中，既要考虑目标的物理属性，又要考虑和作战环境、时间、火力等因素间的互相影响，同时，还要体现出基于体系作战能力对网络中关键节点的衡量。

(3)三级指标：目标单项指标属性。该级指标是将上级指标属性在相关领域进一步细化和量化，是对上一级属性的分类和解释。

通过指标体系的建立，可以建立基于贝叶斯分类器的目标价值等级模型，如图 3-3-13 所示。

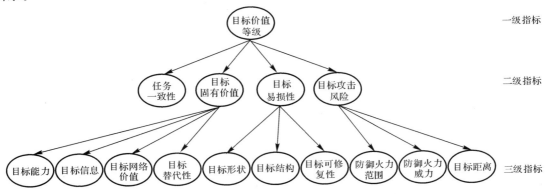

图 3-3-13　基于贝叶斯分类器的目标价值等级模型

(1)任务一致性：反映了目标对主要作战行动的影响程度与部队遂行火力打击任务的作战目标的关系。与主要作战任务方向越一致，目标价值越大。

(2)目标固有价值：目标固有的物理属性所体现的目标价值，主要包括目标能力、目标信息、目标网络价值和目标替代性。

（3）目标易损性：目标在受到攻击时是否容易损坏的一种特性。目标的易损性主要与目标的形状、目标结构不坚固程度和可修复难易程度等因素有关。

（4）目标攻击风险：目标对完成作战任务的危害程度和妨碍程度。它有可能是敌方借助火力等直接打击我方作战力量；也可能对敌方后续作战产生积极的影响。影响因素主要包括防御火力范围、威力和目标间距离等。

在三级评估模型中，其二级指标体系（综合目标价值属性）中，各属性间有可能存在着相互依赖的联系，可以通过 GAB 建立它们的量化关系，并利用式（3.3.9）对目标实例进行等级评估。

对于第三级指标，由于它是一种单项指标，涉及的范围比较专业和狭窄，同级之间可能的依赖关系比较少，因此可以忽略其相互关系。所以，可以沿用式（3.3.7）作为其分类器。

（四）仿真分析

限于篇幅，本节以目标价值体系中的二级指标为例进行价值等级评估。经过相关领域专家判断，选取 15 个目标样本，分别采用相应的三级评分语言来表示。取前 10 个样本作为训练集，最后 5 个样本为测试集，如表 3 - 3 - 6 所示。

表 3 - 3 - 6　样本数据表

样本编号	任务一致性	目标固有价值	目标易损性	目标攻击风险	目标价值等级
1	非常吻合	高	高	高	高
2	非常吻合	高	中	高	中
3	一般吻合	高	低	高	中
4	一般吻合	高	低	高	低
5	不吻合	高	低	高	低
6	一般吻合	中	中	中	中
7	非常吻合	中	中	中	高
8	一般吻合	低	高	低	低
9	不吻合	中	高	中	低
10	非常吻合	低	高	低	中
11	非常吻合	高	低	高	中
12	非常吻合	低	高	低	中
13	不吻合	中	低	中	低
14	不吻合	低	高	低	低
15	一般吻合	中	中	中	中

首先，利用基于无向图的贝叶斯算法进行仿真，利用式（3.3.10）对模型进行训练，然后用式（3.3.9）进行分类；其次，利用朴素贝叶斯算法进行仿真对比，利用式（3.3.8）对模型进行训练，利用式（3.3.7）进行分类。

仿真结果：

（1）利用基于无向图的贝叶斯算法建立评估模型后，对 5 个测试样本的测试结果 100% 正确;而利用朴素贝叶斯算法进行分类,将第 15 个样本错误的分类为"低"目标价值。

(2)虽然 2 种算法在其余 4 个测试样本分类都正确,但是基于无向图的贝叶斯算法更加突出正确目标分类的概率。比如第 13 个样本,基于无向图的贝叶斯算法评估目标等级为低、中、高的概率分别为 4.387×10^{-10}、3.502×10^{-14} 和 1.246×10^{-13},为低的概率是其余 2 种概率的 10 000 和 1 000 倍,差别非常明显;而基于朴素贝叶斯算法的目标等级为低、中、高的概率为 0.889、0.044 5 和 0.066 7,三者最高的差距也就是 20 倍。

仿真分析表明,造成 2 种算法分类效果不同的原因主要是样本中目标固有价值、目标易损性和目标攻击风险三者之间是有联系的:目标固有价值高,敌方往往会重点防护,所以造成目标比较坚固并且防御力量强大。基于无向图的贝叶斯算法正是考虑到属性间的联系,对目标的分类更为精确;而朴素贝叶斯算法尽管分类性能也不错,但是其属性间相互独立的假设造成其在某些条件下分类效果不够理想。

第四节 重 心 理 论

一、算法概述

"重心"是物理概念,是物体的支撑点。所谓重心是指物体处于任何方位时,各节点的重力合力都通过的那一点。任何实体网络结构都存在重心节点,其特征为与其相连接的各边受力相同,即该节点为整个网络结构的平衡点。这里是指敌人作战体系或某一作战子体系核心支撑目标,突击该目标最有效实现作战意图。通过重心概念可知:节点相连接各边承受重量的差别越小,则该节点距离重心越近。本节定义重心偏离度以衡量某节点的相连接各边受力的最大差异。在图 3 - 4 - 1 所示网络体系中,G 为重心偏离度最小的节点,从网络体系构架分析,摘除 G 必定会造成整个体系的崩解。

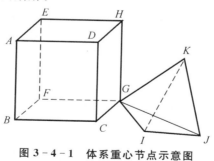

图 3 - 4 - 1 体系重心节点示意图

在运用重心理论进行目标分析与选择时,关键是正确鉴别敌方易受攻击,而且易于实现作战意图的重心所在。不同的作战样式和作战目的,打击的重心有所不同。在海湾战争中,盟军作战目的是彻底摧毁伊拉克装备力量,进而占领科威特,因此,打击的目标多为指挥控制机构、共和国卫队等军事目标;在科索沃战争中,"联盟力量"作战目的是摧毁敌人发动战争和实施战争的能力和意志。因此,美国空军在目标选择时,运用"五环重心"理论,打击的重心有五类目标,即指挥控制机构、生产设施、基础设施、影响民心目标和野战部队。

二、算法计算流程

重心算法设计的总体思路是:一是利用战前梳理汇总出的理想目标清单、目标属性表和目标关联表,融合生成作战体系超网络;二是利用目标属性表计算各节点、边和子网络的重量分值;三是利用重心偏离度算法对超网络进行重心偏离度分析;四是根据目标打击清单中各目标的重心偏离度确定火力打击目标排序。算法流程图如图3-4-2所示。

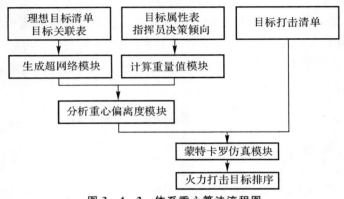

图 3-4-2 体系重心算法流程图

(一)生成超网络

超网络的概念是美国科学家 Sheffi 等在处理交织网络时提出的,特指高于而又超于现存网络的网络,超网络也可看作是网络的网络,体现出超越一般网络的复杂性和涌现性。超网络理论对作战体系建模产生重要影响,主要体现在:一是超网络可将现存作战数据分类并形成相互关联的网络数据,赋予数据全新的信息描述与解释;二是超网络的层次概念适用于作战模块和作战进程区分,便于在作战进程中实时筛选并简化数据量,提升数据计算效率;三是超网络的宏观性配合战场各类传感器的实时数据,以及最新的数据挖掘和深度学习算法,能够在海量数据中匹配出单一网络无法探查出的新特征,并以众多新特征提升整体作战能力。为了区分作战体系网络与各子网络,将作战对抗体系超网络划分为如下子网络:指挥控制网、侦察情报网、防空火力网、远程火力网、近程火力网和后方保障网。各子网络的划分原则如表3-4-1所示。

表 3-4-1 子网络划分表

子网络名称	划分范围
指挥控制网	指挥控制节点、信息传输节点
侦察情报网	侦察情报节点、信息传输节点
防空火力网	直升机起降点、防空阵地、指挥控制节点、侦察情报节点、信息传输节点
远程火力网	地地导弹阵地、炮兵阵地、机动打击炮队、指挥控制节点、侦察情报节点、信息传输节点
近程火力网	支撑点、坦克分队、迫击炮阵地、指挥控制节点、侦察情报节点、信息传输节点
后方保障网	后方指挥所、后方保障节点、信息传输节点

（二）计算重量值

对重量值做出定义：重量值用以衡量某节点（或边、子网络）在超网络中能够发挥出的使用价值，即使用程度越高，则重量分值越大。设超网络中的第 i 条边同时被 k 个子网络包含，则定义其重量为 k，设第 j 个节点的重要程度分值为 C_j，对我方威胁程度分值为 W_j，易毁程度分值为 Y_j，机动能力分值为 J_j；指挥员决策倾向权重分值为 K，则重量 Z_j 计算公式为

$$Z_j = K\frac{C_j + W_j + Y_j + J_j}{4} \tag{3.4.1}$$

式中，若第 j 个节点属于 r 个子网络，而指挥员决策倾向为每个子网络赋予不同权重时，则 K 的计算公式为

$$K = \max\{K_1, K_2, \cdots, K_r\} \tag{3.4.2}$$

设第 k 个子网络中包含有 m 条边和 n 个节点，第 i 条边的重量为 Z_i，第 j 个节点的重量为 Z_j，则第 k 个子网络的重量 Z_k 的计算公式为

$$Z_k = \sum_{i=1}^{m} Z_i + \sum_{j=1}^{n} Z_j \tag{3.4.3}$$

（三）分析重心偏离度

通过对重心概念的界定，重心节点应为所有节点中各边重量差异最小的节点，本节将重量差异命名为重心偏离度。重心偏离度用以衡量某节点在超网络中的平衡状态，重心偏离度越小，则该节点在超网络中的位置越接近重心，在超网络中发挥的体系支撑作用越大。计算关键节点的重心偏离度算法描述如下：

（1）从该节点出发，累加与其相邻的所有边的重量；

（2）从与其相邻的所有边出发，累加能够访问到的下一个节点的重量（不允许重复访问）；

（3）重复步骤（1）和（2），直至访问到邻接子网络或者访问不到下一个节点为止；

（4）若访问到邻接子网络，则累加相连的所有邻接子网络重量之和；

（5）若访问不到下一个节点，则返回累加的重量值；

（6）设节点序号为 i，该节点共有 n 条边与其相连接，各边传递的重量为 $Z_j (1 \leqslant j \leqslant n)$，则重心偏离度 p_i 计算公式为

$$p_i = \max\{Z_1, Z_2, \cdots, Z_n\} - \min\{Z_1, Z_2, \cdots, Z_n\} \tag{3.4.4}$$

（7）重复步骤（1）～（6），计算出所有节点的重心偏离度。

（四）统计目标排序

使用重心偏离度算法即可计算出各实体目标的打击排序，由于排序结果是依据指挥员决策倾向的主观赋值计算得出的，易造成排序结果的失真，因此引入蒙特卡罗仿真实验方法对排序结果进行统计分析，主要步骤如下：

（1）确定指挥员的决策倾向限制条件，并根据限制条件随机生成权重序列；

（2）根据权重序列调用体系重心算法计算火力打击目标排序，保存排序结果；

（3）重复步骤（1）和（2），整理统计排序结果，生成各目标的打击排名统计情况输出。

三、实例分析

输入初始条件：战时动态获取的目标打击清单如表 3－4－2 所示。

作战筹划阶段拟制的理想目标清单、目标属性表和目标关联表如表3-4-3～表3-4-5所示。

设指挥员决策倾向为"防空火力网＞侦察情报网＞指挥控制网＞远程火力网＞近程火力网＞后方保障网"。根据体系破击思想确定火力打击目标排序，具体计算流程如下：

(1)生成超网络。首先根据理想目标清单和目标关联表生成超网络。

(2)计算重量值。设指挥员主观决策权重为防空火力网6分、侦察情报网5分、指挥控制网4分、远程火力网3分、近程火力网2分、后方保障网1分，则根据表3-4-1计算所有边的重量；根据公式(3.4.1)计算所有节点的重量；根据公式(3.4.3)计算所有子网络的重量。子网络重量如表3-4-6所示。

表3-4-2　目标打击清单

目标编号	目标性质	目标分类	坐标
M101	旅指挥所	指挥控制节点	
M102	营指挥所	指挥控制节点	
M201	战场监视器	侦察情报节点	
M202	雷达站	侦察情报节点	
M203	通信枢纽	信息传输节点	
M204	电子对抗分队	信息传输节点	
M301	直升机起降点	火力打击节点	
M302	防空阵地	火力打击节点	
M303	地地导弹阵地	火力打击节点	
M304	炮兵阵地	火力打击节点	
M305	支撑点	火力打击节点	
M306	支撑点	火力打击节点	
M307	坦克分队	火力打击节点	
M308	迫击炮阵地	火力打击节点	
M401	弹药库	后装保障节点	

表3-4-3　理想目标清单

目标编号	目标性质	目标分类	坐标
M101	旅指挥所	M303	地地导弹阵地
M 12	营指挥所	L408	炮兵阵地
L103	营指挥所	L409	炮兵阵地
L104	营指挥所	M304	炮兵阵地
L105	后方指挥所	L411	支撑点
L201	无人机站	L412	支撑点
L202	战场监视器	M305	支撑点

续表

目标编号	目标性质	目标分类	坐标
M201	战场监视器	M306	支撑点
L204	战场监视器	L415	支撑点
L205	侦察组	L416	机动打击炮队
L206	侦察组	L417	机动打击炮队
L207	侦察组	M307	坦克分队
M202	雷达站	L419	坦克分队
L301	通信枢纽	L420	坦克分队
M203	通信枢纽	M308	迫击炮阵地
L303	信息保障组	L422	迫击炮阵地
L304	信息保障组	L501	油库
M204	电子对抗分队	L501	弹药库
L401	直升机起降点	M401	弹药库
M301	直升机起降点	L503	维修小组
L403	防空阵地	L504	维修小组
M302	防空阵地	L505	维修小组
L405	防空阵地	L506	工程保障队
L406	地地导弹阵地	L 507	工程保障队

表 3 - 4 - 4　目标属性表

目标性质	目标重要程度	对我威胁程度	易毁程度	机动能力
旅指挥所	5	0	2	2
营指挥所	4	0	4	3
后方指挥所	5	0	3	2
无人机站	5	0	5	4
战场监视器	3	0	5	0
侦察组	3	0	5	4
雷达站	5	0	4	3
通信枢纽	5	0	4	2
信息保障组	3	4	5	3
电子对抗分队	4	5	5	3
直升机起降点	5	5	3	0
防空阵地	5	5	3	0
地地导弹阵地	4	4	4	1
炮兵阵地	3	3	3	3

目标性质	目标重要程度	对我威胁程度	易毁程度	机动能力
支撑点	3	3	2	0
机动打击炮队	3	3	3	3
坦克分队	3	2	3	4
迫击炮阵地	2	0	4	3
油库	4	0	5	0
弹药库	4	0	5	0
维修小组	2	0	4	4
工程保障队	5	0	4	5

表 3 - 4 - 5 目标关联表

	指挥控制节点	侦察情报节点	信息传输节点	火力打击节点	后方保障节点
指挥控制节点	0	1	1	1	1
侦察情报节点	1	0	1	0	0
信息传输节点	1	1	1	1	1
火力打击节点	1	0	1	0	0
后方保障节点	1	0	1	0	1

表 3 - 4 - 6 子网络重量表

子网络名称	重量
防空火力网	519.50
后方保障网	201.75
近程火力网	573.50
远程火力网	544.00
侦察情报网	271.75
指挥控制网	193.00

(3)分析重心偏离度。以 M_{101} 为例,根据重心偏离度算法,与 M_{101} 相连接的边传递重量 Z_{101} 分别为

$$Z_{101} = \begin{vmatrix} 41.2 & 32.5 & 32.5 & 32.5 & 37.5 & 37.5 \\ 37.5 & 37.5 & 41.0 & 41.0 & 41.0 & 41.0 \\ 48.5 & 38.0 & 38.0 & 38.0 & 38.0 & 38.0 \\ 29.0 & 29.0 & 28.2 & 28.2 & 28.2 & 22.5 \\ 22.5 & 22.5 & 22.5 & 22.5 & 27.5 & 27.5 \\ 25.0 & 25.0 & 25.0 & 24.0 & 24.0 & 18.7 \\ 18.7 & 18.7 & 19.0 & 19.0 & 19.0 & 19.0 \end{vmatrix}$$

根据公式(3.4.4),算 M_{101} 的重心偏离度 P_{101} 为 29.75。进而求得各实体节点的重心偏离度,如表 3 - 4 - 7 所示。

表 3 - 4 - 7　实体目标重心偏离度

编号	重心偏离度	编号	重心偏离度
M101	29.75	M102	29.75
M201	22.00	M202	22.00
M203	49.00	M204	47.00
M301	19.00	M302	19.00
M303	19.00	M304	19.00
M305	19.00	M306	19.00
M307	19.00	M308	19.00
M401	44.25		

第五节　故障树分析

故障树分析(Fault Tree Analysis,FTA)技术是美国贝尔电话实验室于 1962 年开发的,它采用逻辑的方法,形象地进行危险的分析工作,特点是直观、明了,思路清晰,逻辑性强,可以做定性分析,也可以做定量分析。故障树分析是一种演绎推理法,这种方法把系统可能发生的某种事故与导致事故发生的各种原因之间的逻辑关系用一种称为故障树的树形图表示,通过对故障树的定性与定量分析,找出事故发生的主要原因,为确定安全对策提供可靠依据,以达到预测与预防事故发生的目的。

故障树分析从结果开始,自上而下逆向分析。从故障的结果开始,把不希望发生的事件作为顶事件,并用规定的逻辑符号表示,通过分析故障原因,逐步深入,直至找出故障树的底事件。它主要考虑基本事件对顶事件的影响,最终的分析可将中间事件去掉。

一、故障树的编制

故障树是由各种事件符号和逻辑门组成的,事件之间的逻辑关系用逻辑门表示。这些符号可分为逻辑符号、事件符号等。

(一)故障树的符号及意义

1.事件符号

(1)矩形符号:代表顶事件或中间事件,如图 3 - 5 - 1(a)所示,是通过逻辑门作用的、由一个或多个原因而导致的故障事件。

(2)圆形符号:代表基本事件,如图 3 - 5 - 1(b)所示,表示不要求进一步展开的基本引发故障事件。

(3)屋形符号:代表正常事件,如图 3 - 5 - 1(c)所示,即系统在正常状态下发挥正常功能的事件。

(4)菱形符号:代表省略事件,如图 3 - 5 - 1(d)所示,因该事件影响不大或因情报不足,因而没有进一步展开的故障事件。

（5）椭圆形符号：代表条件事件，如图 3-5-1(e)所示，表示施加于任何逻辑门的条件或限制。

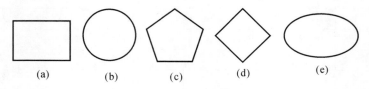

(a)　　　　(b)　　　　(c)　　　　(d)　　　　(e)

图 3-5-1　事件符号

2.逻辑符号

（1）或门：代表一个或多个输入事件发生，即发生输出事件的情况。或门符号如图 3-5-2(a)所示，或门示意图如图 3-5-3 所示。

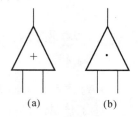

(a)　　　　(b)

图 3-5-2　逻辑符号

（2）与门：代表当全部输入事件发生时，输出事件才发生的逻辑关系，表现为逻辑积的关系。与门符号如图 3-5-2(b)所示，与门示意图如图 3-5-4 所示。

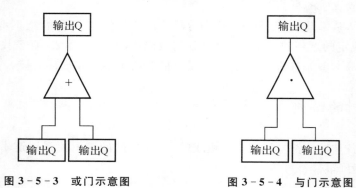

图 3-5-3　或门示意图　　　　图 3-5-4　与门示意图

（二）建树原则

故障树的树形结构是进行分析的基础。故障树树形结构正确与否，直接影响到故障树的分析及其可靠程度。因此，为了成功地建造故障树，要遵循以下基本规则。

1.逐步思考法则

编制故障树时，首先从顶事件分析，确定顶事件的直接、必要和充分的原因，应注意不是顶事件的基本原因。将这直接、必要和充分原因事件作为次顶事件（即中间事件），再来确定它们的直接、必要和充分的原因，这样逐步展开。

2.基本规则 I

事件方框图内填入故障内容，说明什么样的故障，在什么条件下发生。

3.基本规则Ⅱ

对方框内事件提问："方框内的故障能否由一个元件失效构成？"如果对该问题的回答是肯定的，把事件列为"元件类"故障。如果回答是否定的，把事件列为"系统类"故障。"元件类"故障下，加上或门，找出主因故障、次因故障、指令故障或其他故障。"系统类"故障下，根据具体情况，加上或门、与门等，逐项分析下去。主因故障为元件在规定的工作条件范围内发生的故障。

4.完整门规则

在对某个门的全部输入事件中的任一输入事件作进一步分析之前，应先对该门的全部输入事件做出完整的定义。

5.非门规则

门的输入应当是恰当定义的故障事件，门与门之间不得直接相连。在定量评定及简化故障树时，门门连接可能是对的，但在建树过程中会导致混乱。

二、故障树分析步骤

（一）确定所分析的系统

确定分析系统即确定系统所包括的内容及其边界范围。熟悉所分析的系统的整个情况，包括系统性能、运行情况、操作情况及各种重要参数等，必要时要画出工艺流程图及布置图。

（二）调查系统发生的事故

调查分析过去、现在和未来可能发生的故障，同时调查本单位及外单位同类系统曾发生的所有事故。

（三）故障树的建立

首先，确定故障树的顶事件。顶事件是指确定所要分析的对象事件。对所调查的事故进行全面分析，从中找出后果严重且较易发生的事故作为顶事件。然后，调查与事故有关的所有原因事件和各种因素。最后，按建树原则，从顶事件起，一层一层往下分析各自的直接原因事件，根据彼此间的逻辑关系，用逻辑门连接上下层事件，直到所要求的分析深度，形成一株倒置的逻辑树形图，即故障树图，如图 3-5-5 所示。

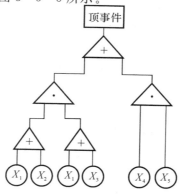

图 3-5-5　故障树图例

(四)定性分析

定性分析是故障树分析的核心内容之一。其目的是分析该类事故的发生规律及特点,通过求取最小割集和最小路集,找出控制事故的可行方案,并从故障树结构上、发生概率上分析各基本事件的重要程度,以便按轻重缓急分别采取对策。

(1)最小割集。设故障树中有 n 个基本事件,$X_1,X_2,\cdots,X_n$,C 是部分基本事件的集合。若 C 中的全部事件都发生时,顶事件必然发生,则称 C 是故障树的一个割集。如果 C 是一个割集,在 C 中任意去掉一个事件,C 就不是故障树的割集,则 C 是故障树的一个最小割集。图 $3-5-5$ 所示的故障树中的最小割集为 (X_1),(X_2,X_3),(X_4,X_5)。

(2)最小路集。设故障树中有 n 个基本事件,$X_1,X_2,\cdots,X_n$,D 是部分基本事件的集合。D 中的每一个事件都不发生时,顶事件才不发生,则称 D 是故障树的一个路集。如果 D 是一个路集,在 D 中任意去掉一个事件,D 就不再是路集,则 D 是故障树的一个最小路集。图 $3-5-5$ 所示的故障树中的最小路集为 (X_1,X_2,X_4),(X_1,X_2,X_5),(X_1,X_3,X_4),(X_1,X_3,X_5)。

(五)定量分析

定量分析包括确定各基本事件的故障率或失误率;求取顶事件发生的概率,将计算结果与通过统计分析得出的事故发生概率进行比较。

(六)安全性评价

根据损失率的大小评价该类事故的危险性。这就要从定性和定量分析的结果中找出能够降低顶事件发生概率的最佳方案。

三、故障树分析法的优、缺点

(一)故障树分析法的优点

(1)故障树的因果关系清晰、形象。对导致事故的各种原因及逻辑关系能做出全面、简洁、形象的描述,从而使有关人员了解和掌握安全控制的要点和措施。

(2)根据各基本事件发生故障的频率数据,确定各基本事件对导致事故发生的影响程度——结构重要度。

(3)既可进行定性分析,又可进行定量分析和系统评价。通过定性分析,确定各基本事件对事故影响的程度,从而可确定对各基本事件进行安全控制所应采取措施的优先顺序,为制定科学、合理的安全控制措施提供基本的依据。通过定量分析,依据各基本事件发生的概率,计算出顶事件发生的概率,为实现系统的最佳安全控制目标提供一个具体量的概念,有助于其他各项指标的量化处理。

(二)故障树分析法的缺点

(1)故障树分析事故原因是强项,但应用于原因导致事故发生的可能性推测是弱项。

(2)故障树分析是针对一个特定事故作分析,而不是针对一个过程或设备系统作分析,因此具有局部性。

(3)要求分析人员必须非常熟悉所分析的对象系统,能准确和熟练地应用分析方法,往往会出现不同分析人员编制的故障树和分析结果不同的现象。

（4）对于复杂系统，编制故障树的步骤较多，编制的故障树也较为庞大，计算也较为复杂，给进行定性、定量分析带来了困难。

（5）要对系统进行定量分析，必须事先确定所有基本事件发生的概率，否则无法进行定量分析。

四、基于故障树的目标打击分析

对系统目标进行打击是为了完成具有较重要的战役战术目的，通常只要使目标作战效能下降到无法完成其作战任务的程度就达到了作战意图，如航空母舰主要的作战工具是舰载机，使得对航空母舰的打击侧重于舰载机的作战保障系统；而机场的主要任务是起降飞机，对机场实施的打击主要在于机场跑道的毁伤与封锁。因此对系统目标的打击决策主要针对系统目标作战能力的损毁。

故障树分析方法是将系统最不希望发生的故障状态作为逻辑分析的目标，而对目标打击的目的就是造成目标发生其最不希望发生的故障，与故障树的研究思路是一致的，因此对系统目标的打击分析，就是分析如何打击使得目标最不希望发生的故障发生且打击的效率比最高。

（一）打击决策的故障树模型

故障树分析把系统最不希望发生的故障状态作为逻辑分析的目标，称为顶事件，继而找出导致这一故障状态发生的所有可能直接原因，称为中间事件。再跟踪找出导致这些中间故障事件发生的所有可能直接原因，一直追寻到引起中间事件发生的全部部件状态，称为底事件。用相应的符号及逻辑门把顶事件、中间事件、底事件连接成树形逻辑图，则成为故障树。对于航空母舰，设一个顶事件为"舰载机作战保障系统被毁伤"，则可构建其故障树，如图 3-5-6 所示。

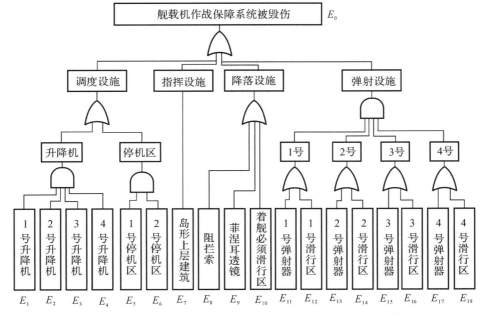

图 3-5-6　航空母舰舰载机作战保障系统故障树

故障树的割集是指系统的一些底事件集合,当这些底事件同时发生时,顶事件必然发生,而最小割集则是指割集中所含的底事件中任意除去一个时,集合不再为割集的底事件集合。一个最小割集代表系统的一种故障模式。

对于图 3-5-6 中的系统故障树,顶事件"舰载机作战保障系统被毁伤"为 E_0,则有:

$$E_0 = E_1 \times E_2 \times E_3 \times E_4 \times E_5 \times E_6 + E_7 + E_8 + E_9 + E_{10} +$$
$$(E_{11} + E_{12}) \times (E_{13} + E_{14}) \times (E_{15} + E_{16}) \times (E_{17} + E_{18}) \tag{3.5.1}$$

因此对于图 3-5-6 所示故障树,其最小割集分别为 $\{E_1, E_2, E_3, E_4\}$、$\{E_5, E_6\}$、$\{E_7\}$、$\{E_8\}$、$\{E_8\}$、$\{E_9\}$、$\{E_{11} + E_{12}\} \times \{E_{13} + E_{14}\} \times \{E_{15} + E_{16}\} \times \{E_{17} + E_{18}\}$ 展开所形成的 16 个集合。

由故障树的构造可知,任意一个最小割集中的各底事件同时发生,则故障树的顶事件必然发生。因此对系统目标进行打击时,目标故障树的最小割集中对应的部件正是导弹攻击的关键瞄准点。

(二)故障树底事件发生概率计算模型

对于面向打击决策建立的目标故障树,其底事件发生即底事件对应的部件被损毁。计算底事件发生的概率,即计算导弹攻击该底事件对应部件使得该部件损毁的概率。

不同部件评价是否被损毁的标准不同,有的可取 $0 \sim 1$ 损毁率,即只要导弹的杀伤半径触及该部件,则认为部件被损毁,有的则以部件被毁伤的面积来评估部件是否被损毁。

设目标在导弹打击平面投影的区域用 S 表示,导弹弹着点服从以瞄准点为中心的正态分布 $N(0, \sigma)$,导弹毁伤半径为 r:导弹击中位置坐标为 (x_0, y_0),则导弹本次打击的毁伤区域可以用式(3.5.2)表示。

$$O_r(x_0, y_0) = \{(x, y) \mid (x - x_0)^2 + (y - y_0)^2 \leqslant r^2\} \tag{3.5.2}$$

同时,设导弹的瞄准点为目标的几何中心(设该点坐标为 $(0, 0)$),则导弹造成目标损毁的概率如式(3.5.3)。

$$p = \iint\limits_{\varphi(A \cap O_r(x, y)) \geqslant e} \frac{1}{2\pi\sigma^2} e^{-\frac{x^2 + y^2}{2\sigma^2}} \, \mathrm{d}x\mathrm{d}y \tag{3.5.3}$$

其中,$\varphi(\cdot)$ 为求面积的函数,e 根据对应目标的毁伤律不同而选取不同的值,若目标服从 $0 \sim 1$ 毁伤律,即击中则损毁,则取 e 为一个接近于 0 的正数即可;若目标的损毁依据目标的毁伤面积来判定,通常认为毁伤面积大于目标面积的 60%,则认为目标被损毁,此时取 $e = 0.6\varphi(s)$。

(三)打击决策模型

得出每个部件在导弹打击下的损毁概率后,可建立导弹的打击决策表。由故障树的构造可知,欲使系统目标对应故障树顶事件发生,必须使故障树的至少一个最小割集中的所有底事件发生,也即必须造成某个最小割集对应的所有部件全部毁伤。

若对于整个系统目标,仅使用一枚导弹,要达到使系统目标作战功能丧失的目的,该导弹必须瞄准具有单一底事件的最小割集中的部件,该部件被导弹打击损毁的概率即为决策导弹瞄准该部件时系统的失效概率。对诸单一底事件的最小割集对应部件损毁概率进行排序,损毁概率最大的部件则为一枚导弹打击首选目标。

第四章 目标系统网络

系统网络分析技术是系统工程中常用的科学管理方法及优化分析技术,它从系统整体性原理出发,辩证地、定量地分析研究问题,能够有效研究网络类目标问题,实现网络类运行机理梳理与目标易损性分析,是网络类目标问题定量分析的主要手段。本章主要介绍系统网络、网络图建模、网络分析理论、基于系统网络分析方法的目标研究。

第一节 目标系统网络概述

网络理论的研究大致可以分为三个阶段:规则网络、随机网络、复杂网络。这几个阶段反映了人们对真实世界网络的认识过程。从目前的研究来看,对复杂网络的定义主要包含以下内容:

首先,它是大量真实复杂系统的拓扑抽象;

其次,复杂网络至少在感觉上比规则网络和随机网络复杂,就目前而言,还没有一种简单的方法能生成完全符合真实统计特征的网络;

最后,复杂网络是大量复杂系统赖以存在的拓扑基础。

因此对它的研究有助于理解"复杂系统之所以复杂的本质"。钱学森给出了复杂网络的一个较严格的定义,即具有自组织、自相似、吸引子、小世界、无标度中部分或全部性质的网络称为复杂网络。

第二节 网络分析基础

一、图的概念

图解建模法是一种采用点和线组成的、用以描述系统的图形或图的建模方法。图模型属于结构模型,可以用于描述自然界和人类社会中的大量事物和事物之间的关系。在建模中采用图论作为工具。按图的性质进行分析,为研究各种系统特别是复杂系统提供了一种有效的方法。

如果 V 是一个非空的有限集合,而 E 是 V 中元素的无序对组成的有限集合,则称 $G=(V, E)$ 是一个图,并把 V 的元素叫作图的顶点,E 的元素叫作图的边。

如果 V 是一个非空的有限集合,而 E 是 V 中元素的有序对组成的有限集合,则称 $G=(V, E)$ 是一个有向图,并把 V 的元素叫作图的顶点,E 的元素叫作图的有向边或边。在有向图中,

若 $e(u,v) \in E(G)$，则称 u 为 e 的起点或尾，e 为 u 的出边；称 v 为 e 的终点或头，e 为 v 的入边；称 u 为 v 的前趋，v 为 u 的后继。若两条或两条以上的边有相同的头和尾，则这些边称为平行边。

设 G 是一个图，G 的一个顶点和边的非空有限交错序列 $W = v_0 e_1 v_1 \cdots e_k v_k, k \in \mathbf{N}$，满足 $e_i = (v_{i-1}, v_i), i = 1, 2, \cdots, k$，则称 W 为一条 $v_0 - v_k$ 通道，v_0 为起点，v_k 为终点，$v_0, \cdots, v_{k-1}$ 为内顶点。如果起点与终点不同，则称为开通道，若相同则称为闭通道，没有重复边的通道称为迹，没有重复顶点的通道称为路。

若一个连通图中不存在任何回路，则称为树。由树的定义可得下列性质：

(1) 树中任意两节点之间至多只有一条边；

(2) 树中边数比节点数少 l；

(3) 树中任意去掉一条边，就变为不连通图；

(4) 树中任意添一条边，就会构成一个回路。

不难看出，任意一个连通图都是一棵树，或者去掉一些边后形成一棵树，这种树称为该连通图的生成树。一般来说，一个连通图的生成树可能不止一个。

若图 G 的每一条边都对应一个实数 $w(e)$，则称 $w(e)$ 为边 e 的权，并称图 G 为赋权图。有向图上各边赋以权数后，称为有向赋权图。赋权图在实际问题中十分有用，根据不同的实际情况，权数的含义可以各不相同。例如，可用权数代表两地之间道路的长度或行车时间，也可用权数代表某工序所需的加工时间等。

若 P 是 $v_i - v_j$ 的路，则路 P 的权 $w(P)$ 称为 P 的长，长最小的 $v_i - v_j$ 路称为最短路 $v_i - v_j$，最短路的长称为顶点 v_i 到 v_j 的距离，记为 $d(v_i, v_j)$。最短路有一个重要而明显的性质：最短路是一条路，且最短路的任一段也是最短路。

下面采用图论作为工具对城市公共交通网络进行建模，以了解如何运用图解建模方法来处理复杂系统模型。

二、网络分析基础

网络可以抽象地用一个图 $G = (V, E)$ 表示，其中 $V(G) = \{1, 2, \cdots, N\}$ 表示图 G 的顶点集合，N 表示网络的顶点总数，$E(G) = \{(u, v) \mid u, v \in V(G)\}$ 表示图 G 的边集合，如果 $(u, v) = (v, u)$，则图 G 是无向图，所表示的网络为无向网络，否则为有向图，所表示的网络为有向网络。

无向网络的基本几何量有：度及其分布特征、度的相关性、集聚程度及其分布特征、最短距离及其分布特征、介数（Betweenness）及其分布特征及连通集团的规模分布。有向网络的特殊静态几何量包括入度和出度的分布特征、基于顶点的出入度关联性、基于边的（入-出、入-入、出-入、出-出）度关联性、双向比、入集团和出集团的集聚程度。

（一）度及度分布

度是描述一个网络图的最基本的术语，节点 v_i 的度是指与此顶点连接的边的数量。在有向网络中，分为出度和入度。对于无向网络，出度和入度是一样的。度的研究主要包括度及其分布特征、度的相关性。对整个网络来说，节点的度越大，说明该点在网络中更为重要。网络中所有节点 v_i 的度权的平均值称为网络的（节点）平均度，记为 $\langle k \rangle$。例如：图 4-2-1 显示了包含 6 个节点的网络度分布的情况。

图 $4-2-1$ 网络节点集合为 $V = \{v_1, v_2, v_3, v_4, v_5, v_6\}$，节点的度分布为 $p(1) = 2/3, p(2) = 1/3$。

各个网络的度分布是不一样的。比如：Erdos 证明随机网络服从泊松分布。Watts 和 Strogatz 证明小世界网络的度分布呈指数规律递减。这几年的大量研究表明，生活中许多实际网络的度分布明显地不同于泊松分布。尤其在现实生活中广泛存在的是具有幂律度分布 $p(k): k^{-\lambda}$ 的复杂网络，例如因特网、万维网等。

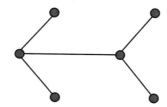

图 4-2-1　6 个节点的无向简单连通图

（二）网络的平均最短距离

网络中两点的最短路径 l_{ij} 定义为所有连通 i, j 的路中，所经过的其他顶点最少的一条或几条路径。记 i, j 之间最短路径的集合为 s_{ij}，相应的路径长度为 $d_{ij} = | l_{ij} |$。如果 i, j 之间不存在通路，那么记 $d_{ij} = N$，于是可以得到一个 $N \times N$ 的矩阵 $(d_{ij})_{N*N}$。其分布特征是一个重要的全局几何量。

网络的平均最短距离的数学表达式为

$$l = \frac{1}{N(N-1)} \sum_{i \neq j} d_{ij} \tag{4.2.1}$$

其中，d_{ij} 为节点 i, j 之间的最短路径长度。所有节点间的最短路径长度的最大值称为网络直径（network diameter）。大多数真实网络具有较小的平均最短距离。

（三）集聚系数

复杂网络的集聚系数（clustering coefficient）在生活中有很多表现。比如 A 同 B 和 C 是朋友，而 B 和 C 也是朋友，这种属性称为网络的聚类特性。用数学语言表述则是，对于节点 m，它的聚类系数 c_m 被定义为它所有相邻节点之间连边的数目占可能的最大连边数目的比例。其数学表达式为

$$c_m = \frac{e_m}{k_m(k_m - 1)} \tag{4.2.2}$$

先求出每个节点的聚类系数，然后再对每个节点的聚类系数求平均 —— 集聚系数，其计算公式如下：

$$c = \frac{1}{N} \sum_{m=1}^{N} c_m \tag{4.2.3}$$

生活中的许多现实网络都具有较大的集聚系数和较小的平均最短距离。

（四）度度相关性

度的相关性，即对于整个网络来说，度大的节点的连接是倾向于度小的节点还是度大的节点。研究者研究了生活中实际存在的很多网络，证明不同的网络存在不同的匹配模式，有正相关也有负相关。

为了细致完整地描述网络的结构,还要进一步考察度相关、簇度相关以及度权相关的水平。一个节点 i 有邻近节点的平均度记为

$$k_{nn} = \frac{1}{k_i} \sum_{j \in v(i)} k_j \qquad (4.2.4)$$

那么,度为 k 的所有节点的临近平均度为

$$k_{nn} = \frac{1}{N_k} \sum_{j \in v(i)} k_{nn,i} \qquad (4.2.5)$$

度度相关性表现的是节点之间相互选择的偏好性。研究说明,如果 $k_{nn}(k)$ 随 k 递增,即度大的节点优先连接别的度大的节点,则网络是正相关的;反之,这个网络是负相关的。Newman 通过研究,给出了一种方便的量化方法判断网络相关性,即计算网络节点度的 Pearson 相关系数 r。

(五) 网络的可生存性

网络的可生存性是指网络在遭受攻击或是出现故障时,依然能够及时完成任务的能力。网络的可生存性是衡量网络特性的重要指标之一,是基于网络连通性的概率测度的。因此,很多研究都是从网络的连通概率来对网络的可生存性做评价。

在研究中,连通概率一般来说有两种最主要的表示方法。一是在网络遭受破坏后幸存下来的网络中任意选取一个节点,所有能与它相连通的节点数占原网络节点数的百分率。二是指在遭受破坏后幸存下来的网络中,选出一个最大的连通子网络,其节点数的平均值(对所有样本做平均)占原网络节点数的百分率,即为网络的连通概率。在本研究中,连通概率测度主要采取第二种方法。同时,还研究了网络在面临不同攻击时对网络平均最短距离的影响。如果从一个连接的网络中去掉一个节点,这也同时去掉了与该节点相连的所有的边,从而使得网络中其他的点之间的一些路径中断。如果在节点 i 和 j 之间有多条路径,中断其中的一些路径可能会使这两个节点之间的距离 d_{ij} 增大,从而整个网络的平均路径长度 L 也会增大。如果节点 i 和 j 之间的所有路径都被中断,那么这两个节点之间就不再连通,如图 4-2-2 所示。

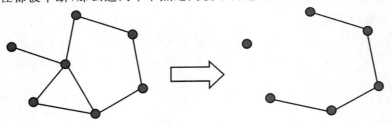

图 4-2-2　节点被移除后对网络的影响

本节主要考虑了两类节点去除策略:一是网络面临随机攻击策略,即完全随机去除网络中的部分节点;二是蓄意攻击策略,即从去除网络中度(边介数)最高的节点(边)开始,有意识地去除网络中一部分度最高的点(边)。以点为例:假设被攻击的点的比例为 f,可以用最大连通子图大小 S 和网络的平均最短距离 1 与 f 的关系来度量网络的可生存性。

Albert 和 Barabsi 比较了随机网络和无标度网络的连通性对于节点去除的网络的可生存性。航空运输因为对安全性有很高的要求,所以很容易受到外在因素的影响。以 2003 年发生的 SARS 而言,其就让中国的民航业的收入减少了将近一半。因此,研究交通网络的可生存性具有重要的意义。

三、复杂网络模型

为研究不同复杂网络如社会网、电网、新陈代谢网、计算机网等的几何特性,已有不少生成算法提出。在这些网络生成模型中,最初是研究随机网络模型,而且随机网络的 ER 模型一直沿用了近四十年。后来与真实网络相符的两类模型:Watts 和 Strogatz 提出的 WS 小世界模型以及 Barabási 和 Albert 提出的无标度模型得到了广泛的研究,因此很有必要了解这些基本的网络模型。

(一) 随机网络

随机网络模型最初由 Erdos 和 Renyi 在 1959 年提出的,其顶点的度值服从泊松分布。随机网络的示意图如图 4-2-3 所示。

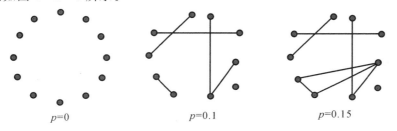

$p=0$ $p=0.1$ $p=0.15$

图 4-2-3 随机网络模型示意图

由复杂网络理论可知,随机网络的度分布为

$$p(k) = C_N^k p^k (1-p)^{N-k} \tag{4.2.6}$$

当网络的规模很大时,随机网络模型的度分布近似于泊松分布:

$$p(k) = e^{-pN} \frac{(pN)^k}{k!} = e^{-\langle k \rangle} \frac{\langle k \rangle^k}{k!} \tag{4.2.7}$$

其中,$\langle k \rangle$ 为平均度。图 4-2-4 给出了 ER 模型的节点度分布图。由图可以看出,在 $\langle k \rangle$ 附近处有最大值 $p\langle k \rangle$,随着 k 的增大 $p\langle k \rangle$ 迅速衰减,对固定的 k,当 N 趋于无穷大时,最后的近似等式是精确成立的。

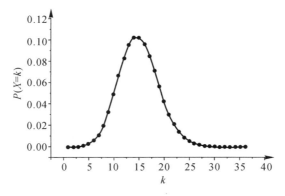

图 4-2-4 随机网络模型度分布图

随着人们对随机网络认识的深入,发现随机网络和实际网络统计结果存在差异,随机网络具有大的平均最短路径 L 和小的聚集系数 C，但是实际网络的 C 远远大于随机网络模型得到的结果。对于很多现实网络进行分析发现，这些网络具有小世界特性，就是网络有比较小的平均最短路径和比较大的聚集系数。

（二）小世界网络

和完全随机图不一样，Watts 和 Strogtgz 引入了一个有趣的模型网络，称为 WS 小世界模型（small world networks）。小世界网络反映了朋友关系网络的一种特性，即大部分的朋友都是他们的邻居或者同事；另一部分是比较远的，甚至远在国外。近几年研究发现，大量的真实网络具有小世界效应，见表 4-2-1。

表 4-2-1　典型复杂静态几何量对比表

网络	规模	聚类系数	平均直径长度	连接度分布的负幂指数
互联网域层	327 110	0.24	3.56	2.1
互联网路由器层	228 298	0.03	0.51	2.1
万维网	153 127	0.11	3.1	$r_{in} = 2.1 r_{out} = 2.45$
软件中的类模块	1 376	0.06	6.39	2.5
电话线路	329	0.34	3.17	2.5
语言	460 902	0.437	2.67	2.7
电影演员合演	225 226	0.79	3.65	2.3
数学家合作	70 975	0.29	9.05	2.5
公交网络	不详	无	无	2.24

其中，r_{in} 表示入边的负幂指数，r_{out} 表示出边的负幂指数。

（三）无标度网络

ER 随机图和 WS 小世界模型的共同特征是网络的连接度分布可近似用柏松分布来表示，该分布在度平均值 $\langle k \rangle$ 处有一峰值，然后快速递减。近年来发现的复杂网络如万维网和新陈代谢网络的连接度分布具有幂律形式。由于这类网络的节点的连接度没有明显的特征长度，因此被称为无标度网络（scale-free network）。

无标度网络的一些特性包括：

1. 平均路径长度

BA 无标度网络的平均路径长度为

$$L \propto \frac{\lg N}{\lg \lg N} \tag{4.2.8}$$

这表明了无标度网络也具有小世界特性。

2. 集聚系数

BA 无标度网络的集聚系数为

$$C = \frac{m^2 (m+1)^2}{4(m-1)} \left[\ln\left(\frac{m+1}{m}\right) - \frac{1}{M+1} \right] \frac{[\ln(t)]^2}{t} \tag{4.2.9}$$

该式说明当网络足够大时，无标度网络不具有明显的聚类特征。

1965 年,Price 在研究科学引文网络时发现了网络的度分布服从幂律分布,但是当时这一结果并没有引起国际学术界的重视。1998 年,Barabasi 和 Albert 等展开一项描绘万维网(World Wide Web)的研究,他们原本以为会发现一个随机网络的泊松分布的"钟形图",结果意外地发现,万维网基本上遵循"幂律定律"。由于幂函数具有标度不变性,称这种度分布服从幂律分布的网络为无标度网络,无标度网络的发现真正掀起了国际上研究复杂网络的热潮。表4-2-2 说明了真实网络的一些无标度特性。

表 4-2-2　真实网络的无标度特性

网络类型	聚类系数 C	随机网络 C_{rand}	最短距离 L	网络规模 N
万维网	0.107 8	0.000 23	3.1	153 127
因特网	0.18 ~ 0.3	0.001	3.7 ~ 3.76	3 015 ~ 6 209
著作网	0.79	0.000 27	3.65	225 226
合著网	0.43	0.000 18	5.9	52 909
新陈代谢网络	0.32	0.026	2.9	282
食物链网络	0.22	0.06	2.43	134

第三节　网络图建模与分析

一、城市公共交通网络模型

城市公共交通系统网络属于城市智能交通系统的子系统,城市公交网络建模的重点是提出一个针对最优乘车路径快速搜索的解决方案,研究的对象是城市中公交车、地铁、轮渡等具有固定线路且按时按站顺序行驶的交通工具所组成的公共交通网络,而不包括出租车及其他私人车辆等自选线路行驶的交通上具。它只处理与已有的公共交通路径有关的信息,而不涉及车辆管理、城市建设、公交线路设计以及其他的 ITS 应用,力求提出一个简洁灵活的软件设计模型和一个合理高效的数学模型。

城市公交网络包含的两个最基本的元素就是线路和站点,本系统内的所有交通工具都包含这两个元素,并且具有相同的基本特征:每个站点都包含若干条线路,站点内这些线路用名字唯一标识;每条线路由一系列站点组成,并按一定的次序经过这些站点,一条线路上的所有站点都可以用名字唯一标识。路径搜索是建立在线路和站点的关系上的,搜索的结果应该是站点和路径的集合,表示如何乘车和怎样经过各个站点。在这个抽象层次上可以将不同种类的交通工具统一起来,将公交网络用线路和站点的集合来表示。同时,不同类型的交通工具的线路和站点也有自己的特点。像地铁、城市轻轨之类的有轨交通工具,机动性较小、速度快、准时,而且受路面条件和交通状况的影响很小,但是车次较少;轮渡是某些城市特有的交通工具,用于渡江,线路固定、速度慢、没有中间站点。这两种交通工具的行驶状况基本上可以看作是静态的,相对来说,公共汽车网络就复杂得多,而且也是城市公交系统的主要部分,下面详细分析这种网络的特点和表示方法。

一般来说,在具有交通枢纽位置的地段会有很多公共汽车线路经过,为了不至于在同一个站点停靠太多的汽车而阻塞交通,会在相隔不远的几个地方建几个车站分别停靠不同的线路来分流线路密集的压力。这些站点通常具有相同的名字,站点之间距离不远(如图4-3-1所示),一般可以认为在它们之间步行是可以接受的,这一点在搜索路径的时候尤其重要。公共汽车线路是比较复杂的,一般可以分为三类:

(1) 完全的双向线路,如图4-3-2所示。这种线路有两个端点站,在这两个端点站之间双向行车,而且两个方向上的行车路线是相同的,经过同样的站点序列和街道序列,但是线路上同一个名字的站点都是分列街道的两旁,所以同一个名字对应两个在地理位置上不同的站点。这种线路一般来说在两个方向上的交通状况是不同的,因为它们分别在左行线和右行线上行驶。

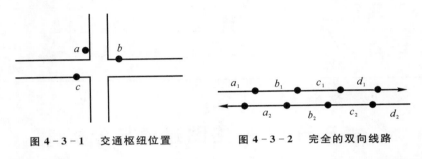

图4-3-1 交通枢纽位置　　　　图4-3-2 完全的双向线路

(2) 环形线路,如图4-3-3所示。这种线路的行车路线是单向的、环形的,线路内可以用名字唯一标识一个在地理位置上唯一的站点,这种线路表示起来比较简单。

(3) 部分路段是单行线的线路,如图4-3-4所示,有些在两个端点站之间双向行车的线路,在个别比较窄或者比较拥挤的路段会实行单向行车,而在其他的路段跟完全的双向线路特点一样,因此在这样的线路中两个方向的站点序列和街道序列会有部分不同,但是总体特点跟完全的双向线路类似。

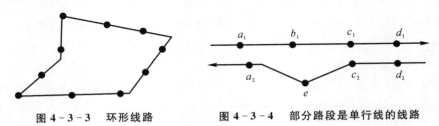

图4-3-3 环形线路　　　　图4-3-4 部分路段是单行线的线路

城市的交通状况是非常复杂多变的,整个城市公交网络是一个规模比较大的动态网络系统,而公交网络的最优路径搜索本质上是一个多目标的决策问题,人们在查询的时候往往是多种情况综合考虑。其中主要的因素是乘车时间、票价和转车的次数,这些因素有些是网络的静态特性或者在比较长的时期内是静态特性,比如转车次数和票价,另一些是随着交通状况的动态变化而变化的,比如乘车时间。而定义查询条件的本质就是定义一个以这些因素为自变量的函数,这样就能够将多目标决策转化成以函数值表示的单目标决策。

二、网络模型的有向图结构

通过前面的分析,如果用赋权图模型来表示公共交通网络将非常直观而且非常适合于最优路径搜索的问题,如果能够将查询条件转换成图的边权值,则最优路径搜索就可以化为赋权图的最短路问题。由于公交线路包含多种类型,而且在公共汽车网络中,不同方向的行车路线可以有不同的行驶情况,所以应该用有向图来表示。

公交网络的有向图有多种不同的表示方法,下面介绍两种比较合理的有向图模型。

(1)令图 $G = (V, E)$ 表示公交网络,V 是公交站点的集合。站点 v_i 到 v_j 有边,当且仅当 ① v_i 到 v_j 可以步行到达,或者 ② 有公交线路从 v_i 到 v_j 并且没有中间站点,如图 4-3-5 所示。

图 4-3-5　步行到达与没有中间站点情况下的边

(2)令图 $G = (V, E)$ 表示公交网络,V 是公交站点的集合。站点 v_i 到 v_j 有边,当且仅当下列三种情况之一成立:① 站点 v_i 到 v_j 有线路直达;② 存在通路 $v_i v_s v_j$,v_i 到 v_s 有车直达并且 v_s 到 v_j 之间可以步行到达;③ 存在通路 $v_i v_s v_j$,v_s 到 v_j 有车直达并且 v_i 到 v_s 之间可以步行到达,如图 4-3-6 所示。

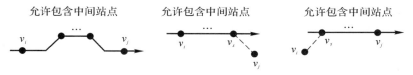

图 4-3-6　三种情况下的边

这里解释可以步行到达的概念。上面分析公交站点的时候提到有些站点相距很近,分别设置两个站是为了分流过多的经过线路,这样的站点之间就是可以步行到达的,这是为了让路径搜索的结果更合理。因为人们在实际乘车的时候一般情况下不拒绝这种步行,而且这样有可能得到比在原地等车好得多的方案,不过到底距离多少是相距很近则由具体的 ITS 应用来决定。其数值可以动态设置,也可以根据实际经验来静态设定。

上面两种模型各有各的优势,模型(1)是网络关系的直接反映,具有比较高的灵活性,边的数量少,因此数据量较小,而且比较直观;而模型(2)是在模型(1)的基础上经过前期处理后得到的,预先演算了网络中站点间的直达情况,但是数据量比较大,而且如果公交线路某处发生改变将影响较多的边。不过模型(2)在概念上更符合实际的乘车情况,在有直达线路时人们一般会将它当作一种完整的乘车计划而不是分成几个小段来考虑。最重要的是这种模型方便于将转车这种与边序列有关的制约条件与乘车时间等和当前边有关的制约条件统一起来,而这是能够运用图论中 Dijkstra 算法和 Floyd 算法等经典最短路径算法的基础。另外,由于我们还将在内存中构造网络的逻辑结构,按照软件模型的分析,这种逻辑结构等价于模型(1)的关联矩阵,更加合理、更加全面的选择是用模型(2)来作为网络的数学模型。

三、权值的设定

上述有向图的边表示两个站点之间的连接关系，而边的权值则用来量化这种关系，是路径优先等级的衡量标准，上文中已经分析了人们在查询过程中关心的各个因素，而这些因素是分摊在每条线路上的。假设这些因素由集合 C 表示，若令 $w_1 = f(C)$，则 w_1 就可以用来表示每条线路上综合了 C 中各种因素的权值，在上述有向图模型（2）的情形 ① 中，C 就是从 v_i 到 v_j 的公交线路上的综合因素；而在情形 ② 中，由于有步行的路段，w_1 还应该加上一个以步行距离 d 为自变量的函数值来表示查询人对步行的厌恶程度和步行的时间，即 $w_1 = f(C) + g(d)$；情形 ③ 与 ② 的计算方法一样。如果图中有多条从 v_i 到 v_j 的平行边，则 w_1 取所有情形中的最小值。

一般来说，在 C 的诸多因素中，人们主要考虑的是时间因素，当然，对某些特殊情况，票价也是会被重点考虑的。乘车时间是和多方面的因素相联系的，通常公共汽车是很难预计准确的到达时间的，而相比之下，有轨交通工具如地铁、轻轨列车等由于行驶环境比较稳定而具有比较严格的行驶时间表。公共汽车行驶条件的复杂性主要是源于城市道路交通状况的复杂性，在智能公交系统（ITS）中一个很重要的课题就是如何准确地计算公交线路的行驶时间，新加坡最新的实用 ITS 系统中就运用了全球定位系统来测量城市交通质量和公交的行驶情况。另外，除了道路的交通状况外，城市道路的交通规则也是一个重要因素，比如单行还是双行，路口如何转弯，等等。1997 年三位日本学者 Masa Aki，Hikaru Shimizu 和 Yoh Yonezawa 提出了一个基于交通通畅程度和交通信号灯变换频率的时间估算模型，在这里作简单介绍。

这个模型将交通状况分为拥挤和通畅两种情况，在通畅的情况下又分为有交通信号灯有转向控制信号和有交通信号灯没有转向控制信号两种情况，并假设在交通信号灯变为绿色之前车辆不能通过。在估算行驶时间时，将车辆的行驶方向分为直行、右转和左转。

（一）交通拥挤的情况

1. 直行时间

$$T_1(i,j,m,l,k) = P_g(t_{run} + t_g/2 + t_y + t_r + t_s + t_{cs}) +$$
$$P_y(t_{run} + t_y/2 + t_r + t_s + t_{cs}) +$$
$$P_r(t_{run} + t_r/2 + t_s + t_{cs})$$

其中，$t_{run} = (d - y_l)/v$，$t_{cs} = 1/\varphi$。

2. 右转时间

$$T_1(i,j,m,l,k) = P_g(t_{run} + t_g/2 + t_y + t_r + t_{dr} + t_s + t_{cr}) +$$
$$P_y(t_{run} + t_y/2 + t_r + t_{dr} + t_s + t_{cr}) +$$
$$P_r(t_{run} + t_r/2 + t_{dr} + t_s + t_{cr})$$

3. 左转时间

$$T_1(i,j,m,l,k) = P_g(t_{run} + t_g/2 + t_y + t_r + t_{dl} + t_s + t_{cl}) +$$
$$P_y(t_{run} + t_y/2 + t_r + t_{dl} + t_s + t_{cl}) +$$
$$P_r(t_{run} + t_r/2 + t_{dl} + t_s + t_{cl})$$

（二）交通通畅且有转向控制的情况

1. 直行时间

$$T_1(i,j,m,l,k) = P_g t_{run} + P_g(t_{run} + t_g/2 + t_r + t_s + t_{cs}) +$$

$$P_y(t_{run} + t_r/2 + t_s + t_{cs})$$

2. 右转时间

$$
\begin{aligned}
T_1(i,j,m,l,k) = & P_g[t_{run} + a_r(t_g/2 + t_y + t_r + t_{dr} + t_s + t_{cr}) + t_g(1 - a_r)/4] + \\
& P_y(t_{run} + t_y/2 + t_r + t_{dr} + t_s + t_{cr}) + \\
& P_r(t_{run} + t_r/2 + t_{dr} + t_s + t_{cr})
\end{aligned}
$$

3. 左转时间

$$
\begin{aligned}
T_1(i,j,m,l,k) = & P_g[t_{run} + a_l(t_g/2 + t_y + t_r + t_{dl} + t_s + t_{cl}) + t_g(1 - a_l)/4] + \\
& P_y(t_{run} + t_y/2 + t_r + t_{dl} + t_s + t_{cl}) + \\
& P_r(t_{run} + t_r/2 + t_{dl} + t_s + t_{cl})
\end{aligned}
$$

（三）交通通畅且没有转向控制的情况

1. 直行时间

$$T_1(i,j,m,l,k) = t_{run}$$

2. 右转时间

$$T_1(i,j,m,l,k) = t_{run} + t_{dr} + t_s + t_{cr}$$

3. 左转时间

$$T_1(i,j,m,l,k) = t_{run} + t_{dl} + t_s + t_{cl}$$

对于要经过多个路段和多个站点的车辆，总时间应该是

$$T_{OD} = \sum_{i,j} T_1(i,j,m,l,k) + \sum_n T_{v_n}$$

其中，T_{v_n} 表示车辆在站点 v_n 停靠的时间。

以上涉及的各参数意义的说明见表 $4-3-1$。

表 $4-3-1$　各参数的意义说明

参数	说明	参数	说明
i,j	信号灯所在的位置	t_{dl}	从直行绿灯到左转绿灯之间的转换时间
m	汽车行驶的方向	t_{cs}	汽车在直行路段的启动时间
l	一周中的哪一天	t_{cl}	汽车在左转路段的启动时间
k	时间	t_{cr}	汽车在右转路段的启功时间
t_{run}	通过这一路段需要的时间	t_s	汽车的启动延时
t_g	绿灯持续时间	q	当遇到红灯时等待前面通行的车辆数
t_y	黄灯持续时间	φ	在路口车流的饱和状态
t_r	红灯待续时间	d	路段长
P_g	遇到绿灯的概率	v	行驶速度
P_y	遇到黄灯的概率	y_l	前面等待通行的队列长度
P_r	遇到红灯的概率	a_r	遇到右转通道禁止通行的概率
t_{dr}	从直行绿灯到右转绿灯之间的转换时间	a_l	遇到左转通道禁止通行的概率

　　转车次数是一种针对站点的权值，但是一般的路径搜索算法都是以边权值为基础的，所以有必要将转车次数转变成边权值。这里借用乘车费用的思想增加一个转车权重 w_2 到每条边

上，转车权重的量化方式最终是折算成对 C 中各个变量的另一种赋值方案，令修改量的集合为 ΔC，而采用 w_1 中对 C 的量化关系 f，得到最后的边权值表示式：

$$w = w_1 + w_2 = f(C) + f(\Delta C) + g(d) \tag{4.3.1}$$

如果将 w_1 看成一般意义下的交通费用（时间和经济两方面的开销），则这种边权值表达式可以写成"边权值＝普通交通费用＋转车权重"。这样做的优点是将转车次数和其他的权值统一起来考虑，而且量化了转车的影响。如果将 w_2 设成动态配置，还可以根据查询者的不同要求来选择，这样的结果更符合实际情况，比如，如果多转车可以显著减少乘车时间的话，那这种方案应该比少转车的方案更优化。

$g(d)$ 和 w_2 的设定突出了心理作用在路径搜索中的影响，正如心理因素在经济中的影响一样，这种因素使人们在考虑方案的可行性的时候不仅仅考虑诸如时间和费用等客观条件，还会考虑主观对旅途舒适程度的一种喜好，这种喜好可以通过量化成边权值来体现。

实际的公交系统应该是一个实时的动态网络，对应的有向图的边权值应该是动态变化的，其动态性主要体现在以下两个方面：

（1）系统本身的动态性。由于路面的交通状况是实时变化的，所以对系统中主要的公共汽车运行网络来说，两个站点之间的行驶时间也是实时变化的，包括路口的交通信号灯、堵车、临时路面维修等情况都会影响行驶时间。

（2）查询条件的动态性。不同的查询者对影响权值的各种因素的关注程度不同，这将引起所有的函数关系，如 f 和 g 等发生变化，而且还有可能需要人为地限制一些线路，比如指定要通过哪座桥或者不通过哪座桥或者避开某些堵车的路段等。另外，不同的查询者可能对转车次数和其他因素之间的制约关系有不同的看法，这将影响 w_2 的取值。

第四节 复杂系统网络建模与分析

一、基于复杂网络的防空武器系统目标选择

某个地区的防空武器目标体系是一个由陆基防空导弹系统、空军战机防空系统、海基舰载防空武器系统，以及弹炮结合武器系统和小口径高炮系统按照一定的配置原则有机组成的、能够完成该地区防空拦截任务的作战体系。

不同的防空武器系统在战时担负不同的作战任务，根据系统自身的作战功能和配属的区域，对不同区域进行防空。依据复杂网络理论，可以定义防空武器体系网络，G 为由节点集和边集 E 组成的网络图，N 中元素称为节点或者顶点，E 中元素则称为边，E 代表总边数，N 代表节点总数。其中，导弹阵地、机场、高炮阵地等可以抽象化成节点 $V = \{v_1, v_2, \cdots, v_n\}$，将它们之间相互的信息联系抽象成边。为了更方便地进行研究，将其在防空区域上的互相替代关系也抽象为边，即 $E = \{e_1, e_2, \cdots, e_n\}$，当网络是有向图时，矩阵 A 是非对称的 0-1 矩阵；当网络是加权网络时，A 中的非零元素代表边权。

（一）防空网络模型的建立

本节选取某地区防空武器体系作为研究对象，基于防空武器体系的网络拓扑性质，构建基

于复杂网络的防空武器体系网络模型,选取 11 个执行拦截打击任务的防空系统目标进行目标选择研究与分析。

防空武器目标担负任务各不相同,但是它们都是执行防空作战任务,都是为打击敌空中威胁服务的。为此,本节利用各防空武器目标之间的替代关系来描述它们之间的联系。例如,A 目标与 B 目标各自担负一定作战任务,假如 A 目标被摧毁,B 目标是否可以替代 A 目标执行作战任务,在多大程度上可以替代。本节对此类防空目标之间的替代关系进行量化,将其抽象成节点之间的边,将替代程度抽象为边的权重。

下面构建加权有向图来描绘防空武器体系网。具体定义如下:

(1)如果 A 目标与 B 目标作战功能可以相互替代,则定义 A 与 B 之间有边相连接。

(2)在满足条件(1)的情况下,假如 A 目标被摧毁,B 目标可以替代 A 完成部分防空作战任务,则定义 A 指向 B;如果 B 目标被摧毁,A 目标可以替代 B 目标完成部分防空作战任务,则定义 B 指向 A。

(3)每处防空目标的配置都具有一定的原则,其所担负的作战任务是一定的,各处防空目标在战时的协助关系也是规定好的。本节利用这种原则将目标之间的替代程度抽象为边的权重。

构建网络模型主要研究防空目标之间的功能替代关系,对各节点权重不予考虑。通过这样的规则描述,各防空目标之间就构成了一张 n 个节点和 m 条边的复杂网络,可以用 $n×m$ 阶邻接加权矩阵来表示。

心理学家米勒的实验表明,在对不同事物进行辨别时,普通人能够正常区别的等级在 5~9 级之间。可以将定性评判的语言值通过一个量化标尺直接映射为定量的数值,本节采用 5 级标度来对各目标之间的替代关系程度进行定量描述,如表 4-4-1 所示。

表 4-4-1 作战替代关系赋值表

替代程度	强	较强	中	较弱	弱
权值	0.9	0.7	0.5	0.3	0.1

目标 TS 与其本身之间的功能替代联系为 0,故主对角线值皆为 0。当两个目标彼此无替代关系时,没有边相连,矩阵中元素为 0。目标 TS1 是 A1 导弹阵地,主要担负某地区的中高空、中近程防空作战任务,假如目标 TS1 被摧毁,则各处目标对 TS1 的替代关系如下:目标 TS2 是 A2 导弹阵地,其主要担负某地区的防空作战任务,TS2 与 TS1 地理位置相距较近,在防空区域上可以互相补充,TS2 可以较好地替代 TS1 完成防空作战任务,TS2 指向 TS1,边权重为 0.9;目标 TS4 是 A4 导弹阵地,主要担负某地区东北方向的中、低空防空作战任务,且其地理位置距 TS1 较近,对 TS1 具有部分替代关系,TS4 指向 TS1,边权重为 0.1;目标 TSS 为 AS 导弹阵地,担负某地区西北方向的中、低空防空作战任务,其距目标 TS1 较远,考虑到地理位置因素,故认为 TSS 对目标 TS1 无替代关系,二者无边相连接。目标 TS8 为 A8 空军基地,主要遂行某地区防空作战任务,其作战能力较强,但是考虑到地理位置因素,TS8 指向 TS1,边权重为 0.7。其他目标之间关系可以根据目标具体情况求得。用邻接矩阵来表示各目标之间的替代关系如下:

$$A = \begin{bmatrix} 0 & 0.9 & 0.9 & 0.9 & 0.9 & 0.9 & 0.7 & 0 & 0.7 & 0.7 & 0.9 \\ 0.9 & 0 & 0.9 & 0.9 & 0.9 & 0.9 & 0.5 & 0.7 & 0.7 & 0.7 & 0.9 \\ 0.9 & 0.9 & 0 & 0.9 & 0.9 & 0.9 & 0 & 0.5 & 0.7 & 0.7 & 0.9 \\ 0.1 & 0 & 0 & 0 & 0.5 & 0 & 0.3 & 0 & 0 & 0 & 0.3 \\ 0 & 0 & 0 & 0.3 & 0 & 0.5 & 0 & 0 & 0 & 0 & 0 \\ 0 & 0.1 & 0 & 0 & 0.5 & 0 & 0.1 & 0.1 & 0 & 0.1 & 0 \\ 0.5 & 0.3 & 0.5 & 0.7 & 0 & 0.5 & 0 & 0 & 0.3 & 0.3 & 0.5 \\ 0.7 & 0.9 & 0.7 & 0.3 & 0 & 0.7 & 0 & 0 & 0 & 0.9 & 0 \\ 0.9 & 0.9 & 0.9 & 0.9 & 0 & 0.9 & 0.9 & 0 & 0 & 0 & 0.5 \\ 0.9 & 0.9 & 0.9 & 0 & 0.7 & 0.9 & 0.9 & 0.9 & 0 & 0 & 0.5 \\ 0.9 & 0 & 0 & 0.9 & 0.5 & 0.5 & 0.7 & 0 & 0.1 & 0 & 0 \end{bmatrix}$$

（二）网络模型的实现

1.基于节点重要性的目标选择研究

根据复杂网络理论,复杂网络中的每一个节点重要程度是不同的,不同节点的重要程度反映了网络中节点所起的作用。例如,无标度网络中的关键节点有比其他节点多得多的连接。节点重要程度的不同,也反映出复杂网络的不均匀性。寻找复杂网络的重要节点,对于研究网络的性质、制定正确的策略和措施非常重要。

通过以上对防空武器体系中节点属性的分析可以看到,在防空作战过程中,一些目标在作战网络中具有非常重要的作用和影响力,如果对其进行摧毁和打击,将会对作战进程的推进和作战目的与意图的实现起到非常重要的作用。为此,通过对具体目标所代表的网络节点在网络中的拓扑参数进行分析和研究,从而为判断该目标在作战体系中的重要性提供可靠依据。

作战体系效能的发挥需要体系内的各个目标共同协作,按照一定的组合规则完成某项功能。假如某个节点失效,即某个目标遭到摧毁或者打击,将对网络功能的发挥产生一定影响,也可以通过节点移除后,体系效能遭受的影响或者其能够继续完成既定任务的能力来衡量该节点的重要程度,在作战体系中,即为目标的重要性或者影响力,从而为目标选择人员在决策时提供依据。

网络效率可以通过节点间的最短路径来计算,公式为

$$E(G) = 2/(N(N-1)) \sum e_{ij}$$

其中,节点 i,j 之间的效率 e_{ij} 定义为 $e_{ij} = 1/d_{ij}$。

如果节点 i,j 间没有路径,无论是直接的还是间接的,则 $e_{ij} = 0$;d_{ij} 是节点 i,j 之间的最短路径长度。当网络是完全连通网络的时候,网络效率等于 1。

2.节点拓扑参数的计算

在所构建的网络模型中,不同节点发挥的作用不同,其拓扑参数也各不相同,拓扑参数值体现了它们在网络中的不同地位,利用 pajek 仿真软件对网络中的各个节点拓扑参数进行计算,为下一步制定不同攻击策略提供数据支持,各节点的拓扑参数值见表 4 - 4 - 2。

在一个网络中,每次移除网络中的一个节点,那么同时与该节点相连的边也被移除,从而可能导致网络中一些节点之间的联系中断。假如在两个节点 i 与 j 之间包含多条路径,中断其中一些路径将会导致两个节点之间距离 d_i 增大,从而整个网络的平均路径长度 l 也会增

大。如果节点 i 和 j 之间所有路径都被切断，那么两个节点就不再连通了。网络的整体效能将会随着一个个节点的不断移除而降低，为此，采用不同的攻击策略来对网络进行模拟攻击，从而判断哪种策略可以更好地实现意图。

表 4 - 4 - 2　不同节点的拓扑参数值

节点参数	TS1	TS2	TS3	TS4	TS5	TS6	TS7	TS8	TS9	TS10	TS11
度值（A）	7.5	8	8	1.2	1.1	0.9	4.3	5.6	8.6	8.3	3.6
介数（B）	0.039	0.023	0.009	0.014	0.007	0.042	0.095	0.060	0.085	0.053	0.008
聚类系数（C）	0.745	0.751	0.756	0.732	0.719	0.744	0.736	0.770	0.799	0.753	0.810
紧密度（D）	0.831	0.796	0.778	0.607	0.663	0.596	0.734	0.691	0.783	0.771	0.635

3.基于不同攻击策略的模拟仿真及分析

由于网络的整体效能随着节点的不断移除而降低，为此，本节采用不同的攻击策略来对网络节点进行移除，模拟蓄意攻击，从而判断哪种策略可以更好地实现我方的作战意图。基于不同策略的攻击方式，会给网络效能的变化带来不同的效果。根据上文中得出的基于不同参数的排序结果，分别采用基于节点度值（A）、基于节点介数（B）、基于节点聚类系数（C）和基于节点紧密度（D）的四种不同攻击策略，对防空武器体系网络进行模拟攻击，对攻击结果进行模拟仿真。

（1）基于度值的攻击策略。基于度值的攻击是指将网络中的节点按照度值大小依次移除。每次移除一个节点后，对其网络效率进行计算，从而衡量网络效能的变化。这也从侧面反映了该节点在网络中的重要性。随着节点移除过程中网络效率变化的趋势来直观地观察网络效率的变化，用仿真图对这一过程进行模拟。网络中节点度值的排序以及网络效率的变化如表 4 - 4 - 3 所示，网络效率的变化趋势如图 4 - 1 - 1 所示。

表 4 - 4 - 3　基于节点度值的目标排序和网络效率变化

节点	TS1	TS2	TS3	TS4	TS5	TS6	TS7	TS8	TS9	TS10	TS11
排序	3	4	5	9	10	11	7	6	1	2	8
网络效率	0.291	0.221	0.181	0	0	0	0.139	0.147	0.498	0.362	0.113

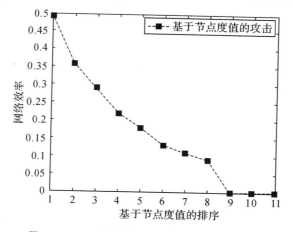

图 4 - 4 - 1　基于度值攻击的网络效率变化图

从图4-4-1可以清楚地看出：网络效率随着节点的不断删除持续降低。这就意味着防空作战网络的作战效能在不断下降，曲线大致呈抛物线型，在对排序为1～5的目标进行攻击时，随着攻击的持续进行，网络效率下降较快；对排序6～8目标进行攻击时，网络效率变化不大，当前8个目标完全被摧毁后，整个防空武器网络基本丧失功能。

（2）基于介数的攻击策略。节点介数在网络中体现的是该节点在网络中的枢纽性，节点介数值越大，意味着其在网络中的枢纽地位越重要。基于介数的模拟攻击是指按照网络中节点介数值的大小依次对其移除，观察网络效率变化情况。防空武器体系网络中节点介数值的排序以及节点移除后网络效率如表4-4-4所示。

表4-4-4　基于节点介数值的目标排序和网络效率变化

节点	TS1	TS2	TS3	TS4	TS5	TS6	TS7	TS8	TS9	TS10	TS11
排序	6	7	9	8	11	5	1	3	2	4	10
网络效率	0.119	0.091	0.038	0.048		0.131	0.472	0.211	0.313	0.165	0

（3）基于聚类系数的攻击策略。节点聚类系数是衡量节点与其相邻节点关系的指标。聚集系数越大，其与相邻节点关系就越密切。基于节点聚类系数的攻击是指按照节点紧密度值的大小顺序依次移除节点，观察网络效率的变化。基于节点聚集系数的排序和网络效率的变化如表4-4-5所示。

表4-4-5　基于节点聚类系数的目标排序和网络效率变化

节点	TS1	TS2	TS3	TS4	TS5	TS6	TS7	TS8	TS9	TS10	TS11
排序	7	6	4	10	11	8	9	3	2	5	1
网络效率	0.193	0.275	0.361	0	0	0.152	0.128	0.396	0.442	0.301	0.485

（4）基于节点紧密度的攻击策略。基于节点紧密度的攻击就是按照网络中节点紧密度值的大小排序，依次移除网络中的节点，观察网络效率的变化情况。基于节点紧密度值的排序和网络效率的变化情况如表4-4-6所示。

表4-4-6　基于节点紧密度的目标排序和网络效率变化

节点	TS1	TS2	TS3	TS4	TS5	TS6	TS7	TS8	TS9	TS10	TS11
排序	1	2	4	10	8	11	6	7	3	5	9
网络效率	0.463	0.415	0.336	0	0.133		0.211	0.163	0.395	0.269	0.119

二、交通网络脆弱性分析

（一）某地公交网络模型

A市公交网络模型的建立主要是根据"A市公交网"网站上公布的数据，A市共有231条公交线路（包括10条旅游专线以及10条客运公司小中巴）和1 035个公交站点，共有5 036条边。为研究公交站点之间关系，需建立停靠站点的复杂网络。建模方法为：顶点是公交汽车的停靠站点，如果存在一条公交线路同时经过两个站点，且该线路在这两个站点之间没有其他站点（即两站点在线路上相邻），则在这两个站点间连一条边，连接所有站点间的边则形成了 A 市公交网络。

（二）Pajek 软件概述

Pajek 软件是一种大型的网络分析软件，是特别为处理大数据集而设计的网络分析和可视化程序。它运行在 Windows 环境中，用于上千及至数百万个节点大型网络的分析和可视化操作。在斯洛文尼亚语中 Pajek 是蜘蛛的意思。研究者于 1996 年 11 月应用 Delphi（Pascal）语言，开始开发 Pajek，其中的一些程序由 Matjaz Zaversmk 提供。当看到现有的几种大型网络已有机器可读格式时，开发者萌发了开发 Pajek 的动机。Pajek 向以下网络提供分析和可视化操作工具：合著网、化学有机分子、蛋白质受体交互网、家谱、因特网、引文网、传播网（AIDS、新闻、创新）、数据挖掘（2-mode 网）等。

Pajek 是一款基于 Windows 的大型网络分析和可视化软件，该软件仅限于非商业用途，可以通过网络免费获取最新版本。

和许多网络分析软件不一样的是，Pajek 可以处理包含几百万甚至几千万个节点的大型网络，突破了很多软件只能处理较小规模数据的瓶颈。它也可以同时处理多个网络，甚至可以处理二模网络和时间事件网络（时间事件网络包括某一网络随时间的流逝而发生的网络的发展或进化）。对于大规模的网络，Pajek 会将其分解为很多小规模的网络，然后在研究的过程中，我们可以应用经典算法进行需要的操作，然后执行一系列的命令，由 Pajek 强大的可视化功能将网络分析处理的结果以图或是文档格式输出。

Pajek 提供了多种数据输入方式，例如，可以从网络文件（扩展名 NET）中引入 ASCII 格式的网络数据。网络文件中包含节点列表和弧/边（arcs/ed ges）列表，只需指定存在的联系即可，从而高效率地输入大型网络数据。Pajek 支持比如 TXT、Excel 数据格式等。我们按照 Pajek 要求的格式生成 txt 文档，然后将其转化为 net 文件，Pajek 就可以将该网络识别出来。如果是 Excel 文档，则可以用 Pajek 的专用转换软件来实行，操作简单方便。Pajek 的主窗口共有 17 个菜单，分别包括文件（6 种数据对象的输入/输出操作）、网络（（net 处理一个网络，nets 可以同时处理多个网络）、操作（操作前需要输入网络或者其他数据）、分类（分类只需要一个输入）、向量（使用多种向量操作）、排序（只需将排序作为输入）、类（只有类和分类可作为输入）、层次（只需要输入层次）、选项（包括读写等）、信息（网络信息等的查询）和绘图等。具体来说，"网络"菜单包括网络变换，它可以对网络进行一系列操作，比如删除边点，找出网络的最短路径等；还可以输入已知条件，生成随机网络；对网络进行层次分解，如聚类分解和均衡无环分解等；"分类"菜单则包括生成空分类：即生成选定维数的空分类；规范化分类：将分类转换成规范的形式（节点 1 在类 1 中，具有最小值且和节点 1 不在同一类中的临接节点在类 2 中，以此类推）；生成网络：即从分类中生成网络。"向量"菜单包括生成选定维数的识别向量（如果在记忆体内有一个网络的话，缺省维数为选定网络的规模）、从给定向量中抽取子向量和根据分类中的类收缩向量形成新向量。在进行绘图操作时，屏幕上会弹出一个独立的绘图窗口，主要包括布局、图层、仅图形、退回到前一次操作、重绘、选项、导出和移动等详细操作，这会根据输入的数据绘制出需要的网络图形，而且还可以将其导出为 bmp 等格式的文件。

（三）公交网络的拓扑结构分析

1.度和度分布

将整理好的 A 市公交网络数据输入 Pajek 后，执行 net-partition-degree-input 命令，然后编辑该网络的度,即可以得到每个节点度的数量;然后保存该报告为.clu 文件,改成 txt 文档就可以得到每个点的度分度,然后进行下一步的计算。

通过 SPSS 软件计算 A 市公交网络的平均度为 7.73,也就是说,平均每个站点有 7 到 8 个交通路线通过。根据计算得到了表中的节点构成了 A 市公交网络的主要结构,见表 4-4-7,这些公交站点的度值都很大,反映了这些公交站点相比其他公交站点更加的重要,而在实际中也是如此,在这些站点等车的人数要远多于其他站点等车的人数,它们则是 A 市公交网络中的"hub"。

表 4-4-7　公交网络的"hub"节点

枢纽节点名称	度	枢纽节点名称	度
Z1	66	Z13	42
Z2	63	Z14	40
Z3	54	Z15	40
Z4	54	Z16	40
Z5	52	Z17	40
Z6	52	Z18	40
Z7	52	Z19	38
Z8	48	Z20	38
Z9	46	Z21	38
Z10	46	Z22	38
Z11	44	Z23	36
Z12	42	Z24	36

根据 A 市公交停靠站点网络模型,经过 SPSS 统计分析,其节点的度分布曲线如图 4-4-2 所示。

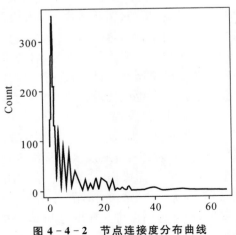

图 4-4-2　节点连接度分布曲线

A 市公交站点网络在双对数坐标下度分布图如图 4-4-3 所示。其中,横坐标是节点度值的对数,纵坐标是累计概率的对数。

通过对 A 市公交网络度的统计分析,可以从图 4-4-3 中得到有 87.93% 的节点的度值在 10 以下,有 10.53% 的点在度值在 10~40 之间,而节点度值为 40 以上的节点的比例只占了 1.54%,形成了以"Z2""Z3"为代表的极少数度值极大点。由图可以看出,A 市公交网络的节点度的概率分布基本呈现出一条直线,表明 A 市公交网络的节点度分布是服从幂律分布的,经过拟合,幂指数为-2.53。从 A 市公交网络节点的累积概率的双对数曲线,可以看到其近似于一条直线,说明其累积概率也符合幂律分布。经过拟合,其幂指数为-2.1。通过对节点度分布指数的分析,位于 2~3 之间的复杂网络性质为无标度网络,而 A 市公交网络正是这种类型的网络。无标度网络为研究公交网络的复杂性和进行公交网络规划提供了新的思路。例如:点的连接度可以作为节点重要度的衡量标准,通过节点重要度评估找出那些重要的"枢纽节点",可以重点保护这些"枢纽节点"来提高整个公交网络的可靠性。

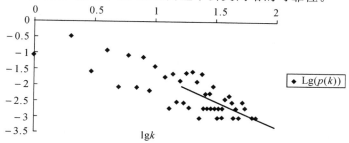

图 4-4-3 A 市公交站点网络在双对数坐标下的度分布

2.度度相关性

A 市公交站点网络为无标度网络,即具有择优连接的特性。先在 Pajek 中将网络去掉多重边,导出一个 1 427×2 的 Excel 数据表,表的每一行体现了点与点的直接相连关系,纵向表示公交路线走向。再将网络数据按节点的度分类,然后将分类文件导出,生一个 1 035×3 的 Excel 数据表,表的每一行体现每一个节点的名称、编号和度。接着把这两个数据表导入到 Microsof SQL Server 2000 生成数据库文件,最后用 Delphi 7 对这两个数据表进行编程,于是得到了 A 市公交网络的度度相关性,如图 4-4-4 所示。

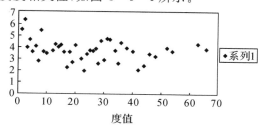

图 4-4-4 A 市公交网络的度度相关图

由图 4-4-4 可知,A 市公交网络是一个无标度网络(节点数很多,1 035 个),当 $k \leqslant 20$ 时,公交网络总体上是负相关的。当网络 $20 \leqslant k \leqslant 32$ 时,网络正相关,$k \geqslant 32$ 时,基本上是一条直线,没有明显的相关性。这个结果可能和 A 市人口多、站点多有一定关系。此结论反映 A 市公交站点网络中平均邻接度与度值大致成正比,即节点度值越大越倾向于连接其他度值大的节点。

3. 聚类系数

聚类系数 c_i 反映 A 市公交线路的密集情况，其数值为优化公交网络提供数据理论指导。对于城市公交网络来说，网络的建设会选择距离较近的两节点增加连边等措施，而距离较远的两节点一般不考虑直接连接，这样费用较高且地理结构不允许，因此可参考聚类系数合理添加线路，节省人力、物力。

由 Pajek 可以计算出 A 市公交网络的聚类系数为 0.010 89，反映各个站点附近公交线路的密集程度。这个结果说明 A 市的公交站点相对比较密集。

4. 平均最短路径

A 市公交网络的平均最短路径长度表示如下：

$$l = \frac{1}{N(N-1)}\left(\sum_{i \neq j} d_{ij}\right) \tag{4.4.1}$$

其中，$N=1\,035$ 为网络节点数。在 Pajek 中执行 net-path between 2 vertices-distribution of distance-from all vertices 命令，经过计算，A 市公交网络的平均最短路径长度为 16.765 55。这说明在 A 市公交网络中任意两个站点间有 15~16 个站点。其中龚家铺和白浒小学两点之间的距离最大，为 53，同时也可以得出，此时，网络是一个全连通图。

5. 公交网络的边权分布

为了更直接地揭示停靠站点在公共交通网络中的作用，可以为停靠站点网络赋权，使之成为加权复杂网络。定义边的权重为边所在的公交线路的数目，即每两个站点之间有多少路公交经过该路段，也反映了该地段在交通网络中的重要性，在对公交网络的可生存性进行分析时，面对蓄意打击，可以从具有较高边权的地段开始模拟中断。根据 A 市公交站点网络，得到了表 4-4-8 中的 A 市公交网络中边权值最大的 20 条边，它们对应的路段在公交网络中的重要性比较大，在考虑公交网络的规划与建设时应该优先考虑这些路段。

表 4-4-8 A 市公交网络中边权值最大的 28 条边

起点	终点	边权	起点	终点	边权
Z6	Z4	26	Z30	Z32	15
Z4	Z7	26	Z32	Z37	15
Z11	Z12	21	Z17	Z33	15
Z25	Z13	21	Z33	Z39	15
Z13	Z21	19	Z7	Z11	15
Z21	Z10	19	Z1	Z2	14
Z1	Z24	18	Z2	Z3	14
Z24	Z22	18	Z12	Z28	14
Z26(Z23)	Z25	17	Z10	Z12	14
Z7	Z11	16	Z22	Z20	14
Z19	Z20	15	Z20	Z6	14
Z27	Z1	15	Z6	Z4	14
Z20	Z6	15	Z28	Z30	14
Z28	Z30	15	Z4	Z7	14

6.A 市公交网络无标度特性定性分析

由上面的计算结果可知：A 市公交站点网络中度值大于 40 的站点，共 15 个，只占了总数的 1.54%，极少的节点拥有极大的度（称为 hub 点），这是无标度网络的一个显著特点。因此可以得出 A 市公交网络是一个典型的无标度网络。网络各个节点度值直接反映该站点地理位置上的交通状况，若节点度较大，说明通过该站点的公交线路方向繁杂，应对该处的交通秩序加强管理，可以通过修建天桥、地下通道等措施来缓解交通压力。根据复杂网络理论的解释，通过以下定性的分析可知，A 市城市公交网络具有无标度特性。

（1）网络规模的增长性。根据 A 市统计局及 A 市公交网的有关数据资料，2010 年目标：建成区任意两点间公共交通可达时间不超过 50 分钟；公交在城市交通总出行中的比例为 30% 以上；公共汽电车平均运营速度为 20 千米/小时以上，准点率为 90% 以上。站点覆盖率按 300 米半径计算，建成区大于 50%，中心城区大于 70%。2020 年目标：建成区任意两点间公共交通可达时间不超过 50 分钟，公交在城市交通总出行中的比例为 35% 以上；城市公交（轻轨、快速公交系统、公共汽电车）平均运营速度为 25 千米/小时以上，准点率 95% 以上。站点覆盖率按 300 米半径计算，建成区大于 60%，中心城区大于 80%。这表明 A 市城市公交网络的发展是稳步提升的。

（2）节点的偏好依附性。在城市公交网络中一定存在几个流量大的公交站点，可以称为"公交网络 hub 点"。这些枢纽点在城市公交网络中起着至关重要的作用，由于其吸引力要比其他节点大，所以新加入到网络中的节点更容易与之连接，这就是通常所说的"富者愈富"的思想。A 市公交网络中度值大于 40 的节点有 15 个，枢纽站点的分布符合现实生活。例如：度值分别为 66 和 63 的 Z2 站和 Z1 离的很近，而且附近有归元寺、龟山电视塔、黄鹤楼（著名的旅游景点）；附近还有 A 市长江大桥，是连接武昌和汉阳的枢纽；离 Z24、汉阳长途客运站仅一站，附近还有市五医院、市汉阳医院、墨水湖中学、A 市钢铁集团等。所以，Z2 的度值最大是有道理的，正好印证了"富者愈富"的思想。

（3）网络的容错性。整个公共交通网络表现出整体的稳健性和超强的容错性，如果随机删除一条公交线路或站点对整个网络影响可能不大。因为对于整个 A 市公交网络来说（A 市共有 231 条公交线路和 1 035 个公交站点），共有 5 036 条边，故可换乘的站点还有很多。

（4）网络的脆弱性。A 市公交网络中被视为公交枢纽点的具有高节点分布度的节点，其在蓄意打击中表现出脆弱性。通过研究分析发现，无标度网络中的 5% 的核心节点被攻击，网络就会崩溃。例如：如果删除重要的枢纽站点如动物园枢纽或者主干线路如 300 路公交线，那么可能公交网络上的客流就会不能很好的分配，从而影响整个网络的效率。

由于 A 市公交网络具有如上特性，从实证上证实了 A 市公交网络是一个无标度网络。

（四）A 市公交网络的可生存性分析

1.攻击模式分析

一般情况下，复杂网络通常面临着两种攻击：随机性攻击和蓄意攻击。本节主要研究航空网络和 A 市公交网络在这两种攻击模式下可靠性的变化情况。根据 A 市公交网络的实际情况，分别对随机性攻击和蓄意攻击进行具体的假设。

2.随机攻击假设

随机攻击即以一定比例 f 随机移除节点，网络在随机破坏作用下的网络可生存性。比如对于 A 市公交网络来说,在攻击时主要是按比例随机地截取网络中的一些节点,从而来看网络面对随机攻击时的影响。人们可以根据 Pajek 强大的网络分析能力和计算能力来评价 A 市公交网络的平均路径长度。因此在此基础上进行随机性攻击,具体操作流程如图 4-4-5 所示(以 A 市公交网络为例):

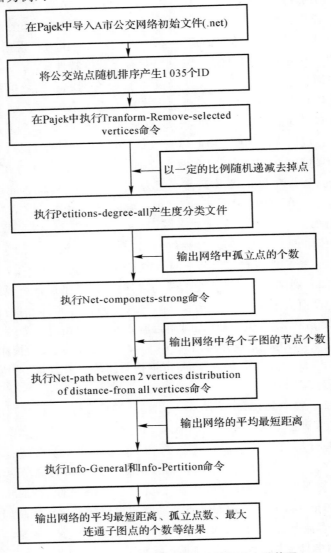

图 4-4-5 Pajek 环境下网络随机攻击计算图

对于公交网络而言,主要是意外的交通事故造成道路的拥堵或是封闭属于随机攻击。

3. 蓄意攻击假设

所谓的蓄意攻击是指网络中节点或是边按一定的规律进行攻击。与随机攻击不一样的是,如果是删除网络中的节点,则从网络中度值最高的节点开始,逐步删除,直到网络不连通,可生存性为 0。如果是按照边介数进行比较,则是按照边介数的大小逐渐删除。在这里主要考虑怎样攻击节点或是边使 A 市公交网络受到最大的破坏,让网络能够尽快的崩溃。因此在这里先去除 A 市公交网络中度最高的节点。比如在 A 市公交网络中,攻击站点依次为度值从大到小的车站,即 Z1-Z2-Z3-Z4-Z5-Z6-Z7-Z8-Z9-Z10 等。然后再执行 Pajek 中的一系列命令,同上随机删除节点的命令,然后,统计计算攻击后航空网络的主干网络和 A 市公交网络的各项评价指标。同样,按照边介数的大小,去掉网络中相应的边,得出需要的数据,再进行分析比较,得出这两个网络的可生存性大小。

4. 基于点的随机攻击时 A 市公交网络的可生存性分析

对于 A 市公交网络来说,节点度大的站点数目相对很少。所以,如果攻击这些度值很大的节点,那对网络的整体性能影响非常大。在 A 市公交站点中,有像 Z2、Z1、Z3 这些站点,如果在这些站点进行施工使得站点的畅通性被破坏,那么整个交通将会变得非常糟糕。因此,有必要对 A 市公交网络在面临随机攻击和蓄意攻击时网络的可生存性做一个评估。

在评估中,可以通过比较受攻击前后的平均路径长度的变化来讨论网络的可生存性。平均最短路径 L 越短,网络的连通性就越好。因此在这里,从 A 市公交网络在面对不同打击的情况下的平均距离的相对大小来评估 A 市公交网络的可生存性。这里的平均最短路径是指破坏后 A 市公交网络的最短路径。

根据 A 市公交网络模型,建立 A 市公交网络模型,此模型对于随机攻击和蓄意攻击的结果分析如图 4-4-6 所示。

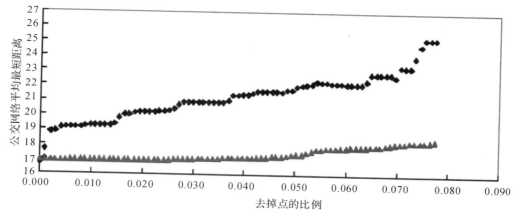

图 4-4-6　A 市公交网络的平均路径长度在不同攻击模式下的变化曲线图

图 4-4-6 中纵坐标表示 A 市公交网络的平均最短路径长度,横坐标表示在蓄意攻击和随机攻击时的车站占总的车站的比例。

图 4-4-7 给出了与 A 市公交站点网络在蓄意攻击和随机攻击下网络的最大连通分支节点数的变化趋势图。

图 4-4-7 显示了 A 市公交网络遇到随机攻击和蓄意攻击时网络的结构变化情况。由图 4-4-7 可以看出,当 A 市公交网络中节点出现随机故障时,网络的最大连通子图中节点的数量下降的速度很快,近似于一条直线。当网络中 $f=0.1$ 的节点被随机攻击,出现故障后的网络最大连通子图的节点数量大约是原网络节点数量的 85%。这时,A 市公交网络的基本上没有被很大程度的破坏。当在网络中 $f=0.25$ 的节点被随机攻击时,那么被破坏的网络中最大连通分支的节点数量大概是原网络总节点数量的 20%。直到网络中 $f=0.333$ 的节点发生随机故障,网络的最大连通子图相对大小为 $S=0$,网络崩溃,A 市公交网络已经完全不连通。

  根据图 4-4-6 可以看出,A 市公交网络的平均最短路径长度随着网络中出现随机故障节点比例的上升而变大,但是这种变化很缓慢。主要原因可能是 A 市公交网络属于无标度网络,其中度值低于 10 以下的点占了整个网络节点的 80% 左右。所以,在随机选取节点的同时度值较小的节点被选取的几率就大。这样,对网络的平均距离的影响则较小。直至当网络中 33.3% 的节点遭遇随机故障时,网络遭到严重破坏,A 市公交网络连通度变为 0。

  A 市公交网络在面对随机打击时对网络几乎没有什么影响,这主要是由 A 市公交网络的拓扑结构决定的。A 市公交网络是一个典型的无标度网络,网络只有少量的"hub"节点,而网络中 80% 的点的度都不到 10,所以面对随机打击,去掉的都是度较小的点,这对网络的影响就比面对蓄意攻击时要大得多。

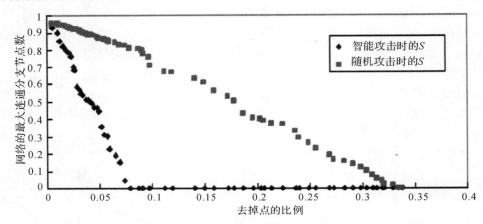

图 4-4-7 最大连通子图的相对大小在不同攻击模式下的变化曲线

  5. 基于点的蓄意攻击时 A 市公交网络的可生存性分析

  由图 4-4-7 可以看出,当对 A 市公交网络中的节点按度的大小从大到小被攻击时,网络的最大连通分支中的节点数量减少的非常快。当蓄意攻击 A 市公交网络中的度值最大的 2% 的节点(Z1-Z2-Z3-Z4-Z5-Z6-Z7-Z8-Z9-Z37 等站点)后,A 市公交网络的最大连通子图中的节点数量大概是被攻击前 A 市公交网络节点数量的 80%,这说明公交网络中的大部分节点还是连通的,这时网络的可生存性相对较好。当攻击度值为前 5% 节点时,网络中最大连通子图的节点数为原来 A 市公交网络的 20%,这说明网络的可生存特性已经很差,网络基本不连通。直到当蓄意攻击网络中度值最大的 7.8% 的节点后,A 市公交网络完全断开,所有的点都成为孤立点,网络瘫痪。

  当 A 市公交网络面临蓄意攻击时,从图 4-4-6 可以看出,A 市公交网络的平均最短距离增加得很快。如果攻击网络中度值从大到小前 7% 节点的时候,剩下的子网络的平均最短距离增加得很快,这表明 A 市公交网络已经被严重破坏。直到破坏网络中 7.8% 节点的时候,网络的平均最短距离为 0,每个点都断开,不连通。

  由图 4-4-8 可见,随着网络的不断被打击,A 市公交网络中的孤立点数逐渐增加,直到网络完全断开。

  图 4-4-9 中给出了对 A 市公交网络进行蓄意攻击后网络的拓扑结构图,可以看到蓄意攻击网络中度值最高的 5% 节点后,网络中出现许多单独的连通子图,网络的可生存性明显下

降。当网络中度值最大的 7.8% 的节点被攻击后,网络完全断开,所有的点都没有边相连接,网络完全断开。通过这个实证分析可以表明,蓄意攻击对 A 市公交网络的影响是非常巨大的,A 市公交无标度网络对蓄意攻击的可生存能力很低。这一结果从实证上证明了无标度网络在面对蓄意攻击时很脆弱。

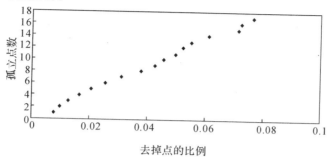

图 4-4-8　网络在蓄意打击时的孤立点数

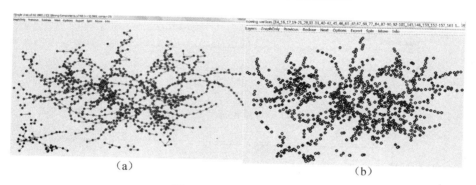

（a）　　　　　　　　　　　　　　　　　（b）

图 4-4-9　网络拓扑图

（a）按度值降序排序对前 5% 的顶点进行攻击得到的;（b）攻击前 7.8% 的节点的网络拓扑结构图

6. 基于边介数的打击可生存性分析

通过研究 A 市公交网络上的边攻击,从而找到网络上的关键连接边并加以重点保护,该研究对提高 A 市公交网络的可生存性能力有着非常重要的现实意义。边介数是描述边在交通网络连通中作用大小的重要几何量,体现着网络中公交停靠站点的全局特征,因此,本节通过 Pajek 软件来模拟边被攻击时对 A 市公交网络的影响。Pajek 模拟研究过程如下:

（1）计算 A 市公交网中所有边的边介数。

（2）将边介数按照度的大小从大到小的顺序降序排列。

（3）网络在面对蓄意攻击时,如果 A 市公交网络中具有最大介数的边只有一条,则直接删除;反之,如果有多条边的边介数不止一条,从其中随机删除一条;按边介数高低从高到低删除;当网络面临随机攻击时则随机删除网络的边。

（4）计算被攻击后的公交网络的平均最短距离、不能达到的边数、网络被攻击后的最大距离等。

（5）重复执行第三个步骤,直到网络崩溃。

（6）整理试验数据,在 Excel 中得出公交网络在面临打击时各指标的变化趋势。各个统计指标见如图 4-4-10～图 4-4-12 所示。

图 4-4-10 给出了 A 市公交网络在蓄意攻击和随机攻击下网络最短距离的变化趋势图。由图可知,当网络的边被蓄意攻击时,公交网络的平均最短路径逐渐增大。断开 Z6 到 Z4 那一条边,对网络的平均最短路径没有什么影响。但是如果继续攻击网络,当 Z4 至 Z7 的那一条边也被截断时,网络的平均最短距离则由 16.769 91 增至 17.202 90,对 A 市公交网络而言,如果断掉网络边介数最大的两条边,网络的平均最短距离则增长得很快。在研究中,按边介数从大到小去掉 186 条边后整个网络发生级联失效,网络崩溃。而公交网络面对随机打击,网络的平均路径长度基本上不发生变化,说明随机打击对整个网络的影响很小。这主要是由网络的拓扑结构决定的。边介数高说明这条路在网络中重要性高,当去掉这些边对网络会产生很大的影响。

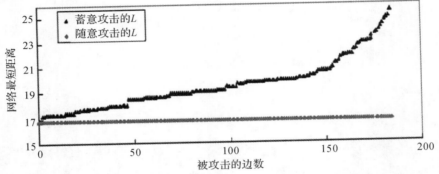

图 4-4-10　A 市公交网络的平均路径长度在不同攻击模式下的变化曲线图

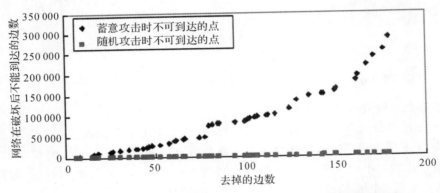

图 4-4-11　A 市公交网络在不同攻击模式下不能到达的边数变化曲线图

图 4-4-11 和图 4-4-12 给出了 A 市公交网络在蓄意攻击和随机攻击下网络在破坏后不能到达的边数和网络两点间的最大距离的变化趋势图。

当逐渐去掉网络中的一些边,就会产生一些孤立点,而每一个孤立点由于其不同的重要性,都会对网络的整体结构产生一定的影响。比如,当去掉 7 条边后(即断开 Z6 到 Z4、Z4 到 Z7、Z11 到 Z12、Z25 到 Z21、Z21 到 Z10 等 7 条边),Z24 这个停靠点断开,则产生了 2 068 条孤立的边,这样就影响了整个公交网络的可达性。不同于对网络的度进行攻击,按度的大小去掉 81 个点时网络才崩溃,而按边介数进行攻击,网络要受到 186 次攻击,有 50 个点断开,整个网络才崩溃。而且,在面临蓄意攻击时网络的最大距离增加得很快,这说明对于整个网络来说从一个起始站到一个终点站,需要绕行很远的路。当 A 市公交网络面临随机攻击时,对网络的影响很小。

由图 4-4-10～图 4-4-12 可以说明,面对边攻击时,蓄意攻击对网络的影响很大,而随机攻击基本上没有影响。而且,点攻击优于边攻击,点攻击只要 81 次,整个网络就完全崩溃,而边攻击则需要 186 次,这说明面对蓄意攻击网络的可生存性不高,面对随机攻击,A 市攻击网络的可生存性很好。

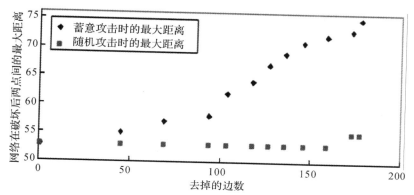

图 4-4-12 A 市公交网络在不同攻击模式下的两点间的最大距离变化曲线图

第五章　目标系统优化

在系统工程中,涉及许多系统优化问题。采用传统方法进行优化,面临计算复杂性高、时间长等问题,特别是对 NP（Non-determnnistic Polynomial）难题,传统算法基本上无法在可接受时间内给出优化解。为此,科学研究人员提出了许多具有启发式特点的智能优化算法,通过模拟物理化学过程、生物进化过程、动物群体行为等对这些问题进行优化求解,在可接受时间内找到可接受的解。目标系统优化主要是基于系统优化方法理论,开展目标问题的系统优化研究,实现复杂目标问题的系统优化方法求解,提供目标优化问题的求解工具。本章主要介绍人工神经网络算法、遗传算法、线性规划和动态规划等 4 类目标系统工程智能优化算法。

第一节　人工神经网络算法

人工神经网络（Artificial Neural Network，ANN）算法由 1943 年 McCullonch 和 Pritts 提出的 M－P 模型演变而来,后得到大力发展和应用。该算法是通过对生物体神经元、神经系统的工作原理进行抽象后所建立的模拟大脑工作的智能优化算法,是生物学、数学和计算机科学等学科综合发展的成果。本节从神经网络的基本概念、人工神经元、人工神经网络结构、学习规则等方面对算法进行介绍。

一、基本概念

(一)神经元

神经元是脑组织的基本单元,是神经系统结构与功能的单元。据统计,大脑大约包含 1.4×10^{11} 个神经元,每个神经元与 $10^3 \sim 10^5$ 个其他神经元相连接,构成一个极为庞大而复杂的网络,即生物神经元网络。生物神经元网络中各神经元之间连接的强弱,按照外部的刺激信号做自适应变化,而每个神经元又随着所接受的多个激励信号的综合结果呈现出兴奋与抑制状态。大脑的学习过程就是神经元之间连接强度随外部刺激信息做自适应变化的过程。

生物神经元基本结构中包括细胞体（Cell body）、树突（Den-drite）、轴突（Axon）、突触（Synapse）。每一个神经元都通过突触与其他神经元联系,突触的"连接强度"可随系统受到训练的强度而改变,如图 5－1－1 所示。

(二)生物神经元功能

(1)兴奋与抑制功能。传入神经元的脉冲经整合后使细胞膜电位升高,超过动作电位的阈值时即为兴奋状态,产生神经脉冲,由轴突经神经末梢传出。传入神经元的脉冲经整合后使细胞膜电位降低,低于阈值时即为抑制状态,不产生神经脉冲。

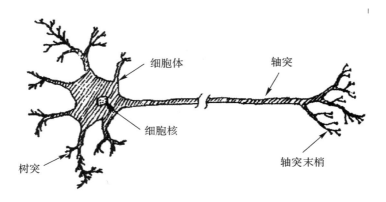

图 5 - 1 - 1 生物神经元结构

（2）学习与遗忘功能。由于神经元结构的可塑性，突触的传递作用可增强与减弱，因此神经元具有学习和遗忘的功能。

二、人工神经元

（一）基本结构

人工神经元是对生物神经元的简单的模仿、简化和抽象，是一个极其简单的计算单元（函数），图 5 - 1 - 2 是 M-P 模型的结构。

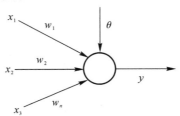

图 5 - 1 - 2 M-P 模型的结构

神经元实现了 $R^n \rightarrow R^1$ 的极其简单的非线性函数：

$$y = f(\sum_{i=1}^{n} w_i x_i - \theta) = f(\boldsymbol{Wx} - \theta), \quad f(x) = \begin{cases} 1, & \text{if } x \geqslant 0 \\ 0, & \text{otherwise} \end{cases} \tag{5.1.1}$$

其中，x_i —— 输入，来自其他神经元的信号；

y —— 输出，轴突上的电信号；

w_i —— 权值，突触的强度；

θ —— 阈值、门限；

f —— 激活函数、传输函数。

（二）激活函数

激活函数主要有线性激活函数、硬限幅激活函数、对称的硬限幅激活函数、S 形激活函数等。

1. 线性激活函数

线性激活函数形式为

$$f(x) = \text{purelin}(x) = x \tag{5.1.2}$$

图形如图 5 - 1 - 3 所示。

2. 硬限幅激活函数

硬限幅激活函数形式为

$$f(x) = \text{hardlim}(x) = \begin{cases} 1, x \geqslant 0 \\ 0, x < 0 \end{cases} \tag{5.1.3}$$

图形如图 5 - 1 - 4 所示。

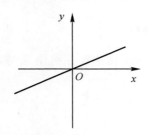

图 5 - 1 - 3　线性激活函数　　　　　图 5 - 1 - 4　硬限幅激活函数

3. 对称的硬限幅激活函数

对称的硬限幅激活函数形式为

$$f(x) = \text{hard lims}(x) = \begin{cases} 1, & x \geqslant 0 \\ -1, & x < 0 \end{cases} \tag{5.1.4}$$

图形如图 5 - 1 - 5 所示。

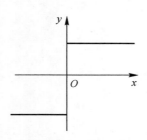
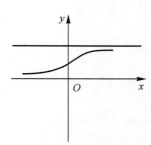

图 5 - 1 - 5　对称的硬限幅激活函数　　　　图 5 - 1 - 6　S 形激活函数

4. S 形（Sigmoid）激活函数

S 形激活函数形式为

$$f(x) = \text{logsig}(x) = \frac{1}{1 + e^{-\lambda x}}, \quad \lambda > 0 \tag{5.1.5}$$

图形如图 5 - 1 - 6 所示。

三、人工神经网络结构

1.前馈型网络

在前馈型网络中,信号由输入层到输出层单向传输,每层的神经元仅与其前一层的神经元相连,仅接受前一层传输来的信息。前馈型网络是使用最为广泛的神经网络模型,因为它本身的结构并不复杂,学习和调整方案也比较容易操作,而且由于采用了多层的网络结构,其求解问题的能力得到明显的加强,基本上可以满足使用要求。该种神经网络的信号由输入层单向传输到输出层,每一层的神经元之间没有横向的信息传输。每一个神经元受到前一层全部神经元的控制,控制能力由连接权重决定。

2.前馈内层互联网络

这种网络结构从外部看还是一个前馈型的网络,但内部有一些节点在层内互连。通常情况下,同层之间神经元的互相连接是自组织竞争网络的特征之一。神经元之间的激励和压抑是竞争的手段。

3.反馈型网络

这种网络结构在输入和输出之间还建立了另外一种关系,就是网络的输出层存在一个反馈回路到输入层,作为输入层的一个输入,而网络本身还是前馈型的。这种神经网络的输入层不仅接受外界的输入信号,同时接受网络自身的输出信号。输出反馈信号可以是原始输出信号,也可以是经过转化的输出信号;可以是本时刻的输出信号,也可以是经过一定延迟的输出信号。

4.全互联网络

全互联网络中所有的神经元之间都有相互间的连接。

四、学习规则

按照有无监督来分类,学习方式可以分为有监督学习(有指导学习)、无监督学习(无指导学习)以及再励学习等几类。

在有监督学习方式中,网络的输出和期望的输出(即监督信号)进行比较,然后根据两者之间的差异调整网络的权重,最终使差异变小。监督即是训练数据本身,不但包括输入数据,还包括在一定输入条件下的输出。网络根据训练数据的输入和输出来调节本身的权重,使网络的输出符合实际的输出。在这种学习方式中,网络将实际输出与应有输出数据进行比较。网络经过一些训练数据组的计算后,最初随机设置的权重经过网络的调整,使得输出更接近实际的输出结果,所以学习的目的在于减小网络实际输出与应有输出之间的误差。这是靠不断调整权重来实现的。

对于在指导下学习的网络,网络在可以实际应用之前必须进行训练。训练的过程是把一组输入数据与相应的输出数据输进网络。网络根据这些数据来调整权重。这些数据组就称为训练数据组。在训练过程中,每输入一组数据,同时也告诉网络的输出应该是什么。网络经过训练后,若认为其输出与应有的输出间的误差达到了允许范围,权重就不再改动了。这时的网络可用新的数据去检验。

在无监督学习方式中,输入模式进入网络后,网络按照预先设定的规则(如竞争规则)自动调整权重,使网络最终具有模式分类等功能。没有指导的学习过程在训练数据只有输入而没有输出,网络必须根据一定的判断标准自行调整权重。在这种学习方式下,网络不靠外部影响调整权重。也就是说,在网络训练过程中,只提供输入数据而无相应的输出数据。网络检查输入数据的规律或趋向,根据网络本身的功能进行调整,并不需要告诉网络这种调整是好还是坏。这种没有指导进行学习的算法,强调每一层处理单元组间的协作。如果输入信息使处理单元组的任何单元激活,则整个处理单元组的活性就增强。然后处理单元组将信息传送给下一层单元。再励学习是介于上述两者之间的一种学习方法。

1. Hebb 学习规则

Donald Hebb 在 1949 年提出这一规则:如果处理单元从另一个处理单元接收到一个输入,并且如果两个单元都处于高度活动状态,这时两单元间的连接权重就要被加强。

Hebb 学习规则是一种联想式学习方法。联想是人脑形象思维过程的一种表现形式。例如,在空间和时间上相互接近的事物都容易在人脑中引起联想。Hebb 基于对生物学和心理学的研究,提出了学习行为的突触联系和神经群理论。他认为突触前与突触后两者同时兴奋,即两个神经元同时处于激发状态时,它们之间的连接强度将得到加强,这一论述的数学描述被称为 Hebb 学习规则。

Hebb 学习规则是一种没有指导的学习方法,它只根据神经元连接间的激活水平改变权重,因此这种方法又称为相关学习或并联学习。

2. Delta 学习规则

Delta 学习规则是最常用的学习规则,其要点是改变单元间的连接权重来减小系统实际输出与应有输出间的误差。这个规则也叫 Widrow-Hoff 学习规则,首先在 Adaline 模型中应用,也可称为最小均方差规则。

Delta 学习规则实现了梯度下降减少误差,因此使误差函数达到最小值,但该学习规则只适用于线性可分函数,无法用于多层网络。BP 算法就是在 Delta 规则的基础上发展起来的,可在多层网络上有效地学习。

3. 梯度下降学习规则

梯度下降学习规则旨在减小实际输出和应有输出间的误差,Delta 学习规则是梯度下降规则的一个例子。在梯度下降学习规则中,关键是保持误差曲线的梯度,尽量避免下降误差曲线可能会出现局部的最小值。在网络学习时,应尽可能摆脱误差的局部最小值,从而达到真正的误差最小值。

4. Kohonen 学习规则

Kohonen 学习规则是由 Teuvo Kohonen 在研究生物系统学习的基础上提出的,只用于没有指导下训练的网络。在学习过程中,处理单元竞争学习的时候,具有高输出的单元是胜利者,它有能力阻止其竞争者并激发相邻的单元。只有胜利者才能有输出,也只有胜利者与其相邻单元可以调节权重。在训练周期内,相邻单元的规模是可变的。一般的方法是从定义较大的相邻单元开始,在训练过程中不断减小相邻的范围。胜利单元可定义为与输入模式最为接近的单元。

5. 后向传播学习规则

后向传播(Back Propagation,BP)学习规则,是目前应用最为广泛的神经网络学习规则。

误差的后向传播技术一般采用 Delta 规则。此过程涉及两步：第一步是正反馈，当数据输入网络，网络从前向后计算每个单元的输出，将每个单元的输出与期望的输出进行比较，并计算误差。第二步是向后传播，从后向前重新计算误差，并修改权重。完成这两步后才能输入新的数据。对于输出层，已知每个单元的实际输出和应有输出，比较容易计算误差，技巧在于如何调节中间层单元的权重。

6.概率式学习规则

从统计力学、分子热力学和概率论中关于系统稳态能量的标准出发，进行神经网络学习的方式称概率式学习。神经网络处于某一状态的概率主要取决于在此状态下的能量，能量越低的状态，出现的概率越大。同时，此概率还取决于温度参数 T。T 越大，不同状态出现概率的差异便越小，较容易跳出能量的局部极小点而到全局的极小点；T 小时，情形正好相反。概率式学习的典型代表是玻尔兹曼（Boltzmann）学习规则。它是基于模拟退火的统计优化方法，因此又称模拟退火式算法。

7.竞争式学习规则

竞争式学习属于无指导的学习。这种学习方式利用不同层间的神经元发生兴奋性连接，以及同一层内距离很近的神经元间发生同样的兴奋性连接，而距离较远的神经元产生抑制性连接。这种在连接机制中引入竞争机制的学习方式称为竞争式学习。竞争式学习是一种自组织学习，它的本质在于神经网络中高层次的神经元对低层次神经元的输入模式进行竞争识别。

五、典型案例

（一）目标价值评判指标

1.目标重要度 f_1

不同性质的目标在战斗中的地位及作用是不同的。若目标对我军构成严重威胁，或在敌战斗部署中起重要作用，或对敌战斗行动产生较大的影响，其重要性就高。

2.目标威胁度 f_2

目标威胁度是在某一作战阶段和作战条件下，敌目标由于规模、级别的不同，以火力、机动等手段，正在或即将对我军构成直接或间接的威胁程度的大小。以指挥控制和火力威胁目标为首类目标，具有指挥控制作用但无火力威胁目标为次类威胁目标，受指挥控制作用进行火力打击为第 3 类威胁目标，其余目标为第 4 类威胁目标。

3.射击紧迫度 f_3

射击紧迫度反映当前作战中，目标对敌我的影响作用实际发挥的程度。主要和目标作战状态、我军实施的反击效果及战场环境有关。

4.目标确定度 f_4

在相同条件下，目标资料（位置、状态、数量、企图等）越准确，决策可靠性越高，反之则低。

5.目标易损度 f_5

目标易损度指目标遭到射击后易于毁伤的程度，直接影响到火力选择。目标易损度与目标结构、坚固程度、幅员、形状、关键部分的位置和数量等有关。

以相对于 0-1 的概率指标表征各指标体系。依专家评估、经验积累和计算机模拟，得出目标价值指标分析评分表，该表是分析、评判、决策的基础，具有很好的参考性，且可预先输入计算机。但不同战斗样式下,或同种作战样式的不同战斗时节,目标价值指标属性是不同的。如在某战斗时节是重点打击目标,在另一时节可能变成次要目标。需针对不同阶段的战场情况,动态确定目标指标属性。

(二)神经网络价值评判模型

1.BP 神经模型设计

在进行 BP 网络设计时,应根据具体问题给出输入矢量 P 与目标矢量 T,选定所要设计的神经网络结构,包括网络层数、每层神经元数、每层的传递函数。如图 5-1-7 所示,网络分别由输入层、输出层和隐层构成。每层神经元的节点接收前 1 层的输出,通过传递函数对输入信息做出反应。其中,输入维数为 5×1,隐层含有 5 个神经元,采用 logsig(对数 sigmod 函数)作为传递函数,输出层有 1 个神经元,同样采用 logsig 作为传递函数,输出维数为 1×1。

模型输入量: $P\in[0,1]$(目标各指标 $f_1\sim f_5$ 属性值,用矢量表示);

模型输出量: $T\in[0,1]$(目标价值评判结果,用 0-1 指标表示)。

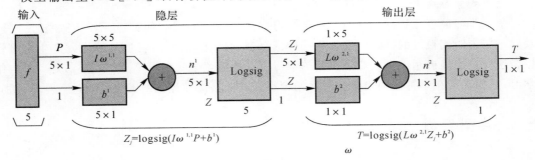

图 5-1-7 BP 神经网络价值评判模型

2.网络学习规则

BP 神经网络的学习规则,即权值和阈值的调节规则采用误差反向传播算法。网络的权值和阈值是沿着网络误差变化的负梯度方向进行调节,最终使网络误差达到极小值或最小值。学习过程由 2 个阶段组成:①信息的正向传递和误差的反向传播。②采用监督学习,将进行价值排序的目标样本的数据 P 加入到网络输入端,同时将相应的期望输出 Z 与网络输出 T 相比较,得到误差信号 δ,以控制权值连接强度的调整,经多次训练后收敛到一个确定的权值 ω,使误差信号最小。权值修正是在误差反相传播过程中逐层完成的。由输出层误差修正各输出层单元的连接权值,再计算相连隐层单元的误差量,并修正隐层单元连接权值。如此继续,整个网络权值更新一次后,网络经 1 个学习周期。要使实际输出模式达到输出期望模式的要求,需要经多个学习周期的迭代。为提高网络推广能力(Generalization),模型采用弹性 BP 算法进行训练。该算法收敛速度快,且不占有更多内存。该 BP 模型学习算法步骤可描述为

(1)初始化网络学习参数,如设置网络初始权矩阵、学习因子 η、参数 α 等;

(2)提供目标训练样本,训练网络,直到满足学习要求;

(3)前向传播过程:对给定目标样本输入,计算网络的输出模式,并与期望模式比较,若有误差,则执行步骤(4);否则,返回步骤(2);

(4)反向传播过程:计算同层单元的误差 δ,修正权值和阈值(阈值即 $i=0$ 时的连接权值),返回步骤(2)。

3.神经模型算法实现

利用 Matlab 神经网络工具箱中的函数创建 BP 神经网络。

(三)网络学习与检验

选取典型目标组成学习样本和测试样本分别对网络进行训练和检验。设某炮兵群在进攻战斗某时刻,发现如下目标:M_1 为敌团指挥所,目标位置较精确,一般易损;M_2 为敌防御前沿支撑点,向我猛烈射击,步兵冲击受阻,目标位置精确;M_3 为敌后方集结坦克连,位置不确定;M_4 为敌自行炮连,正向我阵地射击,威胁不大,目标位置较精确。各目标价值指标属性值见表 5-1-1。

表 5-1-1　目标价值指标属性值

指标属性样本	重要度 f_1	威胁度 f_2	紧迫度 f_3	确定度 f_4	易损度 f_5
M_1	0.8	0.7	0.6	0.8	0.2
M_2	0.4	0.9	0.85	0.9	0.8
M_3	0.5	0.4	0.3	0.3	0.6
M_4	0.7	0.6	0.5	0.5	0.4

M_1 作为学习样本,则模型输入 $\boldsymbol{P}_1 = [0.8, 0.7, 0.6, 0.8, 0.2]$,给出其模型目标输出 $T_1 = 0.6$,组织网络学习。多次设计后,取输出结果最为理想的网络作为目标价值评判模型。误差变化曲线如图 5-1-8 所示,权值和阈值的 Hinton 如图 5-1-9 所示。

成绩:4.72202e-013;目标:0

图 5-1-8　误差变化曲线

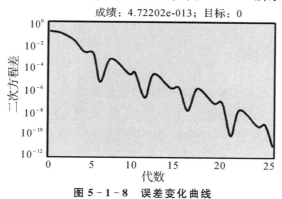

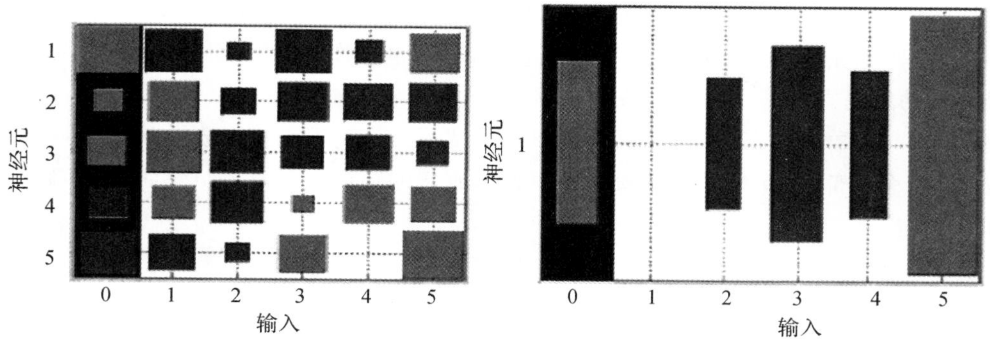

图 5-1-9　权值和阈值的 Hinton 图(左为隐层,右为输出层)

由 M_2、M_3、M_4 组成测试集，以测试战场目标价值评判模型的合理性及推广能力。测试结果：$T_2=0.9733$，$T_3=0.4665$，$T_4=0.5474$，则目标的价值顺序为 $M_2>M_1>M_4>M_3$，与人工判定一致。同时泛化目标取定范围，经大量目标检测，模型输出结果分布合理，符合实际情况。由以上网络训练、测试过程可知，模型满足精度要求，适应设计目标。

第二节 遗 传 算 法

一、算法起源

在生物种群的生存过程中，普遍遵循达尔文的物竞天择、适者生存的进化准则。种群中的个体，根据对环境的适应能力而被大自然所选择或淘汰。进化过程的结果反映在个体结构上，其染色体包含若干基因，相应的表现型和基因型的联系体现了个体的外部特性与内部机理间的逻辑关系。生物通过个体间的选择、交叉、变异来适应自然环境。

遗传算法是模仿生物遗传和自然选择机理，通过人工方式构造的一类优化搜索算法，是对生物进化过程进行的一种数学仿真，是进化计算的一种最重要的形式。自从霍兰德（Holland）于 1975 年在"Adaptation in Natural and Artical Systems"中首次提出遗传算法以来，经过 40 年的研究发展，已经在实际中得到了很好的应用。

二、遗传算法的机理

这里以霍兰德的简单遗传算法（SGA）为对象介绍算法机理。在介绍中，结合推销员旅行问题（TSP）加以说明。在 TSP 问题中，有 n 个城市，城市 i 和城市 j 之间的距离为 $d(i,j)$ $(i,j=1,2,\cdots,n)$。TSP 问题是，寻找遍访每个城市恰好一次的一条回路并且其路径总长度最短。

（一）编码与解码

许多应用问题的结构很复杂，但可以化为简单的位串形式编码表示。将问题结构变换为位串形式编码表示的过程叫作编码；相反地，将位串形式编码表示变换为原问题结构的过程叫作解码或译码。把位串形式编码表示叫作染色体，有时也叫作个体。

最常用的编码方法是二进制编码，其编码方法如下。

假设某一参数的取值范围是 $[A,B]$。用长度为 l 的二进制编码串来表示该参数，将 $[A,B]$ 等分成 2^l-1 个子部分，记每一个等份的长度为 σ，则它能够产生 2^l 种不同的编码，参数的对应关系如下：

$$00000000\cdots\cdots00000000 = 0 \to A$$
$$00000000\cdots\cdots00000001 = 1 \to A+\delta$$
$$\cdots$$
$$11111111\cdots\cdots11111111 = 2^l-1 \to B$$

其中，
$$\delta = \frac{B-A}{2^l-1}$$

假如某一个体的编码是

$$X : x_l x_{l-1} x_{l-2} \cdots x_2 x_1$$

则上述二进制编码所对应的解码公式为

$$x = A + \frac{(B-A)\left(\sum_{i=1}^{l} x_i 2^{i-1}\right)}{2^l-1} \tag{5.2.1}$$

二进制编码的最大缺点是长度较大,对很多问题用其他编码方法可能更合适,如:浮点数编码方法、格雷码、符号编码方法、多参数编码方法等。

浮点数编码方法是指个体的每个染色体用某一范围内的一个浮点数来表示,个体的编码长度等于其问题变量的个数。因为这种编码方法使用的是变量的真实值,所以浮点数编码方法也叫作真值编码方法。对于一些多维、高精度要求的连续函数优化问题,用浮点数编码来表示个体时将会有一些益处。

格雷码是两个连续整数所对应的编码值之间只有一个码位是不相同的,其余码位都完全相同,其好处是编码空间和解空间有较高程度的对应关系,即在解空间中距离较近解所对应的编码之间距离也较近,这对于在整个解空间中寻优是有好处的。例如,十进制数 7 和 8 的格雷码分别为 0100 和 1100,而二进制编码分别为 0111 和 1000。

符号编码方法是指个体染色体编码串的基因值取自一个无数值含义而只有代码含义的符号集。这个符号集可以是一个字母表,如$\{A,B,C,D,\cdots\}$;也可以是一个数字序号表,如$\{1,2,3,4,\cdots\}$;还可以是一个代码表,如$\{x_1,x_2,x_3,x_4,\cdots\}$,等等。符号编码法在很多场合都适用,显示了其独特的优势。

对应推销员旅行问题就采用符号编码方法,按一条回路中城市的次序进行编码。例如,码串 134567829 表示从城市 1 开始,依次是城市 3,4,5,6,7,8,2,9,最后回到城市 1。

一般情况是从城市 w_1 开始,依次经过 $w_2,\cdots,w_n$,最后回到城市 w_1,于是有如下编码表示:

$$w_1 w_2 \cdots w_n$$

由于是回路,记 $w_n = w_1$。它其实是 $1,\cdots,n$ 的一个循环排列。注意 $w_1,w_2,\cdots,w_n$ 是互不相同的。

(二)适应度函数

为了体现染色体的适应能力,引入适应度函数(fitness function),可以对每一个染色体进行量度。通过适应度函数来决定染色体的优劣程度,体现了自然进化中的优胜劣汰原则。

对于优化问题,适应度函数就是目标函数。TSP 的目标是路径总长度为最短,为此路径总长度就可作为 TSP 的适应度函数:

$$f(w_1 w_2 \cdots w_n) = \frac{1}{\sum_{j=1}^{n} d(w_j, w_{j+1})} \tag{5.2.2}$$

其中,$w_n = w_1$,$d(w_j, w_{j+1})$ 表示两城市间的距离(路径长度)。

适应度函数应有效地反映每一个染色体与最优解染色体之间的差距。若一个染色体与最优解染色体之间的差距较小,则对应的适应度函数值之差就较小,否则就较大。

(三) 遗传操作

在简单遗传算法中,主要有 3 种遗传操作:选择(Selection)、交叉(crossover)、变异(mutation)。

选择操作也叫作复制(reproduction)操作,根据个体的适应度函数所量度的优劣程度决定它在下一代是被淘汰还是遗传。通常,选择将会使适应度较大(优良)的个体有较大的继续存在机会,而适应度较小(低劣)的个体继续存在的机会较小。简单遗传算法采用赌轮选择机制,令 $\sum f_i$ 表示群体的适应度值之总和,f_i 表示种群中第 i 个染色体的适应度值,在一次选择操作中,它产生后代的能力为其适应度值所占份额 $\dfrac{f_i}{\sum f_i}$。

交叉操作是将被选择出的两个个体 P_1 和 P_2 作为父母个体,将两者的部分码值进行交换。假设有如下 8 位长的两个个体如表 5-2-1 所示。

表 5-2-1　父母个体

P_1	1	0	0	0	1	1	1	1
P_2	1	1	0	1	1	0	0	1

产生一个 $1\sim7$ 之间的随机数,假如现在产生的是 3,将 P_1 和 P_2 的低三位交换:P_1 的高五位与 P_2 的低三位组成数串 10001001,这就是 P_1 和的一个后代 Q_1 个体;P_2 的高五位与 P_1 的低三位组成数串 11011110,这就是 P_1 和 P_2 的另一个后代 Q_2 个体。其交换过程如图 5-2-1 所示。

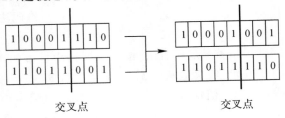

交叉点　　　　　　　　　　　交叉点

图 5-2-1　交叉操作示意

变异操作就是改变数码串的某个位置上的数码。先以最简单的二进制编码表示方式来说明。二进制编码表示每一位置的数码只有 0 和 1 这两种可能,由如下二进制编码表示:

1	0	1	1	0	1	1	0

其码长为 8,随机产生一个 $1\sim8$ 之间的数 k,假如现在 $k=5$,对从右往左第 5 位进行变异操作,将原来的 0 变成 1,得到如下数码串(第 5 位的数字 1 是经变异操作后出现的):

1	0	1	1	1	1	1	0

二进制编码表示的简单变异操作是将 0 与 1 互换:0 变为 1,1 变为 0。

在 TSP 中,可进行这样的变异操作。随机产生一个 $1\sim n$ 之间的数 w 替代 w_k,并将 w_k 加到尾部,得到:

$$w_1 w_2 \cdots w_{k-1} w w_{k+1} \cdots w_n w_k$$

这个串有 $n+l$ 个数码。注意,数 w 在此串中重复了,必须删除与 w 重复的数,以得到合法的染色体。

三、遗传算法的求解步骤

(一)遗传算法的特点

遗传算法是一种基于空间搜索的算法,它通过自然选择、遗传、变异等操作以及达尔文的适者生存理论,模拟自然进化过程,以寻求问题的答案。因此,遗传算法的求解过程也可看作是最优化的过程。需要指出的是:遗传算法并不能保证所得到的是最佳答案,但通过一定的方法,可以找到一个较为优良的问题答案。遗传算法具有以下特点:

(1)遗传算法是对参数集合的编码,而非针对参数本身进行进化。

(2)遗传算法是从问题解的编码开始,而非从单个解开始搜索。

(3)遗传算法利用目标函数的适应度,而非利用导数或其他辅助信息来指导搜索。

(4)遗传算法利用选择、交叉、变异等算子,而不是利用确定性规则进行随机操作。

(5)遗传算法利用简单的编码技术和繁殖机制来表现复杂的现象,从而解决非常困难的问题。它不受搜索空间的限制性假设的约束,不必要求诸如连续性、导数存在和单峰等假设,能从离散的、多极值的、含有噪声的高维问题中以很大的概率找到全局最优解。由于其固有的并行性,遗传算法非常适用于大规模并行计算。

(二)遗传算法流程

遗传算法类似于自然进化,通过作用于染色体上的基因寻找好的染色体来求解问题。与自然界相似,遗传算法对求解问题的本身一无所知,它所需要的仅仅是对算法所产生的每个染色体进行评价,并基于适应度来选择染色体,使适应性好的染色体有更多的繁殖机会。

遗传算法的基本过程是:通过随机方式产生若干个所求解问题的数字编码,即染色体,形成初始种群;通过适应度函数给每个个体一个数值评价,淘汰低适应度的个体,选择高适应度的个体参加遗传操作,经过遗传操作后的个体集合形成下一代新的种群。再对这个新种群进行下一轮的进化。

简单遗传算法求解步骤如下:

(1)初始化种群;

(2)计算种群上每个个体的适应度值;

(3)按由个体适应度值所决定的某个规则选择进入下一代的个体;

(4)按概率 P_c 进行交叉操作;

(5)按概率 P_m 进行变异操作;

(6)若没有满足某种停止条件,则转回步骤(2),否则进入下一步;

(7)输出种群中适应度最优的染色体作为问题的满意解或最优解。

算法最简单的停止条件有如下两种:

一是完成了预先给定的进化代数;二是种群中的最优个体在连续若干代没有改进,或平均适应度在连续若干代基本没有改进。

根据以上步骤,可以给出如图 5-2-2 所示的遗传算法框图,其中 GEN 是当前数。

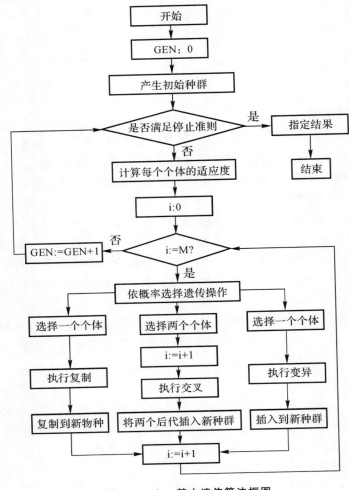

图 5 - 2 - 2　基本遗传算法框图

四、典型案例 —— 目标价值评估问题

（一）评估指标选取

信息化条件下指控系统能够实时、准确地掌握战场上目标的类型、数量、毁伤情况等信息，为坦克分队火力优化分配提供有力的数据支撑。坦克分队遂行主动型战斗任务时，战场局势相对清晰明了，指控中心有充足的时间对目标的战场价值进行评估，做出战斗规划部署，生成最有利的火力打击方案，尽可能多地消灭有重大价值的目标；坦克分队遂行被动型战斗任务时，不确定性因素较多，战场局势相对紧张，火力打击节奏快，需要对目标的威胁度进行评估，以尽快消灭对我方坦克分队威胁大的目标，尽可能多地保存自己。指挥员需要准确地把握战场局势，合理地选取目标评估准则，并能够根据战场局势的变化适时转换评估准则，评估并选取目标实施打击，以使得战场局势朝着最有利于我方的方向发展。针对上述两种评估准则选取评估指标：目标类型（I^{TYPE}）、目标企图（I^{AIM}）、目标方向（I^{DIR}）、目标状态（I^{STA}）、敌我距离（I^{DIS}）、目

标群集程度(I^{CRO})、上级指定目标(I^{APP})和目标任务等级(I^{TASK}),如表 5-2-2 所示。

表 5-2-2　评估指标的确定

评估指标	I^{TYPE}	I^{AIM}	I^{DIR}	I^{STA}	I^{DIS}	I^{CRO}	I^{APP}	I^{TASK}
目标价值评估	√		√	√		√	√	√
目标威胁评估	√	√		√	√	√	√	√

以目标价值评估为例,可确定神经网络第 i 个输入量为

$$\boldsymbol{X}_i = \begin{bmatrix} x_{i1} & x_{i2} & x_{i3} & x_{i4} & x_{i5} & x_{i6} \end{bmatrix} = \begin{bmatrix} I_i^{\mathrm{TYPE}} & I_i^{\mathrm{DIR}} & I_i^{\mathrm{STA}} & I_i^{\mathrm{CRO}} & I_i^{\mathrm{APP}} & I_i^{\mathrm{TASK}} \end{bmatrix}$$

$$(5.2.3)$$

即目标价值评估模型输入参数个数为 $n=6$,可确定隐含层维数为 $m=9$。

(二)RBF 神经网络参数辨识

1. 训练样本的确定

以目标价值评估为例,通过指数分析法得到目标各指标的价值指数(训练样本的输入部分),运用层次分析法综合确定目标的战场价值(训练样本的输出部分),再通过专家分析校正,对个别误差较大的样本做出修定,得到最终的目标价值样本集为

$$V = \{V_1, V_2, \cdots, V_N\} \tag{5.2.4}$$

$$\boldsymbol{V}_i = \begin{bmatrix} \boldsymbol{X}_i & y_i \end{bmatrix} = \begin{bmatrix} V_{i1} & V_{i2} & V_{i3} & V_{i4} & V_{i5} & V_{i6} & V_{i7} \end{bmatrix}$$

$$= \begin{bmatrix} I_i^{\mathrm{TYPE}} & I_i^{\mathrm{DIR}} & I_i^{\mathrm{STA}} & I_i^{\mathrm{CRO}} & I_i^{\mathrm{APP}} & I_i^{\mathrm{TASK}} & I_i^{\mathrm{TAR}} \end{bmatrix} \tag{5.2.5}$$

其中,N 为训练样本的个数。

由于战场侦察到的目标各指标的物理意义不同,则量纲和取值范围也不同,数据值差别较大。为消除其影响,目标各指标数据在进入输入层之前需做标准化处理。假设有 N 个训练样本,其输入部分有 n 个数据,则训练样本输入部分的标准化过程为

$$\bar{x}_{ij} = \frac{V_{ij} - \bar{V}_j}{\sigma j}, V_j = \frac{\sum_{i=1}^{N} V_{ij}}{N}, \sigma_j = \sqrt{\frac{\sum_{i=1}^{N} (V_{ij} - V_j)^2}{N-1}}, i = 1, 2, \cdots, N; j = 1, 2, \cdots, n$$

$$(5.2.6)$$

其中,V_{ij} 为训练样本 $\boldsymbol{V}_i$ 标准化前的输入部分,$\widetilde{x}_{ij}$ 为训练样本 $\boldsymbol{V}_i$ 标准化后的输入部分,则经过标准化后的第 i 个训练样本的输入部分可表示为 $\widehat{\boldsymbol{X}}_i = \begin{bmatrix} \widetilde{x}_{i1}, \widetilde{x}_{i2}, \cdots, \widetilde{x}_{in} \end{bmatrix}$。

训练样本的输出部分在样本生成阶段已限定在适合 RBF 神经网络参数优化的范围内,第 i 个训练样本的输出部分取原数据,即 $\bar{y}_i = V_i^{\mathrm{TAR}}$。

则第 i 个训练样本标准化后可表示为

$$\widetilde{\boldsymbol{V}}_i = \begin{bmatrix} \widetilde{\boldsymbol{X}}_i & \widetilde{y}_i \end{bmatrix} \tag{5.2.7}$$

2. 遗传算法的设计

首先,编码染色体,将上述 4 组参数采用中心向量和中心宽度交替排列的编排顺序,统一编码至一个染色体串中,如图 5-2-3 所示。采用实数编码方案,染色体的每个基因值都用某个范围内的浮点数表示,染色体长度即为其待优化参数的个数。

| c_{11} | c_{12} | $\cdots$ | c_{1n} | σ_1 | c_{21} | c_{22} | $\cdots$ | c_{2n} | σ_2 | c_{m1} | c_{m2} | $\cdots$ | c_{mn} | σ_m | w_1 | w_2 | $\cdots$ | w_m | θ |

图 5-2-3 染色体编码

其次,选定适应度函数。定义训练样本的期望目标价值 $\tilde{y}$ 与神经网络实际输出的目标价值 y 差的绝对值为训练样本的学习误差,有 $e=|\tilde{y}-y|$。RBF 神经网络参数优化的目标是使得上述学习误差最小,则可设定遗传算法适应度函数为

$$F = \frac{1}{\sum\limits_{i=1}^{N} e_i^2} \tag{5.2.8}$$

然后,确定遗传操作。选择操作采用比例选择的方法,需要对每个被选出的染色体做出两次判断,首先判断若满足变异条件则染色体变异,将变异后的染色体作为新染色体遗传;若不满足变异条件,判断若满足交叉条件则染色体交叉,将交叉后的染色体作为新染色体遗传到下一代;若不满足交叉条件,则该染色体直接遗传。

最后,改进遗传机制,最优保存策略、交叉变异的概率和规模的自适应策略,提高遗传算法优化能力。

交叉概率、变异概率自适应策略是指当种群染色体适应度比较分散时,减小总交叉概率 P_c 和总变异概率 P_m;当种群染色体适应度趋于一致或趋于局部最优时,增大种群交叉概率、变异概率,增加种群多样性,提高染色体搜索效率。对每代种群中优质染色体设置较高的 $(P_c)_i$ 和 $(P_m)_i$,提高局部搜索能力;对于较差的染色体设置较低的 $(P_c)_i$ 和 $(P_m)_i$,保持种群基因的多样性,则有

$$P_c = P_{c1} - (P_{c1} - P_{c2}) \frac{\sigma_F}{(\sigma_F)_{ini}} \tag{5.2.9}$$

$$P_m = P_{m1} - (P_{m1} - P_{m2}) \frac{\sigma_F}{(\sigma_F)_{ini}} \tag{5.2.10}$$

$$(P_c)_i = P_c + 0.1\left(1 - \exp\left(\frac{\overline{F} - F_i}{\lambda_c}\right)\right) \tag{5.2.11}$$

$$(P_m)_i = P_m + 0.1\left(1 - \exp\left(\frac{\overline{F} - F_i}{\lambda_m}\right)\right) \tag{5.2.12}$$

$$\overline{F} = \frac{\sum\limits_{i=1}^{M} F_i}{M}, \quad \sigma_F = \sqrt{\frac{\sum\limits_{i=1}^{M} (F_i - \overline{F})^2}{M-1}} \tag{5.2.13}$$

其中,σ_F 为种群适应度的标准差,$(\sigma_F)_{ini}$ 为第一代种群适应度标准差,$\overline{F}$ 为种群染色体适应度的平均值,λ_c 为染色体交叉系数,λ_m 为染色体变异系数。

交叉规模、变异规模自适应策略。本算法采用均匀交叉和传统变异的进化策略,并做出一定改进。适应值小于平均值的染色体的二进制屏蔽字生成时赋予较小的交叉标志生成概率,适应值大于平均值的染色体的二进制屏蔽字生成时赋予较大的交叉标志生成概率。适应值小于平均值的染色体采用较少算数点变异,适应值大于平均值的染色体采用较多算数点变异。则二进制屏蔽字交叉标志生成概率 P_s 与变异算数点的个数 K 可分别表示为

$$P_s = \begin{cases} P_{s1}, & F_i < \overline{F} \\ P_{s2}, & F_i \geqslant \overline{F} \end{cases} \tag{5.2.14}$$

$$K = \begin{cases} \left[\dfrac{L}{12}\right], & F_i < \overline{F} \\ \left[\dfrac{L}{8}\right], & F_i \geqslant \overline{F} \end{cases} \tag{5.2.15}$$

其中,L 为染色体串的长度。

依据上述 RBF-GA 的设计思想,下面给出算法整体运行流程,如图 5-2-4 所示。

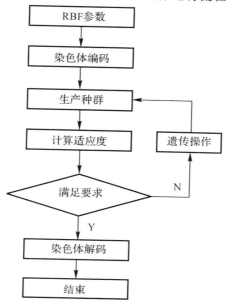

图 5-2-4 参数辨识流程图

(三)仿真计算

已知坦克分队作战某类战场条件下 10 个目标战场状态及其目标价值,如表 5-2-2 所示,以此验证本节设计的目标评估方法有效性。

设定在此类战场条件下 60 个不同战场状态下的目标,即 $N = 60$,运用上述方法确定目标价值样本集,部分训练样本如表 5-2-3 所示。

表 5-2-2 测试样本检验数据

目标序号	I^{TYPE}	I^{AIM}	I^{DIR}	I^{STA}	I^{DIS}	I^{CRO}	期望目标价值
1	2.55	1	0.75	1.98	1.63	0.75	0.737 7
2	2.15	1	1	2.39	1.28	0.5	0.589 5
3	2.99	1	0.75	1.25	1.79	1	0.77
4	2.24	1	1	2.46	2.12	0.25	0.815 5
5	2.76	1	1	1.09	2.28	0.75	0.789 4
6	3.2	1	1	2.28	1.48	0.25	0.753 8
7	2.07	1	1	2.08	1.73	0.5	0.667 7
8	1.8	1	0.75	2.4	1.55	0.75	0.600 2
9	2.46	1	0.5	2.39	1.24	1	0.653 5
10	2.28	1	0.75	2.49	1.83	0.5	0.725 2

设定遗传算法初始种群大小为 $P=50$,染色体长度为 $n\times m+m+m+1=73$。自适应交叉概率系数 $P_{c1}=0.9,P_{c2}=0.6,\lambda_c=10$,自适应变异概率系数 $P_{m1}=0.1,P_{m2}=0.01,\lambda_m=80$,二进制屏蔽字交叉标志生成概率 $P_{s1}=0.4,P_{s2}=0.7$。程序运行的硬件平台是主频为 2.67 GHz、内存为 2 G 的微机,软件平台是 Visual C++6.0 编译环境。依据 60 个训练样本运用 RBF-GA 训练 RBF 神经网络,得出参数如表 5-2-4 所示。

表 5-2-3　部分训练样本

目标序号	I^{TYPE}	I^{AIM}	I^{DIR}	I^{STA}	I^{DIS}	I^{CRO}	期望目标价值
1	3.16	1	0.75	1.38	1.71	0.75	0.668 4
2	0.84	2	1	1.84	1.89	0.75	0.672 4
3	2.44	1	0.5	2.32	1.87	1	0.948 8
4	1.38	2	0.75	1.08	1.08	1	0.375
5	2.29	1	1	1.12	1.45	1	0.549 6

表 5-2-4　RBF 网络参数

	中心向量					中心宽度			输出权重		输出调节系数
C_1	2.73	2.82	1.21	7.21	-4.84	0	σ_1	3.31	w_1	0.96	
C_2	0	4.3	-3.08	4.23	5.66	7.95	σ_2	-6.36	w_2	0.92	
C_3	0	2.05	0	0	-5.67	0.28	σ_3	-3.37	w_3	-1	
C_4	3.12	2.39	1.56	4.43	2.51	9.81	σ_4	-4.39	w_4	0.7	
C_5	4.23	6.06	4.01	4.17	9.14	5.38	σ_5	-7.08	w_5	0.69	θ	0
C_6	2.26	0	0	1.34	-2.05	-0.3	σ_6	-3.75	w_6	-0.8	
C_7	4.39	4.94	3.1	4.85	5.98	4.61	σ_7	-6.41	w_7	0.76	
C_8	8.34	1.52	2.55	5.62	3.14	1.46	σ_8	-6.03	w_8	0.9	
C_9	-5.07	-6.49	-4.71	-5.34	-3.47	0	σ_9	8.28	w_9	-0.75	

定义 ES 为样本训练结束后的绝对误差平方和,绝对误差 EA 为网络训练输出值的期望目标价值之差 $(y-\bar{y})$,EC 为相对误差百分数 $(|ES/y\times 100|)$。图 5-2-5、表 5-2-5 分别给出了 GA 在不同进化代数下与运行时间的仿真结果和均值及样本分布的比较结果。由图 5-2-5 可知,绝对误差随着进化代数的增加不断减小,当种群进化到 2 000 代时,绝对误差变化趋于平稳,2 000 代之后基本不变。由表 5-2-5 数据也可得到相同的结论。

表 5-2-5　RBF 网络参数

最大进化代数	EC 均值	EC<5% 样本数	5%<EC<10% 样本数	10%<EC<20% 样本数	EC>20% 样本数
100	8.667	24	17	10	9
400	7.617	26	19	8	7
1 000	7.1	31	15	8	6
2 000	6.867	27	20	9	4

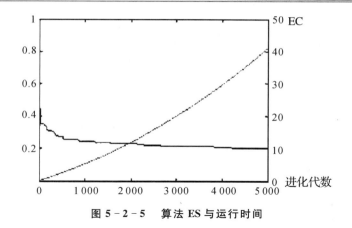

图 5 - 2 - 5　算法 ES 与运行时间

表 5 - 2 - 6　算法检验数据

目标序号	期望目标值	输出目标价值	EA	EC
1	0.737 7	0.683	− 0.055	8.073
2	0.589 5	0.592	0.002	0.379
3	0.77	0.703	− 0.067	9.573
4	0.815 5	0.766	− 0.04	5.101
5	0.789 4	0.749	− 0.04	5.392
6	0.753 8	0.709	− 0.044	6.265
7	0.667 7	0.646	− 0.022	3.341
8	0.600 2	0.646	0.045	7.038
9	0.653 5	0.664	0.011	1.637
10	0.725 2	0.741	0.015	2.082

设计的 RBF-GA 优化算法具有较强的实用性，对 10 个已知目标做出检验，结果如表 5 - 2 - 6 所示，该模型的输出目标价值与专家给定的期望目标价值的 EC 均小于 10%，满足模型求解要求。因此，本模型及算法可为坦克分队火力优化分配提供数据依据。

五、典型案例 —— 目标分配问题

打击目标选择分配数学模型是一个组合优化 NP-hard 问题，当问题规模较大时，采用传统的分支限界法或隐枚举法，在有限时间内求得其最优解是非常困难的，因此，在实际目标分配过程中不宜采取这两种算法。这里采用遗传算法对模型进行求解，期望通过这一运算简单、全局寻优能力强的启发式算法，在有限时间和迭代步数内，得到问题的全局或近似全局最优解。

（一）遗传算法设计

1. 目标分配问题解的编码方式

对于目标分配问题，如果采用通常的二进制编码方式，则染色体的长度为 $m \times n$。问题规模增大时,染色体的长度显著增长,导致计算量倍增,显然会影响到算法的时效性。因此,采用十进制编码方式顺序表达,染色体长度等于目标批次总数 n,染色体由按目标批次编号顺序排列的火力单元分配编号组成,表示一种可能的分配方案。例如,$m=3,n=4$,一个染色体为

$$A: \quad 2 \quad 3 \quad 1 \quad 3 \quad \leftrightarrow \text{火力单元编号}$$
$$\updownarrow \quad \updownarrow \quad \updownarrow \quad \updownarrow \qquad \updownarrow$$
$$1 \quad 2 \quad 3 \quad 4 \quad \leftrightarrow \text{目标批次编号}$$

表示第 2 个火力单元射击第 1 批目标,第 3 个火力单元射击第 2 批目标。第 1 个火力单元射击第 3 批目标,第 3 个火力单元射击第 4 批目标。为保证约束条件中对每一批目标必须分配一个火力单元的限制,染色体基因取值范围为 $[1,m]$。

2. 适应度函数的确定

目标分配数学模型求解的最终目的是追求总的效益最佳,所以,直接将目标函数作为染色体的适应度函数,则染色体适应度值为

$$f(v_n) = \sum_{j=1}^{n} c_{ij} \tag{5.2.15}$$

同时,要满足第 3 个约束条件的限制,对于一个染色体,分配给同一个火力单元的相邻两批目标,如批次间隔小于火力单元转火时间,则施加惩罚,令染色体适应度值为 0。

3. 遗传算子的设计

(1) 选择算子(Selection Operator)。选择的目的是把优化的染色体(解)直接遗传到下一代或通过配对交叉产生新的染色体再遗传到下一代。这里采取配对交叉遗传的方式。选择机制为适应度比例选择机制(Fitness Proportional Model),也称赌轮或蒙特卡罗(Monte Carlo)选择。在该机制中,每个染色体的选择概率为

$$P_c = f_k / \sum_{i=1}^{\text{popsize}} f_i$$

和其适应度值成比例,适应度值大的染色体被选择的概率较高。同时,采用最佳个体保存方法(Elitist Model),把群体中适应度值最大的染色体不进行配对交叉而直接复制到下一代中,这样,可以保证产生的新一代群体的最大适应度值不会小于上一代。

(2) 交叉算子(Crossover Operator)。遗传算法中起核心作用的是遗传操作的交叉算子,交叉是指把两个父代染色体的部分结构加以替换重组而生成新染色体的操作。鉴于目标分配问题的编码设计,交叉采用单点交叉的策略,交叉点的位置在 $1 \sim n$ 中随机选取。若 $m=4,n=5$,现有两个父代染色体分别为

配对父代染色体:父代染色体 A:2 4 $\vdots$ 3 1 4
父代染色体 B:3 2 $\vdots$ 4 2 1
交叉点

交叉后生成两个新子代染色体为

子代新染色体:子代染色体 A':2 4 $\vdots$ 4 2 1
子代染色体 B':3 2 $\vdots$ 3 1 4
交叉点

(3) 变异算子(Mutation Operator)。变异算子对染色体的某些基因座上的基因值作变动,

目的是使遗传算法可维持群体多样性,防止出现未成熟收敛现象。此处采用变异算子对染色体码串随机挑选多个基因座并对基因座的基因值作随机摄动,将其变为 $1 \sim m$ 的任意值,例如:

$$染色体 A:24314 \xrightarrow{变异} 14214$$

(4)算法终止条件。考虑到实际作战时,要求能够在有限时间内完成目标分配,所以,算法终止条件采用"指定遗传进化代数"和"在连续几代内最好解的质量不再改进"相结合。当满足终止条件时,输出当前群体中适应度值最大的染色体作为问题的解,染色体串对应的就是目标优化分配方案,其适应度值为该分配方案的总效益值。

(二)目标分配问题遗传算法实现

实现目标分配遗传算法的步骤如下:

步骤 1:火力单元的编号事先确定。以部署在最前沿的火力单元为准,按各批空袭目标到达该火力单元火力范围边界的时间先后,录取 n 批目标,并将各批目标编号。

步骤 2:读入数据。读入数据有各批目标威胁程度值 w_j,各火力单元对各批目标射击有利程度值 p_{ij},目标批次间隔 t_j,进行初始化。

步骤 3:随机生成一定数量的染色体作为初始群体,代表一组初始候选目标分配方案,计算每个染色体的适应度值。

步骤 4:对群体中染色体执行选择、交叉、变异遗传操作,生成新一代群体。判断新群体最大适应度值是否小于上一代群体,如果小于上一代,则找出新群体中适应度值最小的染色体,用上一代适应度值最大的染色体来取代。

步骤 5:判断是否满足终止条件,若满足,则输出适应度值最大的染色体作为问题的最优解,代表目标优化分配方案。否则,返回步骤 4。

步骤 6:录取后续目标继续进行目标分配,转到步骤 1。

(三)算例分析

假设现有 8 个火力单元,对 15 批目标进行拦截,相关数据如表 5 - 2 - 7 所列。如何进行目标分配。

表 5 - 2 - 7 目标分配相关数据表($m = 8, n = 15, t_j$ 单位:s)

p_{ij}	1	2	3	4	5	6	7	8	9	10	11	12	13	14	15
1	0.87	0.52	0.11	0.78	0.72	0.69	0.94	0.72	0.36	0.28	0.27	0.74	0.24	0.78	0.45
2	0.87	0.52	0.11	0.78	0.72	0.69	0.94	0.72	0.36	0.28	0.27	0.74	0.24	0.78	0.45
3	0.87	0.52	0.11	0.78	0.72	0.69	0.94	0.72	0.36	0.28	0.27	0.74	0.24	0.78	0.45
4	0.87	0.52	0.11	0.78	0.72	0.69	0.94	0.72	0.36	0.28	0.27	0.74	0.24	0.78	0.45
5	0.87	0.52	0.11	0.78	0.72	0.69	0.94	0.72	0.36	0.28	0.27	0.74	0.24	0.78	0.45
6	0.87	0.52	0.11	0.78	0.72	0.69	0.94	0.72	0.36	0.28	0.27	0.74	0.24	0.78	0.45
7	0.62	0.87	0.70	0.22	0.80	0.42	0.43	0.90	0.13	0.95	0.18	0.19	0.12	0.61	0.35
8	0.48	0.20	0.42	0.16	0.43	0.58	0.69	0.03	0.34	0.72	0.15	0.24	0.29	0.30	0.75
w_j	0.47	0.97	0.76	0.62	0.48	0.77	0.33	0.74	0.34	0.65	0.43	0.35	0.63	0.66	0.57
t_j	30	26	9	37	29	38	26	52	58	31	4	51	21	18	0

表格第一行数字为目标批次编号,表格第一列中数字为火力单元编号,前面 8 行表格中所填数据为 p_{ij},可以看到,火力单元 $1 \sim 6$ 的 p_{ij} 均相等,表示实际为甲型兵器的 6 个目标通道。倒数第二行数据为目标威胁程度值。倒数第一行数据为目标批次间隔,例如 $t_1 = 30$ s,表示第 1 批和第 2 批目标之间间隔为 30 s,最后一格为 0 s,是因为录取只截止到前 15 批目标。假设所有火力单元的转火时间 $t_{zh} = 40$ s。

置群体规模 popsize $= 100$,染色体长度 Ichrom $= 15$,最大遗传进化代数 maxgen $= 200$,交叉概率 pcroseover $= 0.88$,变异概率 pmutation $= 0.008\,8$。运行程序经过 200 代的遗传进化运算,得到的运算结果如表 $5-2-8$ 所列。

表 $5-2-8$　　目标分配方果

目标编号	1	2	3	4	5	6	7	8	9	10	11	12	13	14	15
分配给果	4	7	8	6	7	2	4	7	5	7	3	1	6	2	8

与此分配方案对应的总效益值 $Z = 6.210\,3$。对遗传算法分配结果作以简单分析。可以看到,在批次间隔大于转火时间的情况下,火力单元被分配给射击最有利的目标。而当发生冲突时,例如,第 2 批和第 3 批目标,对其射击最有利的均为第 7 个火力单元,但二者批次间隔为 26 s,小于转火时间。因此,程序将第 2 批目标分配给效益最佳的第 7 个火力单元,而将第 3 批目标分配给效益次佳的第 8 个火力单元,这样,可保证总体效益最佳。此方案满足目标分配的基本分配原则。

目标分配是火力打击指挥中的关键环节,这一问题的有效解决,对于提高作战效能有其重要意义。采用遗传算法求解模型,能够在有限遗传代数和有限时间内搜索到全局或近似全局最优解,为问题有效解决提供了一种新途径。

第三节　　线　性　规　划

一、概述

目标选择其实就是"合理选择",实质上就是追求一定条件下给定目标选择的优化问题,应该对此进行具体理解。所谓"合理选择",一般应包括三个方面:一是在一组不同的打击方案中进行选择;二是决定各种结果的相互关系(例如,要达到的目标、得失权衡、满意程度等);三是结果好坏的衡量标准。对于这三个方面进行数学建模,得到打击效果达到最大化的数学模型就是数学规划模型。一般说来,对上面所列三点进行量化都是很困难的。决策者为了达到自己的目的,便用各种简单函数来近似,其中最简单最具有代表意义的就是线性函数。在线性约束下寻求线性函数的极值的问题就是线性规划问题,也就是说,线性规划是一类特殊而具有基本意义的数学规划。

数学规划(Mathematical Programming,MP)是研究某些可控因素(变量)在给定的约束条件下,应如何取值以使选定的目标达到最优的理论。数学规划通常包括线性规划(Linear Programming,LP)、非线性规划(Nonlinear Programming,NP)和动态规划(Dynamic

Programming，DP）三大部分内容。数学规划的思想可追溯到 17 世纪，德国数学家费马提出的求一点使其到三个给定点的距离之和为最小的问题，可视为求解厂址选择这一数学规划问题的雏形。1902 年，J. 法卡斯（Farkse）首次发表文章阐述线性规划问题，但他自己也未曾想到，这种见解以后会有如此巨大价值。1939 年，苏联数学家 L. B. 康托罗维奇撰写《生产组织与计划中的数学》一书，这是线性规划开创性的重要论文，给出了"解乘数法"的求解方法。1947 年，任美国空军审计处数学顾问的丹捷尔（G. B. Dantzig）博士，在完成美国空军提出的《最优规划的科学计算》项目中，在列昂节夫（Leontief）投入产出工作的启发下，首次提出了线性规划模型及其求解的单纯形法（1951 年发表）。后来，他又在冯·诺伊曼的启发下，证明了线性规划的对偶定理。丹捷尔的这些成就，使得线性规划成为运筹学中意义最大的一个分支。线性规划的发展，以及它在解决种种实际问题时所取得的成效，促进了数学规划其他分支的发展。有人认为，求解线性规划的单纯形法可与求解线性方程组的高斯消元法相媲美。

按照丹捷尔的理论，任何问题一旦描述为线性规划的一般型，总可以变为单纯形法求解的标准形式。因此，对一般用户来说，只要把实际问题提炼成线性规划模型，就可调用已研制的单纯形法软件求解，这就是线性规划方法之所以应用极其广泛的主要原因。

二、线性规划模型

线性规划是运筹学的一个最为基本且应用最为广泛的分支。这一方面是由于线性规划理论和方法的研究成果的深入与丰富，另一方面是由于许多非线性的问题可以用线性问题良好地近似，而线性规划问题的求解往往具有较简洁的思想和实用方法。加上有日益发展的计算机技术的运用，使得线性规划得到了更加广泛的应用。有人统计，有 76% 的优化问题都不同程度地运用了线性规划技术。

线性规划（LP）问题就是线性函数在线性约束条件下的极值问题。一般地，LP 问题的数学模型（LP 模型）标准型为

$$\max \quad \boldsymbol{Z} = \boldsymbol{C}^{\mathrm{T}} \boldsymbol{X}$$

$$\text{s. t.} \begin{cases} \boldsymbol{A}\boldsymbol{X} = b \\ \boldsymbol{X} \geqslant \boldsymbol{0} \quad (b \geqslant 0, m \leqslant n) \end{cases} \tag{5.3.1}$$

三、整数规划模型

在许多目标建模问题中，要求决策变量为整数，如武器装备的套数、作战单元的个数、打击目标个数等，都不许出现小数或分数的答案。而前面讨论的线性规划问题中，有些最优解可能是分数或小数。为了满足整数解的要求，初看起来，似乎只要把已得的带有分数或小数的解经过四舍五入就可以了。但这常常是不行的，因为化整后不见得是可行解；或者虽然是可行解，但不一定是最优解。因此，对求最优整数解的问题，有必要另行研究，称这样的问题为整数规划。

整数规划数学模型的一般形式为

$$\min(\max) \quad \boldsymbol{Z} = \sum_{j=1}^{n} c_j x_j$$

$$\text{s. t.} \begin{cases} \sum_{i=1}^{n} a_{ij}x_j \geqslant (=, \leqslant)b_j \\ x_j \geqslant 0, x_j \text{ 为整数} \end{cases} \quad (5.3.2)$$

整数规划中如果所有的变量都限制为（非负）整数，就称为纯整数规划或全整数规划；如果仅一部分变量限制为整数，则称为混合整数规划。整数规划的求解方法有分支定界法、割平面法等。整数规划的一种特殊情况是 0-1 规划，它的变量取值仅限于 0 或 1，表示是与否的抉择性选择，这样就形成一类特殊的 LP 问题 —— 指派问题（Assignment Problem），常用的求解方法有匈牙利法（Hungarian Method）、隐枚举法等。

四、目标分配属性模型

（一）目标数学模型的建立

有 $A_i(i=1,2,\cdots,n)$ 个目标，在导弹总量 B 一定的条件下，如果选择 A_i 点，可发射 b_i 枚导弹，能达到的毁伤效果为 c_i，在导弹数不超过 B 枚的情况下，打击哪几个目标毁伤的效果达到最大。

先引入 0-1 变量 $x_i(i=1,2,\cdots,n)$，令

$$x_i = \begin{cases} 1, \text{当 } A_i \text{ 点被选中} \\ 0, \text{当 } A_i \text{ 点没有被选中} \end{cases} (i=1,2,\cdots,n) \quad (5.3.3)$$

于是可得，

$$\begin{cases} \max \quad \boldsymbol{Z} = \sum_{i=1}^{n} c_i x_i \\ \sum_{i=1}^{n} b_i x_i \leqslant B \\ x_1 + x_2 + \cdots + x_n \leqslant n \\ x_i = 0 \text{ 或 } 1(i=1,2,\cdots,n) \end{cases} \quad (5.3.4)$$

由以上模型可知，为达到最大的毁伤效果，在导弹数量一定的情况下，我们只能选择有限的目标，来取得最好的打击效果。

（二）计算实例

假设有 5（A_1, A_2, A_3, A_4, A_5）个目标，共计 20 枚导弹，依据其目标特性，可对其发射导弹数 B_i 和能达到的毁伤要求为 C_i，如表 5-3-1 所示。

表 5-3-1　假定条件

目标 要求	A_1	A_2	A_3	A_4	A_5
毁伤 C_i	0.5	0.3	0.6	0.8	0.4
导弹数 B_i	9	6	5	7	7

现在只能选择打击其中的三个目标，试问选择打击哪三个目标达到的毁伤效率最高。该问

题是部队拟制作战计划时经常遇到的问题,在目标数量较少的情况下,我们可以采用枚举法,求解如表 5-3-2 所示。

表 5-3-2 选取样式及毁伤效果

目标 选取样式	A_1	A_2	A_3	A_4	A_5	Z
(1,1,1,0,0)	0.5	0.3	0.6	0	0	1.4
(1,1,0,1,0)	0.5	0.3	0	0.8	0	1.6
(1,1,0,0,1)	0.5	0.3	0	0	0.4	1.2
(1,0,1,1,0)	0.5	0	0.6	0.8	0	1.9
(1,0,1,0,1)	0.5	0	0.6	0	0.4	1.5
(1,0,0,1,1)	0.5	0	0	0.8	0.4	1.7
(0,1,1,1,0)	0	0.3	0.6	0	0	1.7
(0,1,1,0,1)	0	0.3	0.6	0	0.4	1.3
(0,1,0,1,1)	0	0.3	0	0.8	0.4	1.5
(0,0,1,1,1)	0	0	0.6	0.8	0.4	1.8

经过计算不难得出,要使毁伤效果最好,应选择打击 A_1,A_3,A_4 三个目标,但由于其所需总弹数超过给定值 20 枚,故应选择打击 A_3,A_4,A_5 三个目标。

在目标数量较少的情况下,我们可以用枚举法求解。目标数量多,较复杂的,我们可以采用前面所述方法进行优化求解。

第四节 动 态 规 划

一、概述

动态规划是研究具有动态性质决策过程的最优化问题的理论和方法。1951 年美国数学家贝尔曼(R. Bellman)等人,根据一类多阶段决策问题的特点,把多阶段决策问题变换为一系列互相联系单阶段问题,然后逐个加以解决。与此同时,他提出了解决这类问题的"最优性原理",研究了许多实际问题,从而创建了解决最优化问题的一种新方法 —— 动态规划。他的名著《动态规划》于 1957 年出版,是动态规划的第一本著作。

动态规划模型的分类,根据多阶段决策过程的时间参量是离散的还是连续的变量,过程分为离散决策过程和连续决策过程。根据决策过程的演变是确定性的还是随机性的,过程又可分为确定性决策过程和随机性决策过程。组合起来就有离散确定性、离散随机性、连续确定性和连续随机性四种决策模型。

动态规划的方法可以用于解决兵力机动路线选择、军事资源分配决策、武器装备更新、防空火力分配、对复杂目标射击多阶段决策等问题。在工程技术、企业管理、工农业生产及其他军事领域中都有广泛的应用,并且获得了显著的效果。典型的应用于解决最优路径问题、资源分配问题、生产调度问题、库存问题、背包问题、排序问题、设备更新问题、货郎担问题、生产过程最优控制问题等。许多问题用动态规划方法处理,比线性规划或非线性规划更有成效。特别对于离散性的问题,由于解析数学无法应用,而动态规划的方法就成为非常有用的工具。同时,动态规划方法是求解最优控制的一种重要方法。

二、基本概念

动态规划是求解多阶段决策有力的思想方法和工具。多阶段决策是指这样一类特殊的活动过程,它们可以按时间顺序分解成若干相互联系的阶段,在每个阶段都要做出决策,全部过程的决策是一个决策序列,所以多阶段决策问题也称为序贯决策问题。

在多阶段决策问题中,各个阶段采取的决策,一般来说是与时间有关的,决策依赖于当前状态,又随即引起状态的转移,一个决策序列就是在变化的状态中产生出来的,故有"动态"的含义(见图 5-4-1)。因此,把处理它的方法称为动态规划方法。但是,一些与时间没有关系的静态规划(如线性规划、非线性规划等)问题,只要人为引进"时间"因素,也可把它视为多阶段决策问题,用动态规划方法处理。

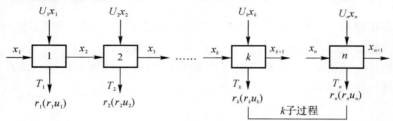

图 5-4-1 多阶段决策过程

动态规划的基本思想如下:

(1)动态规划方法的关键在于正确地写出基本递推关系式和恰当的边界条件。要先将问题的过程分成几个相互联系的阶段,恰当地选取状态变量和决策变量及定义最优值函数,从而把一个大问题化成一族同类型的子问题,然后逐个求解。

(2)每阶段决策的选取是从全局来考虑的,与该段的最优选择答案一般不同。

(3)在求整个问题的最优策略时,由于初始状态是已知的,而每段的决策都是该段状态的函数,故最优策略所经过的各段状态便可逐次变换得到,从而确定最优策略。

动态规划的基本概念有阶段、状态、决策、状态转移方程、策略、决策指标和最优值函数。

(1)阶段(Stage):依据时间或空间等特征分割问题成为相互联系的层次或阶段,用阶段变量 $i(i = 1, 2, \cdots, n)$ 来刻画。

(2)状态(State):各个阶段中开始时问题所处的状况,通常是自然或客观的条件(也称为不可控因素)。状态变量 s_{ij} 表示第 i 阶段的第 j 个状态($j = 1, 2, \cdots, n_i; i = 1, 2, \cdots, n$),$n_i$ 表示第 i 阶段的状态数,动态规划问题的总状态数为 $N = \sum_{i=1}^{n} n_i$。

(3)决策(Policy):决策者在某阶段某状态下所做出的选择。决策变量 $u_i = u_i(s_{ij})$ 表示第 i

阶段决策者处在状态 s_{ij} 所做的决策($i = 1, 2, \cdots, n$),其值是第 $i+1$ 阶段的某(些)个状态,即

$$u_i = u_i(s_{ij}) \in D_i(s_{ij}) \subset S_{i+1} = \{s_{(i+1)j} \mid j = 1, 2, \cdots, n_{i+1}\} \tag{5.4.1}$$

称 $D_i(s_{ij})$ 为状态 s_{ij} 的容许决策集,它是从 s_{ij} 可以到达的那些第 $i+1$ 阶段的状态所构成的集合。

(4) 状态转移方程(State Transfer Equation):从一个状态依某个决策到达另外的状态的方程,它表明了第 k 阶段到第 $k+1$ 阶段的状态转移规律,即

$$s_{(k+1)} = T_k(s_{kj}, u_k) \tag{5.4.2}$$

(5) 策略(Strategy):从第一阶段到最后阶段的决策按顺序排列所形成的决策集合。$P_{1,n}(s_{1.}) = \{u_1, u_2, \cdots, u_n\}$ 表示从第一阶段到第 k 阶段的决策按顺序排列所形成的决策集合,$P_{1,k}(s_{1.}) = \{u_1, u_2, \cdots, u_n\}$ 称为 k 先行子过程;从第 k 阶段到最后阶段的决策按顺序排列所形成的决策集合 $P_{k,n}(s_{k.}) = \{u_k, u_{k+1}, \cdots, u_n\}$ 称为 k 后部子过程,它也可以记为

$$P_{k,n}(s_{k.}) = \{u_k(s_k), u_{k+1}(s_{k+1}), \cdots, u_n(s_n)\}, k = 1, 2, \cdots, n \tag{5.4.3}$$

同时,状态转移方程也可以记为

$$S_{k+1} = T_k(S_k, u_k), k = 1, 2, \cdots, n-1 \tag{5.4.4}$$

在实际问题中,可供选择的策略往往有一定的范围,将此范围称为容许策略集,用 P 表示。从容许策略集中寻求出的达到最优效果的策略称为最优策略。

(6) 决策指标(Decision Rnatcing Index)与指标函数(Index Tunction):将度量决策效果的指标称为决策指标(如路程、资金等);将衡量策略优劣的数量指标或度量(如路程叠加长度、资金部分和等)称为(决策)指标函数,即定义在策略和全部子过程上的数量函数。

每一个决策(序列)都会给出决策指标的一个值,即

$$V_{k,n} = V_{k,n}(s_{k.}) = V_{k,n}(s_{k.}, u_k, s_{(k+1).}, u_{k+1}, \cdots, s_{n.}), k = 1, 2, \cdots, n \tag{5.4.5}$$

也可以记为 $V_{k,n} = V_{k,n}(s_{k.}) = V_{k,n}(s_{k.}, u_k, s_{(k+1).}, u_{k+1}, \cdots, s_{n.})$。一般地,动态规划的指标函数必须满足可分离性、可递推性(通常都是可以满足的):

$$V_{k,n}(s_{k.}, u_k, s_{(k+1).}, u_{k+1}, \cdots, s_{n.}) = \varphi_k(s_{k.}, u_k, V_{(k+1),n}, s_{(k+1).}, u_{k+1}, \cdots, s_{n.}) \tag{5.4.6}$$

指标函数的常见形式有两种。

1) 累加型:过程和它的任一子过程的指标函数是它所包含的各阶段的指标的和,即

$$V_{k,n} = V_{k,n}(s_{k.}) = V_{k,n}(s_{k.}, u_k, s_{(k+1).}, u_{k+1}, \cdots, s_n.) = \sum_{j=k}^{n} v_j(s_j, u_j) \tag{5.4.7}$$

2) 累积型:过程和它的任一子过程的指标函数是它所包含的各阶段的指标的乘积,即

$$V_{k,n} = V_{k,n}(s_{k.}) = V_{k,n}(s_{k.}, u_k, s_{(k+1).}, u_{k+1}, \cdots, s_n.) = \prod_{j=k}^{n} v_j(s_j, u_j) \tag{5.4.8}$$

式中:$v_j(s_j, u_j)$ 为第 j 阶段的阶段指标。动态规划的指标函数实际上就是序贯决策的目标函数(Object Function)。

(7) 最优值函数(Optimal Value Function):将指标函数的最优值称为最优值函数,它表示从第 k 阶段的状态 s_k 开始到终止状态(第 n 阶段)采取最优策略所得到的指标函数值记为 $f_k(s_{k.})$,即

$$f_k(s_{k.}) = \operatorname*{opt}_{\{u_k, u_{k+1}, \cdots, u_n\}} V_{k,n}(s_{k.}, u_k, s_{(k+1).}, u_{k+1}, \cdots, s_{n.}) \tag{5.4.9}$$

式中:opt 为 optimization 的词头,表示取最优化。

三、动态规划的基本方程

这里以累加型指标函数为例表述。

(1) 动态规划逆序解法的基本方程：

$$f_k(s_{k.}) = \operatorname*{opt}_{u_k \in D_k(S_k)} \{V_k(s_{k.}, u_k) + f_{k+1}(s_{(k+1).})\}, k = n, n-1, \cdots, 1 \tag{5.4.10}$$

边界条件为 $f_n(s_{n.}) = 0$。

式中：$s_{(k+1)} = T_k(s_{k.}, u_k)$，其求解过程为根据边界条件，从 $k = n$ 开始，由后向前逆推，从而逐步可求得最优决策和相应的最优值，最后求出 $f_1(s_1)$ 时，就得到整个问题的最优解。

(2) 动态规划顺序解法的基本方程

$$f_k(s_{(k+1).}) = \operatorname*{opt}_{u_k \in D_k(S_{k+1})} \{V_k(s_{(k+1).}, u_k) + f_{k-1}(s_{k.})\}, k = 1, 2, \cdots, n \tag{5.4.11}$$

边界条件为 $f_1(s_{1.}) = 0$。

式中：$s_{k.} = T_k(s_{(k+1).}, u_k)$，其求解过程为根据边界条件，从 $k = 1$ 开始，由前向后顺推，从而逐步可求得最优决策和相应的最优值，最后求出 $f_n(s_{(n+1)})$ 时，就得到整个问题的最优解。

一般地说，当初始状态给定时，用逆推比较方便；当终止状态给定时，用顺推比较方便。

对于累积型指标函数，式(5.4.10)和式(5.4.11)中的加号变为乘号，通常取边界条件为 1。即 $f_n(s_{n.}) = 1, f_1(s_{1.}) = 1$。

四、基于动态规划算法的目标规划模型

目标选择是指对于给定的武器类型和武器数量，确定如何进行目标选择，使得打击目标总体效果最大。

设一种弹型的弹量为 M，拟用来打击 n 个目标。已知用于目标 K 的弹量为 n_k 时的毁伤效果为 $g_k(u_k)$，$g_k(u_k)$ 是 u_k 的非递减函数，即不会随着 u_k 的增加而减少，应如何分配弹量，使得 n 个目标打击总体效果最大。

该问题的数学模型[8,10-12]可以表示为

$$\max(g_1(u_1) + g_2(u_2) + \cdots + g_n(u_n))$$
$$\text{s.t} \begin{cases} u_1 + u_2 + \cdots + u_n \leqslant M \\ u_1, u_2, \cdots, u_n \geqslant 0 \end{cases} \tag{5.4.12}$$

当 u_k 连续变化，$g_k(u_k)$ 是线性函数时，问题是线性规划问题；当 $g_k(u_k)$ 是非线性函数时，问题是非线性规划问题，对于目标选择来说，$g_k(u_k)$ 是一个离散函数，虽然属于非线性函数，但是特别适合用动态规划方法来处理。

将这种问题作为多阶段决策过程问题来研究的一般形式是：将 n 个目标作为一个互相衔接的整体，对一个目标的弹量分配作为一个阶段，每个阶段都要确定一个目标的数量。

x_k 是状态变量，表示阶段 k 初始拥有的弹量，即将要在第 k 个目标到第 n 个目标分配的弹量。u_k 是决策变量，表示对第 k 个目标的分配弹量。

关于状态变量 x_k 的约束条件是：$0 \leqslant x_k \leqslant M$；

关于决策变量 u_k 的约束条件是：$0 \leqslant u_k \leqslant x_k$。

即阶段 k 的弹量 x_k 总是小于或等于阶段初拥有的弹量。

因此,状态转移方程为 $x_{k+1} = x_k - u_k$。即阶段 $k+1$ 拥有的弹量为阶段 k 拥有的弹量与配置量之差。$r_k(x_k, u_k) = g_k(u_k)$。目标函数为 n 个目标打击后的毁伤效果,即 $R = \sum_{k=1}^{n} g_k(u_k)$。假设 $f_k(x_k)$ 表示阶段 k 拥有弹量 x_k 是按最优分配方案获得的总效果,则动态规划的基本方程是:

$$f_k(x_k) = \max\{g_k(u_k) + f_{k+1}(x_{k+1})\} \tag{5.4.13}$$

式中,$x_{k+1} = x_k - u_k$。

五、典型案例 —— 基于整数规划的目标分配

常规导弹部队火力分配最基本的要求是用有限的弹量实时地对敌人造成最大的毁伤,火力最优分配的目标函数是使毁伤效能最大。该效能指标以对目标的毁伤效果为基础,同时考虑目标的威胁度。

(一) 模型建立

若对每个敌目标可分配多枚导弹,设由第 i 型常规导弹打击敌第 j 个目标,定义决策变量 X_{ij} 取值为任意非负整数,约束条件为

$$\begin{cases} \sum_{j=1}^{m} x_{ij} = r_i \\ \sum_{j=1}^{m} x_{ij} \geqslant r_i \end{cases} \tag{5.4.14}$$
$$i = 1, 2, \cdots, s; j = 1, 2, \cdots, m。$$

式中:r_i 为第 i 型常规导弹的最大备弹数

后一约束条件的意义为确保每一个敌目标有导弹火力打击。

若第 i 型常规导弹对敌 j 第个目标发射 x_{ij} 枚导弹,此时毁伤效果为

$$\sum_{i=1}^{s} 1 - (1 - W_{ij})^{x_{ij}} \tag{5.4.15}$$

最优化目标函数为

$$\max(Z) = \sum_{j=1}^{m} E_j \left[\sum_{i=1}^{s} 1 - (1 - W_{ij})^{x_{ij}} \right] \tag{5.4.16}$$
$$i = 1, 2, \cdots, s; j = 1, 2, \cdots, m$$

约束条件同上。

(二) 模型求解

显然,这是一个非线性整数规划模型,对于这种类型的整数规划,目前尚无成熟的求解方法,根据本问题的实际意义,我们构造出一种算法,其基本思想是将整数规划化为动态规划来求解。

对 m 个目标分配弹数进程可以视为一个 m 阶段决策过程,这样,所谓第 j 阶段决策也就是对第 j 个目标分配弹数的决策,于是第 j 阶段的决策变量 u_j 即为对敌第 j 个目标分配的单数 x_{ij},设状态变量为第 j 阶段决策开始时尚余的未被分配的导弹数 y_j,则状态转移方程为(采用

由后向前递推顺序）

$$y_j = y_j + x_{ij} \quad (1 \leqslant j \leqslant m) \tag{5.4.17}$$

状态转移方程的边界条件为 $y_{m+1} = 0$。

允许决策集合为

$$D_j(y_j) = \{ x_{ij} \mid 0 \leqslant x_{ij} \leqslant y_j, x_{ij} \geqslant 0, x_{ij} \in \mathbf{Z} \} \tag{5.4.18}$$

由此得动态规划的基本方程为

$$\begin{cases} f_j(y_j) = \max_{x_{ij} \in D_j(y_j)} \left\{ E_j \left[\sum_{i=1}^{s} (1 - (1 - W_{ij})^{x_{ij}}) \right] + f_{j+1}(y_{j+1}) \right\} \\ f_{m+1}(y_{m+1}) = 0 \end{cases} \tag{5.4.19}$$

最后，求得 $f_1(y_1)$ 即为常规导弹火力分配的最优化目标函数值。

在实际问题中，我们可采用粗格子点法（疏密法）进行简化计算，以求得它的解或近似解。具体方法是：

先将矩形定义域 $0 \leqslant x_{ij} \leqslant r_i (r = 1, 2, \cdots, s; j = 1, 2, \cdots, m)$ 分成网格，然后在这些格子点上进行计算，则总共有 $(r_1+1)(r_2+1)\cdots(r_s+1)$ 个格点，故对每个 i 值需要计算的 $f_i(y_i)$ 共有 $(r_1+1)(r_2+1)\cdots(r_s+1)$ 个，通常这样计算量相当大，不太可行。

粗格子点法是先用少数的格子点进行粗糙的计算，在求出相应的最优解后，再在最优解附近的小范围内进一步细分，并求在细分格子点上的最优解，如此继续细分下去直到满足要求为止。

（三）计算实例

设敌方某区域包含有 7 个点目标，分别标号为 $1, 2, 3, \cdots, 7$。有关数据如表 5 - 4 - 1 所示（E_j 采用 0 - 1 标度）。又设 $r_1 = 8, r_2 = 6, r_3 = 5$，每个目标可被分配多发导弹，试将该 3 种型号导弹分配给 7 个目标，以使打击效果最佳。

表 5 - 4 - 1　目标群数据表

目标	1	2	3	4	5	6	7
E_j	0.86	0.47	0.35	1.0	0.73	0.24	0.51
p_{1j}	0.23	0.75	0.66	0.82	0.51	0.35	0.49
p_{2j}	0.76	0.33	0.24	0.58	0.92	0.44	0.29
p_{3j}	0.87	0.43	0.76	0.27	0.33	0.62	0.87

最优化目标函数为

$$\max(Z) = \sum_{i=1}^{7} E_j \left[\sum_{i=1}^{3} 1 - (1 - W_{ij})^{x_{ij}} \right] \tag{5.4.20}$$

约束条件为

$$\begin{cases} \sum_{j=1}^{7} x_{ij} = r_i \\ \sum_{i=1}^{3} x_{ij} \geqslant 1 \end{cases} \tag{5.4.21}$$

$$i = 1, 2, 3; j = 1, 2, \cdots, 7$$

由此得动态规划的基本方程为

$$\begin{cases} f_j(y_j) = \max_{x_{ij} \in D_j(y_j)} \left\{ E_j \left[\sum_{i=1}^{3} (1-(1-W_{ij})^{x_{ij}}) \right] + f_{j+1}(y_{j+1}) \right\} \\ f_8(y_8) = 0 \end{cases} \tag{5.4.22}$$

如前所述,我们采用粗格子点法进行计算。将 r_1 分成 $(0,2,4,6,8)$,r_2 分成 $(0,1,3,5)$,r_3 分成 $(0,1,3,5)$,这样共有 80 个格点,第一步求得的 x_{ij} 可表示为矩阵

$$\boldsymbol{X} = \begin{bmatrix} 0 & 2 & 1 & 4 & 1 & 0 & 0 \\ 1 & 0 & 0 & 1 & 2 & 1 & 1 \\ 3 & 0 & 1 & 0 & 0 & 0 & 1 \end{bmatrix}$$

最优化目标函数值为 5.785。

再将 r_1 分成 $(0,1,2)$,r_2 分成 $(0,1,2)$,r_3 分成 $(0,1,2)$,这样共有 9 个格点。最后计算出 x_{ij} 为

$$\boldsymbol{X} = \begin{bmatrix} 0 & 2 & 1 & 2 & 1 & 0 & 2 \\ 2 & 0 & 0 & 2 & 2 & 0 & 0 \\ 2 & 0 & 1 & 0 & 0 & 1 & 1 \end{bmatrix}$$

最优化目标函数值为 6.409。

第六章　目标系统评价

　　系统评价是对系统开发提供的各种可行方案,从多个角度予以综合考察,全面权衡利弊得失,从而为系统决策选择最优方案提供科学的依据,是系统工程中的一项重要的基础工作。目标系统评价是利用系统评价方法理论,对提供的多种目标方案进行定量评估,确定最优、次优或满意的目标方案,为目标方案选择提供参考。本章主要介绍系统评价原理、系统评价准则体系、系统综合评价法及其在目标建模中的应用。

第一节　目标系统评价概述

一、系统评价概述

　　通常所说的评价就是按照原有目的为标准,测定已有对象的属性,并把它变成主观效用的行为,即明确价值的过程。而系统评价则是在特定条件下按照评价目标进行系统价值的认定和评估。简单来说,系统评价就是全面评定系统的价值。价值通常被理解为评价主体根据其效用观点对于评价对象满足某种需求的认识,它与评价主体、评价对象所处的环境状况密切相关。因此,系统评价问题是由评价对象(What)、评价主体(Who)、评价目的(Why)、评价时期(When)、评价地点(Where)及评价方法(How)等要素(5W1H)构成的问题复合体。系统评价的前提条件是熟悉方案和确定评价指标。前者指确切掌握评价对象的优缺点,充分评估各项系统各个目标、功能要求的实现程度,方案实现的条件和可能性;后者指确定系统的评价指标,并用指标反映项目和系统要求。可用来进行系统评价的方法是多种多样的,其中比较有代表性的方法包括以经济分析为基础的费用-效果分析法、以多指标的评价和定量与定性分析相结合为特点的关联矩阵法和模糊综合评价法。这类方法是系统评价的主体方法,也是本章讨论的重点。其中关联矩阵法为原理性方法,模糊综合评价法为实用性方法。

(一)系统评价的作用

　　系统评价是系统决策的基础和前提,没有正确的评价,就无法判断系统工程过程是否满足原定的目标,无法确定是否已经在既定的条件下尽可能做到了使用户满意。另外,通过系统评价,也加强了高层负责人和具体任务执行者之间的沟通,有问题也能及早发现和采取措施。

　　从系统的视角来看,评价是一种反馈活动,通过评价发现工作是否达到原来要求,如果出现偏差就要及时纠正。在一项系统工程的全过程中,应不断进行评价,以及时纠正对既定目标的偏离。

　　系统评价是决策的基础,是方案实施的前提。具体来说,其作用和重要性体现在以下几个方面:

（1）系统评价是决策人员进行理性决策的依据：以系统目标为依据，从多个角度对多个方案理性评估，可选择出最优方案进行实施。

（2）系统评价是决策者和方案执行者之间相互沟通的关键：决策者为了使执行人员信服并积极完成任务，可以通过评价活动促进执行人员对方案的理解。

（3）系统评价有利于事先发现问题，并对问题加以解决：在系统评价过程中可进一步发现问题，有利于进一步改进系统。

（二）系统评价的原则

为了使系统评价有效地进行，需要遵循以下原则：

（1）客观性原则。评价必须反映客观实际，因此所用的信息或资料必须全面、完整、可靠，评价人员的组成要有代表性和全面性，克服评价人员的倾向性。

（2）要保证方案的可比性。替代方案在保证实现系统的基本功能上，要有可比性和一致性。系统的主要属性之间要有相似的表达方式，要形成可比的条件，这里的可比性是针对某个标准而言的。不能比较的方案谈不上评价，实际上很多问题是不能做出比较或不容易做出比较的，对这点必须有所认识。

（3）评价必须有标准。评价的标准值是说要有成体系的指标。前面提到过指标体系，是在明确需求、确定目标时制定的，在进行评价时，用于评价的指标要和原来的指标相一致。

（4）整体性原则。必须从系统整体出发，不能顾此失彼，需要考虑评价的综合性。

二、系统评价的类型

系统评价按照不同的角度有不同的分类，主要有以下几种类型。

（一）按评价时间分类

（1）事前评价。事前评价用于对处于计划阶段的军事系统进行评价。在计划阶段，由于缺乏实际的系统，一般只能参考已有的系统设计资料进行预测评价，通常采取仿真的评价手段，有时也用投标表决的方法，综合系统专家的直观判断进行评价。

（2）中间评价。中间评价用于对建设中的系统进行评价，是在系统建设阶段进行的评价，着重检验系统建设是否按照计划实施。通常采用计划协调技术对系统工程的进度进行评价，以在保证系统建设进度的同时提高系统建设的质量。

（3）事后评价。事后评价是在系统工程完成之后进行的评价，主要评价系统是否达到了预期的建设目标。事后评价中，要特别重视对与系统有关的社会因素的定性评价，该项评价通常通过调查试用该系统的有关单位的使用意见来实施。

（4）跟踪评价。跟踪评价是对系统使用后果的评价，主要在系统投入运行后，对其运行效率、可靠性以及边际效应等进行评价。其中，对系统运行边际效应的评价是跟踪评价的重要内容。

（二）按评价项目分类

（1）目标评价。确定系统目标后，要进行目标评价，以确定目标是否合理。

（2）方案评价。确定决策方案之后，要进行方案评价，以便选择最优方案。

（3）设计评价。对某个设计的点评，择其优点而改其缺点。

(4)计划评价。对某计划做出评价,以确定是否可行或是否应该做。

(5)规划评价。如城市规划、绿地规划,评价是否达到预期目标。

三、系统评价的步骤

在系统工程中,评价即评定系统发展有关方案的目的达成度。评价主体按照一定的工作程序,通过应用各种系统评价方法,从经初步筛选的多个方案中找出所需的最优或使决策者满意的方案。系统评价的步骤如图6-1-1所示。

系统评价过程中主要回答两个问题,系统存在什么属性?系统的价值如何?因此需要:①明确问题,为什么要进行评价;②熟悉对象和邀请专家,在明确目标和熟悉对象(属性)的基础上,设计指标体系;③测定对象属性和建立评价模型,仿真计算各对象的综合效用(确定系统的价值),综合分析提交决策。

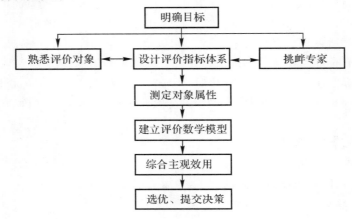

图6-1-1　系统评价的步骤

1.明确目标

明确目标就是要明确评价的目的,是选优,即从众多的方案中选择一个好方案? 还是为了更好地控制、管理一个给定的系统? 为此,评价人员要与决策者沟通,了解评价的意图和目的。

2.熟悉评价对象

首先深入了解被评价对象,搜集被评价对象的有关情报资料,搞清系统构成要素及其相互关系,熟悉系统的行为、功能、特点以及有关属性,并分析这些属性的重要程度。其次,要了解人们对系统的期望,了解人们的价值观念,即了解系统的环境。

3.挑选专家

挑选专家时,在保证一定数量的基础上,注意专家的合理构成,又要注意专家的素质,挑选那些真正熟悉对象的内行专家,切忌只图专家的名望。通常做法是根据被评价对象所涉及领域的重要程度,先分配各领域专家的名额,后挑选该领域专家。

4.设计评价指标体系

在熟悉评价对象及评价目标的基础上,建立评价指标体系。这一过程是一个不断深入、螺旋式推进的过程,即随着目标明确程度和对象熟悉程度的深入,不断地扩展、提炼草拟的评价指标体系,并通过咨询最终确定指标体系。

5.测定对象属性

评价对象存在不同属性,不同属性的测定方法不一样,但系统评价所涉及的每一属性都需测定。一般来讲有三种测定方法,即直接测定、间接测定和分级定量方法。

6.建立评价数学模型

评价数学模型的功能是将系统各属性的功能综合成被评价系统的总的功能。建模者要根据专家对评价指标体系的意见,选择和创造合适的数学表示方法,要了解不同数学表示方法的物理含义,切勿随意选择和创造表示方法。

7.综合主观效用

所有的评价都是多方案、多过程的比较,因此需要对不同的方案、过程等进行计算机仿真计算,以计算出方案、过程的总的效用。其次,任何方案、过程都存在不确定因素,以及专家对不同属性重要程度认识的差异,所以要进行方案、过程的灵敏度分析,以反映不同方案、过程在不同情形下的主观效用值。

8.选优、提交决策

由于评价指标体系和评价模型不可能包含系统所有东西,其次系统环境变化、决策者的生存环境和心态的变化,导致最优方案在实施过程中会遇到困难,所以应对评价对象的结果进行综合考虑,以便提供正确的决策依据。提交的报告除提供最优方案外,还应提出相应的实施条件。

四、系统综合评价

(一)综合评价定义及其特性

所谓综合评价是指对被评价对象(系统)的一种客观、公正和合理的价值判断与比较的选择活动。系统综合评价实质就是将评价对象在各单项指标上的价值评定值进行综合处理的方法。综合评价必须从系统整体出发,全面地对评价对象的优缺点加以权衡的过程。它有四个要素:评价主体、评价目标、评价指标体系和评价对象。

综合评价具有如下特性:①普遍性;②重要性;③客观公正性;④被评价对象的可比性和一致性;⑤评价的系统性和全面性;⑥政策法规性;⑦复杂性。

(二)综合评价指标体系

指标体系是由若干个单项指标组成的有机整体;它反映出对所要评价系统的全部目标要求。指标体系本身应科学、合理并为有关部门或人员所接受。

(三)综合评价的方法与步骤

综合评价的方法:关联矩阵法、层次分析法、模糊综合评判法、成分分析法、灰色评价法、可能-满意度法、协商综合评价法、动态综合评价法、群体综合评价法、立体综合评价法及基于模式识别的评价法等。

综合评价的步骤如图 6-1-2 所示。

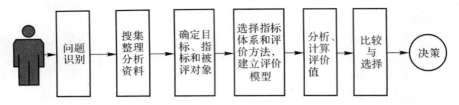

图 6-1-2　综合评价的步骤

第二节　系统评价的准则体系

系统评价工作者在建立评价指标体系的过程中首先要有明确的指导思想，明确决策者的评价目标和要求，从而确定合适的思路。

评价的目的一般都为方案选优，可采用系统论思路，即对系统进行整体的剖析、综合思考，从目标分解或社会价值观角度来构造评价指标体系。

一般有如下两种指标体系构成方法：评价指标体系的直接分解法，如"五好"学生的评价指标体系由德、智、体、美、劳五个方面组成；其次是价值观分解法，通常把政治、经济、技术、社会、环境等作为大类指标。如：某个目标方案（打击选择）的评价体系。在上述思路下，建立指标体系需解决如下几个问题：

（1）大类指标和分类指标数量问题。指标数量越多，指标覆盖的范围越大，则方案之间的差异表现就越明显，越有利于方案的判断和评价，但确定大类指标和分指标重要程度也就越困难，因而歪曲方案本质特性的可能性也越大。

大类指标和分类指标越多，在研究、分析决策所花费的时间、费用越多，但方案评价的效果越好。这个矛盾体如何处理取决于决策者对方案精度、费用、时间的综合考虑，在实际工作中，系统工程工作者强调在达到评价精度要求的前提下，指标体系尽可能的简单易行。

（2）评价指标之间的相互独立问题。原则上要求指标之间应相互独立，互不重复。例如企业费用和投资费用、折旧费用和成本，在使用中的交叉处必须明确加以划分和规定。对于某些有因果关系的指标，理论上取某一方面指标，或者在设计模型时考虑指标存在相关的问题，采用某些算法剔除相关关系。

（3）评价指标体系的确定问题。评价指标体系的建立要求尽可能地做到科学、合理、实用。为了解决这种矛盾通常使用专家咨询法，德尔菲方法（Delphi Methods）由于其独特的优点得到广泛的使用，即经过广泛征求专家意见，反复交换信息，统计处理和归纳综合，使所建立的评价指标体系更能充分反映上述要求。

一、建立评价指标体系的程序

（一）草拟评价指标体系

系统评价工作者根据评价目标、要求，对评价对象进行调查研究，可采用实地勘查、登门拜访、查阅资料、专家座谈等方法，在充分了解评价目标、要求和熟悉被评价对象的基础上，运用头脑风暴方法,提出评价指标体系初稿。

(二)设计咨询书

设计咨询书是评价指标体系建立的重要环节,其中邀请信和咨询表的设计是关键。

咨询书由邀请信和咨询表组成。邀请信要表达出评价工作的重要性和对专家的尊重、敬仰以及一定会给报酬的许诺;咨询表的设计要简洁明了,对咨询内容,如条目的内含、条目的增删方法、回信的时间以及重要等级表示方法等给出明确的信息,使专家能容易地明确咨询的要求;由于指标体系比较复杂,通常应分大类指标、各分类指标来设计咨询表格,其次在撰写咨询书时要选用恰当的词语,使专家感到参加咨询工作是一件非常重要且应该做的事。

(三)第一轮 Delphi 咨询

根据已挑选的专家,将咨询书邮寄(E-mail)给专家,并做好接收回信的准备工作,在收到专家的反馈意见后,要进行咨询结果的统计处理,如平均值、方差。

(四)第二轮 Delphi 咨询

由于专家对问题存在不同的看法,通常一轮 Delphi 咨询达到收敛要求的可能性较小,因此要进行二轮、三轮 Delphi 咨询,在进行下一轮咨询前,要将前一轮咨询的统计结果告诉专家,请专家根据上一轮统计结果再次进行评判。

(五)结束

当统计结果的方差指标达到给定的标准时,结束咨询过程。

二、评价指标数量化方法

(一)排队打分法

如果评价指标的因素已有明确的数量表示,就可以采用排队打分法。设有 m 种方案,则可采取 m 级记分制,最优者为 m 分,最劣者为 1 分,中间各方案可以等步长记分(步长为 1 分),也可以不等步长记分,灵活掌握;也可以将某一个指标的各方案数据进行排列,再根据数据的分布规律,划分出若干组别(小于 10 组),令最大组别的方案得分为 10 分,其次 9 分,依次类推。

(二)体操计分法

体操计分法是请 6 位裁判员各自独立地对表演者按 10 分制评分,得到 6 个评分值,然后舍去最高分和最低分,将中间的 4 个分数取平均,就得到表演者最后的得分数。在系统评价工作中,某些定性评价的条目常用这种体操计分法进行量化,得到该指标的得分。如对建设项目的方便性指标,一般情况下是邀请内行专家对各方案进行评价,为了剔除某些方案的偏好和厌恶,通常采用去掉最高分和最低分的方法,这样能比较真实地反映各方案的方便性。

(三)专家评分法

专家评分法利用专家的经验和感觉进行评分。例如,要对多台设备操作性进行评价,可以邀请若干名专家对不同设备进行操作,让专家感受不同设备操作性的优劣,请专家们根据自己的主观感觉和经验,按照某个打分规则,如优、良、中、差,对每台设备进行等级评分,然后评价小组将不同等级转化成相应的数字,如 4、3、2、1,最后将每台设备的得分总和除以专家的人数,就获得了每台设备的得分数。

(四)两两比较法

邀请专家对某条指标的不同方案进行两两比较,通过某种规则对方案打分,然后对每一方案的得分求和,并利用相应的方法处理。打分时可以采用三等级打分法、五等级打分法或多比例打分法等。

三、评价指标综合的主要方法

(一)加权平均法

加权平均法是指标综合的基本方法,具有加法规则、乘法规则两种形式。

1.加法规则

如果采用加法规则进行综合方案的效用,则方案i的总的效用值Φ_i可采用如下公式计算:

$$\Phi_i = \sum_{j=1}^{n} \omega_j a_{ij}, \; i = 1, \cdots, m \tag{6.2.1}$$

其中a_{ij}为方案i的第j项指标得分,ω_j为权系数,满足如下关系式:

$$0 \leqslant \omega_j \leqslant 1, \; \sum_{j=1}^{n} \omega_j = 1 \tag{6.2.2}$$

2.乘法规则

乘法规则采用下列公式计算各个方案的综合评价值:

$$\Phi_i = \prod_{j=1}^{n} a_{ij} \omega_j, \; i = 1, \cdots, m \tag{6.2.3}$$

其中,a_{ij}为方案i的第j项指标的得分,ω_j为第j项指标的权重。对式(6.2.3)的两边求对数,得

$$\lg \Phi_i = \sum_{j=1}^{n} \omega_j \lg a_{ij}, \; i = 1, \cdots, m \tag{6.2.4}$$

这是对数形式的加法规则。

加法规则各项指标的得分可以线性地互相补偿。一项指标的得分比较低,其他指标的得分都比较高,总的评价值仍然比较高,任何一项指标的改善,都可以使得总的评价值提高。

乘法规则应用的场合是要求各项指标尽可能取得较好的水平,才能使总的评价值较高。它不容许哪一项指标处于最低水平上。只要有一项指标的得分为零,不论其余的指标得分是多高,总的评价值都将是零,因而该方案将被淘汰。

(二)功效系数法

设系统具有n项评价指标$f_1(x), f_2(x), \cdots, f_n(x)$,其中$k_1$项越大越好,$k_2$项越小越好,其余$(n - k_1 - k_2)$项要求适中。

现在分别为这些指标赋以一定的功效系数$d_i, 0 \leqslant d_i \leqslant 1$,其中$d_i = 0$表示最不满意,$d_i = 1$表示最满意;一般地,$d_i = \Phi_i(x)$,对于不同的要求,函数$\Phi_i(x)$有着不同的形式,当$f_i$越大越好时选用图$6-2-1$(a),越小越好时选用图$6-2-1$(b),适中时选用图$6-2-1$(c);把$f_i$转化为$d_i$,用一个总的功效系数:

$$D = \sqrt[n]{d_i \times d_2 \times \cdots \times d_n} \tag{6.2.5}$$

作为单一评价指标,希望 D 越大越好($0 < D < 1$)。

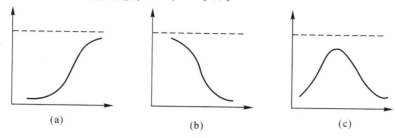

图 6 - 2 - 1　不同 $\Phi_i(x)$ 的形式

(三) 主次兼顾法

设系统具有 n 项指标 $f_1(x), f_2(x), \cdots, f_n(x), x \in \mathbf{R}$,如果其中某一项最为重要,设为 $f_i(x)$,希望它取极小值,那么我们可以让其他指标在一定约束范围内变化,来求 $f_i(x)$ 的极小值,就是说,将问题化为单项指标的数学规划:

$$\min f_1(x), \quad x \in R' \tag{6.2.6}$$
$$R' = \{x \mid f_i' \leqslant f_i(x) \leqslant f_i'', i = 2, 3, \cdots, n, x \in \mathbf{R}\}$$

(四) 罗马尼亚选择法

罗马尼亚选择法首先把表征各个指标的具体数值化为以 100 分为满分的分数,这一步称为标准化。标准化时分别从各个指标去比较方案的得分,最好的方案得 100 分,最差的方案得 1 分,居中的方案按下式计算得分数:

$$X = \frac{99(C - B)}{A - B} + 1 \tag{6.2.7}$$

其中,A 为最好方案的变量值;B 为最差方案的变量值;C 为居中方案的变量值;X 为居中方案的得分数。

第三节　层次分析法

一、发展过程及基本原理

(一)产生与发展

许多评价问题的评价对象属性多样、结构复杂,很难完全采用定量方法或简单归结为费用、效益或有效度进行优化分析与评价,在任何情况下,也难以做到使评价项目具有单一层次结构。这时需要建立多要素、多层次的评价系统,采用定性与定量有机结合的方法或通过定性信息定量化的途径,使复杂的评价问题明朗化,图 6 - 3 - 1、图 6 - 3 - 2 所示即为这样的评价问题。

在这样的背景下,美国运筹学家、匹兹堡大学教授 T. L. 萨迪(T. L. Saaty)于 20 世纪 70 年代初提出了著名的 AHP(Analytic Hierarchy Process,解析递阶过程,通常意译为"层次分析")方法。1971 年 T. L. 萨迪曾用 AHP 为美国国防部研究所谓"应急计划",1972 年又为美国国家科学基金会研究工业部门的电力分配问题,1973 年为苏丹政府用 AHP 研究了苏丹运输问题,1977 年第一届国际数学建模会议发表了"无结构决策问题的建模——层次分析法",从此 AHP 方法开始引起人们的注意,并在除方案排序之外的计划制定、资源分配、政策分析、冲突求解及决策预报等领域里得到了广泛的应用。该方法具有灵活、简洁等优点。

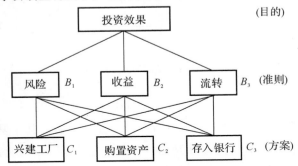

图 6-3-1 投资效果评价结构模型

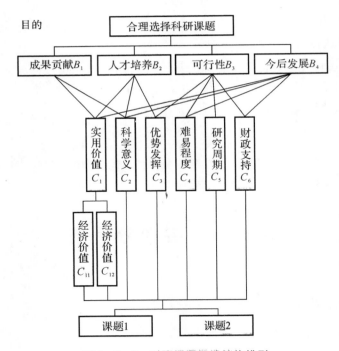

图 6-3-2 科研课题评选结构模型

1982 年 11 月,在中美能源、资源、环境学术会议上,T. L. 萨迪的学生高兰民柴(H. Gholamnezhad)首次向中国学者介绍了 AHP 方法。近年来,在我国能源系统分析、城市规划、经济管理、科研成果评价等许多领域中得到了应用。1988 年在我国召开了第一届国际 AHP 学术会议。近年来,该方法仍在管理系统工程中被广泛运用。

(二)层次分析法的原理

层次分析法简单地说就是运用多因素分级处理来确定因素权重的方法。它是一种定性分析和定量分析相结合的评价决策方法。它将评价者对复杂系统的评价思维过程数学化,即把问题层次化,根据问题的性质和需要达到的总目标,将问题分解为不同的组成因素,并按照因素间的相互关联影响以及隶属关系,将因素按不同层次聚集组合,形成一个多层次的分析结构模型。由高层次到低层次分别包括目标层、准则层、指标层、方案层、措施层等,并最终把系统分析归结为最低层(供决策的方案、措施等)。

二、基本思想和实施步骤

AHP方法把复杂问题分解成各个组成因素,又将这些因素按支配关系分组形成递阶层次结构。通过两两比较的方式确定层次中诸因素的相对重要性,然后综合有关人员的判断,确定备选方案相对重要性的总排序。整个过程体现了人们分解—判断—综合的思维特征。

在运用AHP方法进行评价或决策时,大体可分为以下四个步骤进行:

(1)分析评价系统中各基本要素之间的关系,建立系统的递阶层次结构;

(2)对同一层次的各元素关于上一层次中某一准则的重要性进行两两比较,构造两两比较判断矩阵,并进行一致性检验;

(3)由判断矩阵计算被比较要素对于该准则的相对权重;

(4)计算各层要素对系统目的(总目标)的合成(总)权重,并对各备选方案排序。

三、基于层次分析方法的目标评价方法

(1)建立目标排序问题的递阶结构(见图6-3-2)。

(2)建立各阶层的判断矩阵 A,并进行一致性检验。a_{ij} 表示要素 i 与要素 j 相比的重要性标度。标度定义见表6-3-1。

表6-3-1 $A-Bi$ 判断矩阵及重要度计算和一致性检验

标度	含义
1	两个要素相比,具有同样重要性
2	两个要素相比,前者比后者稍重要
5	两个要素相比,前者比后者明显重要
7	两个要素相比,前者比后者强烈重要
9	两个要素相比,前者比后者极端重要
2、4、6、8	上述相邻判断的中间值
倒数	两个要素相比,后者比前者的重要性标度

(3)求各要素相对于上层某要素(准则等)的归一化相对重要度向量 $W_0=(W_{0i})$。

常用方根法,即

$$W_i=(\prod_{j=1}^{n}a_{ij})^{(1/n)}$$
$$W_{0i}=W_i/\sum_i W_i \tag{6.3.1}$$

计算该例 W_0 的过程及结果如表6-3-2~表6-3-5所示。

λ_{max} 及一致性指标 C. I. (Consistency Index)的计算一般需在求得重要度向量 $\textbf{W}$ 或 $\textbf{W}_0$ 后进行,可归结在同一计算表(见表 6-3-2～表 6-3-5)中。

表 6-3-2 $A-B_i$ 判断矩阵及重要度计算和一致性检验

A	B_1	B_2	B_3	W_i	W_i^0	λ_{mi}	
B_1	1	1/3	2	0.874	0.230	3.002	$\lambda_{max}=\dfrac{1}{3}(3.002+3.004+3.005)=3.004$
B_2	3	1	5	2.466	0.648	3.004	C. I. $=0.002<0.1$
B_3	1/2	1/5	1	0.464	0.122	3.005	

表 6-3-3 B_1-C_i 判断矩阵及重要度计算和一致性检验

B_1	C_1	C_2	C_3	W_i	W_i^0	λ_{mi}	
C_1	1	1/3	1/5	0.406	0.105	3.036	$\lambda_{max}=3.039$
C_2	3	1	1/3	1.000	0.258	3.040	C. I. $=0.02<0.1$
C_3	5	3	1	2.446	0.637	3.040	

表 6-3-4 B_2-C_i 判断矩阵及重要度计算和一致性检验

B_2	C_1	C_2	C_3	W_i	W_i^0	λ_{mi}	
C_1	1	2	7	2.410	0.592	3.015	$\lambda_{max}=3.014$
C_2	1/2	1	5	1.357	0.333	3.016	C. I. $=0.007<0.1$
C_3	1/7	1/5	1	0.306	0.075	3.012	

表 6-3-5 B_3-C_i 判断矩阵及重要度计算和一致性检验

B_3	C_1	C_2	C_3	W_i	W_i^0	λ_{mi}	
C_1	1	3	1/7	0.754	0.149	3.079	$\lambda_{max}=3.08$
C_2	3	1	1/9	0.333	0.066	3.082	C. I. $=0.04<0.1$
C_3	7	9	1	3.979	0.785	3.080	

(4)求各方案的总重要度(计算过程和结果如表 6-3-6 所示)。

表 6-3-6 方案总重要度计算例表

	B_1	B_2	B_3	$C_i=\sum\limits_{i=1}^{3}b_iC_ji$
	0.230	0.648	0.122	
C_1	0.105	0.592	0.149	0.426
C_2	0.258	0.333	0.066	0.283
C_3	0.637	0.075	0.785	0.291

结果表明,三个目标的优劣顺序为 C_1、C_3、C_2,且目标 C_1 明显优于目标 C_2 和 C_3。

四、AHP 一般方法

（一）建立评价系统的递阶层次结构

1. 三个层次

（1）最高层：只有一个要素，一般它是分析问题的预定目标或期望实现的理想结果，是系统评价的最高准则，因此也称目的或总目标层。

（2）中间层：包括了为实现目标所涉及的中间环节，它可以由若干个层次组成，包括所需考虑的准则、子准则等，因此也称为准则层。

（3）最低层：表示为实现目标可供选择的各种方案、措施等，是评价对象的具体化，因此也称为方案层。

2. 三种结构形式

（1）完全相关结构。

（2）完全独立结构——树形结构。

（3）混合结构（包括带有子层次的混合结构）。

3. 两种建立递阶层次结构的方法。

（1）分解法：目的→分目标（准则）→指标（子准则）→…→方案。

（2）解释结构模型化方法（ISM 法）：评价系统要素的层次化。

4. 几个需要注意的问题

递阶层次结构中的各层次要素间须有可传递性、属性一致性和功能依存性，防止在 AHP 方法的实际应用中"人为"地加进某些层次（要素）。这个问题需进一步探讨。

每一层次中各要素所支配的要素一般不要超过 9 个，否则会给两两比较带来困难。有时一个复杂问题的分析仅仅用递阶层次结构难以表达，需引进循环或反馈等更复杂的形式，相关内容在 AHP 中有专门研究。

（二）构造两两比较判断矩阵

1. 判断矩阵的性质

$$0 < a_{ij} \leqslant 9, a_{ii} = 1, a_{ij} = \frac{1}{a_{ji}} \text{——} \boldsymbol{A} \text{ 为正互反矩阵}$$

$a_{ik} \cdot a_{kj} = a_{ij}$ ——$\boldsymbol{A}$ 为一致性矩阵（对此一般并不要求）

选择 1～9 之间的整数及其倒数作为 a_{ij} 取值的原因是，它符合人们进行比较判断时的心理习惯。实验心理学表明，普通人在对一组事物的某种属性同时作比较、并使判断基本保持一致时，所能够正确辨别的事物最大个数在 5～9 个之间。

2. 两两比较判断的次数

两两比较判断的次数应为 $n(n-1)/2$，这样可避免判断误差的传递和扩散。

3. 定量指标的处理

遇有定量指标（物理量、经济量等）时，除按原方法构造判断矩阵外，还可用具体评价数值直接相比，这时得到的 $\boldsymbol{A}$ 阵为定义在正实数集合上的互反矩阵。

4. 一致性检验方法

（1）计算一致性指标 C. I.

$$C. I. = \frac{(\lambda_{\max} - n)}{(n-1)}$$

$$\lambda_{\max} = \frac{1}{n} \sum_{i=1}^{n} \frac{(AW)_i}{W_i} = \frac{1}{n} \sum_{i=1}^{n} \frac{\sum_{j=1}^{n} a_{ij} W_j}{W_i} \tag{6.3.2}$$

式中，$(AW)_i$ 表示向量 AW 的第 i 个分量。

（2）查找相应的平均随机一致性指标 R. I. （Random Index），表 6 - 3 - 7 给出 1～15 阶正互反矩阵计算 1 000 次得到的平均随机一致性指标。

表 6 - 3 - 7　平均随机一致性指标 R. I.

矩阵阶数	1	2	3	4	5	6	7	8
R. I.	0	0	0.52	0.89	1.12	1.26	1.36	1.41
矩阵阶数	9	10	11	12	13	14	15	
R. I.	1.46	1.49	1.52	1.54	1.56	1.58	1.59	

R. I. 是同阶随机判断矩阵的一致性指标的平均值，其可在一定程度上克服一致性判断指标随增大而明显增大的弊端。

计算一致性比例 C. R. （Consistency Ratio）：

$$C. R. = \frac{C. I.}{R. I.} < 0.1 \tag{6.3.3}$$

（三）要素相对权重或重要度向量 W 的计算方法

重要度向量 W 的计算方法为

$$W = (W_1, W_2, \cdots, W_n)^{\mathrm{T}} \tag{6.3.4}$$

1. 求和法（算术平均法）

$$W_i = \frac{1}{n} \sum_{j=1}^{n} \frac{a_{ij}}{\sum_{k=1}^{n} a_{kj}}, i = 1, 2, \cdots, n \tag{6.3.5}$$

计算步骤：

（1）A 的元素按列归一化，即求 $\dfrac{a_{ij}}{\sum_{k=1}^{n} a_{kj}}$；

（2）将归一化后的各列相加；

（3）将相加后的向量除以 n 即得权重向量。

2. 方根法（几何平均法）

$$W_i = \frac{\left(\prod_{j=1}^{n} a_{ij}\right)^{\frac{1}{n}}}{\sum_{i=1}^{n} \left(\prod_{j=1}^{n} a_{ij}\right)^{\frac{1}{n}}}, i = 1, 2, \cdots, n \tag{6.3.6}$$

计算步骤：

（1）A 的元素按行相乘得一新向量；

（2）将新向量的每个分量开 n 次方；

（3）将所得向量归一化即为权重向量。

方根法是通过判断矩阵计算要素相对重要度的常用方法。

3.特征根方法

$$A \cdot W = \lambda_{\max} W \tag{6.3.7}$$

由正矩阵的 Perron 定理可知，$\lambda_{\max}$ 存在且唯一，W 的分量均为正分量，可以用幂法求出 $\lambda_{\max}$ 及相应的特征向量 W。该方法对 AHP 的发展在理论上有重要作用。

4.最小二乘法

用拟合方法确定权重向量 $W = (W_1, W_2, \cdots, W_n)^{\mathrm{T}}$，使残差平方和为最小，这实际是一类非线性优化问题。

（1）普通最小二乘法：$\min \sum\limits_{1 \leqslant i \leqslant j \leqslant n} \left[\lg a_{ij} - \lg\left(\dfrac{W_i}{W_j}\right) \right]^2$；

（2）对数最小二乘法：$\min \sum\limits_{1 \leqslant i \leqslant j \leqslant n} \left[\lg a_{ij} - \lg\left(\dfrac{W_i}{W_j}\right) \right]^2$。

五、基于层次分析法的防空部队保卫目标评价

（一）确定保卫目标评价体系

1.目标选定因素

（1）战争阶段。在空袭过程的不同时期，敌空袭的重点也不一样，因此目标价值是随着战争的发展而不断变化的，一般可以概略地分为前期、中期、后期三个主要阶段，也可以按照敌联合空中作战样式来划分，即制空作战、战略空袭、空中遮断、近距离空中支援。

（2）目标的地位作用。目标越重要，越是敌人打击的主要对象，如果被摧毁，对作战行动的影响也最大，因此也就越需要优先保卫。目标重要性从以下几个因素衡量：目标对敌人的威胁程度；目标对我作战行动的影响；目标的战争潜力；目标毁坏后对民心和士气的影响作用。

（3）目标的工作特性。其主要包括目标规范和自身的暴露征候和目标遭敌打击的易损性两个方面。目标的规模和自身特有的暴露征候越大，越易被敌人发现，而发现就意味着摧毁。因此要进行优先重点的保卫。其评价因素主要从以下几个方面考虑：目标的大小（幅员）、目标内部的子目标的数量、目标特有的暴露征候、目标遭敌打击的易损性。目标遭到敌打击后越难恢复，敌对其打击的效益越高。目标易损性主要从以下几个因素进行衡量：目标主要结构抗毁能力、目标主要设备的抗冲击能力、目标核心部位抢修恢复的难易程度。

（4）目标周围的地形条件。目标周围地物多少、稠密情况、高低状况、地形的开阔平整程度、周围的道路情况都将影响目标的重要性。目标周围的地形条件包括目标周围的地形地物分布情况，以及道路情况两个方面。

（5）敌攻击的可能性。敌攻击目标时所承担的风验越大，受到攻击的可能性就相对越小；敌人攻击获得的效益最大，该目标受到攻击的可能性也就越大。根据以上主要影响因素的分析，建立如图 6-3-3 所示的指标体系。

2.层次分析法确定指标权重

设战争时节，目标地位作用、目标工程特性、目标地形条件、敌可能攻击目标性，关于目标重要性的排序权重对应目标分别为 $(k_1, k_2, k_3, k_4, k_5)$。同理可以求得经济地位、军事作用、政

治地位对目标地位作用的排序权重为 (k_{21}, k_{22}, k_{23})，目标对敌人的威胁程度、目标对我作战行动的影响、目标的战役潜力、目标毁坏后对民心和士气的影响作用、关于目标军事作用因素的排序权重为 $(k_{221}, k_{222}, k_{223}, k_{224})$。

规模及暴露性、目标易损性对目标工程特性重要性的排序权重为 (k_{31}, k_{32})，目标幅员（尺寸）的大小、目标内部的子目标数的多少、目标特有的暴露征候、关于目标规模大小和自身特有的暴露征候因素的排序权重为 $(k_{311}, k_{312}, k_{313})$。目标主要结构抗毁能力、目标主要设备抗冲击能力、目标核心部位抢修恢复的难易程度、关于目标遭敌打击易损性因素的排序权重为 $(k_{321}, k_{322}, k_{323})$。

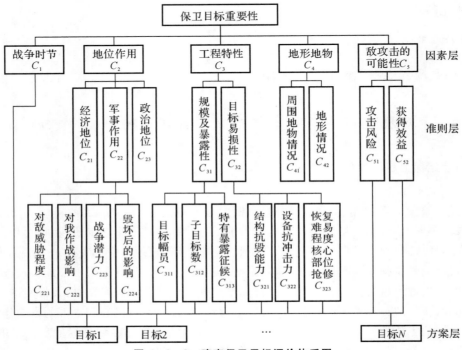

图 6-3-3 确定保卫目标评价体系图

目标周围交通条件、周围地物情况、地形开阔情况对目标周围地形条件的排序权重为 (k_{41}, k_{42})，攻击风险、获得效益对敌可能攻击性因素的排序权重为 (k_{51}, k_{52})。

下面以因素层为例求解各指标权重。

(1)形成数据表，如表6-3-8所示。

表6-3-8 因素层各因素两两对比关系

	战争时节	地位作用	工程特性	地形情况	敌人攻击的可能性
战争时节	1	1/3	1/3	2	1
地位作用	3	1	4/3	6	3
工程特性	3	3/4	1	5	3
地形情况	1/2	1/6	1/5	1	1/2
敌人攻击的可能性	1	1/3	1/3	2	1

(2)建立判断矩阵：

$$A = \begin{bmatrix} 1 & 1/3 & 1/3 & 2 & 1 \\ 3 & 1 & 4/3 & 6 & 3 \\ 3 & 3/4 & 1 & 5 & 3 \\ 1/2 & 1/6 & 1/5 & 1 & 1/2 \\ 1 & 1/3 & 1/3 & 2 & 1 \end{bmatrix}$$

（3）求解判断矩阵。

经过 Matlab 计算求得

$(k_1, k_2, k_3, k_4, k_5) = (0.118\,5, 0.377\,1, 0.324\,5, 0.061\,4, 0.118\,5)$，$\lambda_{\max} = 5.009\,7$

进行一致性检验有：

$$\text{C. I.} = \frac{\lambda_{\max} - n}{n-1} = \frac{5.009\,7 - 5}{4} = 0.002\,4$$

查表 6-3-9 可知：

$$\text{R. I.} = 1.12, \quad \text{C. R.} = \frac{\text{C. I.}}{\text{R. I.}} = \frac{0.002\,4}{1.12} = 0.002\,1 < 0.1$$

则判断矩阵 A 具有满意的一致性。

表 6-3-9　R. I. 取值表

	1	2	3	4	5	6	7	8	9
R. I.	0	0	0.58	0.96	1.12	1.24	1.32	1.41	1.45

通过仿真计算可知，战争时节、目标地位作用、目标工程特性、目标地形条件、敌可能攻击目标性、关于目标重要性的排序权重为 $(0.118\,5, 0.377\,1, 0.324\,5, 0.061\,4, 0.118\,5)$。

同理可以求得经济地位、军事作用、政治地位对目标地位作用的排序权重为 $(0.32, 0.39, 0.29)$，目标对敌人的威胁程度、目标对我作战行动的影响、目标的战役潜力、目标毁坏后对民心和士气的影响作用、关于目标军事作用因素的排序权重为 $(0.370, 0.274, 0.210, 0.146)$。

规模及暴露性、目标易损性对目标工程特性重要性的排序权重为 $(0.55, 0.45)$，目标幅员（尺寸）的大小、目标内部的子目标数的多少、目标特有的暴露征候、关于目标规模大小和自身特有的暴露征候因素的排序权重为 $(0.350, 0.320, 0.330)$。目标主要结构抗毁能力、目标主要设备抗冲击能力、目标核心部位抢修恢复的难易程度、关于目标遭敌打击易损性因素的排序权重为 $(0.290, 0.310, 0.40)$。

目标周围交通条件、周围地物情况、地形开阔情况对目标周围地形条件的排序权重为 $(0.453, 0.527)$。

攻击风险、获得效益对敌可能攻击性因素的排序权重为 $(0.375, 0.625)$。

（二）我保卫重点目标评价模型

为了达到选定我重点保卫目标的目的，制定了上面所示指标体系。但是这些评价指标均为软指标，没有明确的外延，因此，对准则层各指标给定如下评语集（很大、大、一般、小、很小），对应评分集如表 6-3-10 所示。

表 6-3-10　评语集对应评分表

评语集	1	2	3	4	5
对应评分	0~0.2	0.2~0.4	0.41~0.6	0.61~0.8	0.8~1.0

设组织 r 个决策人员和参谋人员对某选定目标的子准则层指标评分 $C_{i_1,i_2,\cdots,i_n}$（n 为评价体系最底层准则所对应的层数值），评语集与评分集对应表 $6-3-10$，则该选定目标对于指标 $C_{i_1,i_2,\cdots,i_n}$ 综合得分为

$$A_{c_{i1,i2,\cdots,in}} = (\prod_{l=1}^{r} P^l_{C_{i_1,i_2,\cdots,i_n}})^{\frac{1}{r}} \tag{6.3.8}$$

其中，n 为评价体系最底层准则所对应的层数值，$P^l_{C_{i_1,i_2,\cdots,i_n}}$ 为专家对评定目标的打分值。

(三)计算实例

假定在战争的某阶段，由式(6.3.8)运算后得出的主要掩护重点目标有战役指挥中心、电视台、大型石油化工厂、空军基地、大型桥梁等目标。现对各准则层指标评分 $A_{c_{i1,\cdots,in}}$，分别如下：

战役指挥所（B_1）：

$A_{c_1} = 0.942$

$A_{c_{21}} = 0.582$

$(A_{c_{221}}, A_{c_{222}}, A_{c_{223}}, A_{c_{224}}) = (0.906, 0.983, 0.951, 0.944)$

$A_{c_{23}} = 0.9651$

$(A_{c_{311}}, A_{c_{312}}, A_{c_{313}}) = (0.361, 0.393, 0.359)$

$(A_{c_{321}}, A_{c_{322}}, A_{c_{323}}) = (0.658, 0.941, 0.862)$

$(A_{c_{41}}, A_{c_{42}}) = (0.532, 0.491)$

$(A_{c_{51}}, A_{c_{52}}) = (0.549, 0.983)$

电视台（B_2）：

$A_{c_1} = 0.345$

$A_{c_{21}} = 0.542$

$(A_{c_{221}}, A_{c_{222}}, A_{c_{223}}, A_{c_{224}}) = (0.533, 0.489, 0.504, 0.798)$

$A_{c_{23}} = 0.623$

$(A_{c_{311}}, A_{c_{312}}, A_{c_{313}}) = (0.223, 0.343, 0.986)$

$(A_{c_{321}}, A_{c_{322}}, A_{c_{323}}) = (0.853, 0.847, 0.675)$

$(A_{c_{41}}, A_{c_{42}}) = (0.402, 0.437)$

$(A_{c_{51}}, A_{c_{52}}) = (0.821, 0.452)$

大型石化工厂（B_3）

$A_{c_1} = 0.324$

$A_{c_{21}} = 0.797$

$(A_{c_{221}}, A_{c_{222}}, A_{c_{223}}, A_{c_{224}}) = (0.359, 0.796, 0.893, 0.841)$

$A_{c_{23}} = 0.856$

$(A_{c_{311}}, A_{c_{312}}, A_{c_{313}}) = (0.905, 0.757, 0.961)$

$(A_{c_{321}}, A_{c_{322}}, A_{c_{323}}) = (0.801, 0.933, 0.906)$

$(A_{c_{41}}, A_{c_{42}}) = (0.354, 0.403)$

$(A_{c_{51}}, A_{c_{52}}) = (0.431, 0.866)$

空军基地（B_4）：

$A_{c_1} = 0.935$

$A_{c_{21}} = 0.503$

$(A_{c_{221}}, A_{c_{222}}, A_{c_{223}}, A_{c_{224}}) = (0.92, 0.803, 0.721, 0.779)$

$A_{c_{23}} = 0.635$

$(A_{c_{311}}, A_{c_{312}}, A_{c_{313}}) = (0.801, 0.835, 0.793)$

$(A_{c_{321}}, A_{c_{322}}, A_{c_{323}}) = (0.753, 0.803, 0.821)$

$(A_{c_{41}}, A_{c_{42}}) = (0.402, 0.507)$

$(A_{c_{51}}, A_{c_{52}}) = (0.342, 0.823)$

大型桥梁(B_5)

$A_{c_1} = 0.513$

$A_{c_{21}} = 0.793$

$(A_{c_{221}}, A_{c_{222}}, A_{c_{223}}, A_{c_{224}}) = (0.509, 0.911, 0.892, 0.803)$

$A_{c_{23}} = 0.512$

$(A_{c_{311}}, A_{c_{312}}, A_{c_{313}}) = (0.835, 0.698, 0.949)$

$(A_{c_{321}}, A_{c_{322}}, A_{c_{323}}) = (0.743, 0.682, 0.953)$

$(A_{c_{41}}, A_{c_{42}}) = (0.451, 0.435)$

$(A_{c_{51}}, A_{c_{52}}) = (0.732, 0.785)$

通过对以上各影响因素和准则层指标权重的分析,建立以下评分分析模型:

$$B = k_1 \circ A_{c_1} + k_2 \circ (k_{21} \circ A_{c_{21}} + k_{22} \circ \sum_{k=1}^{4} k_{22k} \circ A_{c_{22k}} + k_{23} \circ Ac_{23}) +$$

$$k_3 \circ (k_{31} \circ \sum_{k=1}^{3} k_{31k} \circ A_{c_{31k}} + k_{32} \circ \sum_{k=1}^{3} k_{32k} \circ A_{c_{32k}}) +$$

$$k_4 \circ \sum_{k=1}^{2} k_{4k} \circ A_{c_{4k}} + k_5 \circ \sum_{k=1}^{2} k_{5k} \circ A_{c_{5k}} \tag{6.3.9}$$

由式(6.3.9)计算得到:

$$B_1 = 0.740\ 7, B_2 = 0.556\ 7, B_3 = 0.719\ 8, B_4 = 0.726\ 7, B_5 = 0.704\ 9$$

从综合评价的结果看,战役指挥中心、电视台、大型石油化工厂、空军基地、大型桥梁五个评选目标的重要性顺序是战役指挥中心、空军基地、大型石油厂、大型桥梁、电视台。

第四节　模糊综合评价方法

一、理论与方法基础

(一)模糊数学的产生与发展

模糊数学是研究和处理模糊性现象的数学。集合论是模糊数学立论的基础之一,一个集合可以表现一个概念的外延。普通集合论只能表现"非此即彼"性的现象,而在现实生活中,"亦此亦彼"的现象及有关的不确切概念却大量存在,如好天气、很年轻、很漂亮、教学效果好等,这些现象及其概念严格说来均无绝对明确的界限和外延,称之为模糊现象及模糊概念。

1965 年，美国著名的控制论专家 L. A. 扎德(L. A. Zedeh)教授发表了"Fuzzy Sets(模糊集合)"的论文，提出了处理模糊现象的新的数学概念"模糊子集"，力图用定量的、精确的数学方法去处理模糊性现象。

模糊数学的发展与计算机科学的发展密切相关(L. A. 扎德本人就长期从事计算机工作)。计算机的计算速度、记忆能力超人，但计算机缺少模糊识别和模糊意向判决，如调电视、找人(大胡子、高个子)等。模糊数学就是要使计算机吸收人脑识别和判决的模糊特点，令部分自然语言作为算法语言直接进入程序，从而使计算机能完成更复杂的任务，如让机器人上街买菜、用计算机控制车辆在闹市行驶等。

目前，模糊数学已经开始在管理科学方面得到广泛应用，如科研项目评选、企业部门的考评及质量评定、人才预测与规划、教学与科技人员的分类、模糊生产平衡等。而在图像识别、人工智能、信息控制、医疗诊断、天气预报、聚类分析、综合评判等方面的应用也取得了不少成果。但需注意的是，模糊数学仅适用于有模糊概念却又可以量化的场合。

(二)模糊子集

所谓给定了论域 U 上的一个模糊子集 $\underset{\sim}{A}$ 是指：对于任意 $u \in U$，都指定了一个数 $\gamma_A(U) \in [0,1]$，叫作 u 对 $\underset{\sim}{A}$ 的隶属程度，γ_A 叫作 $\underset{\sim}{A}$ 的隶属函数。

(1)模糊子集 $\underset{\sim}{A}$ 完全由隶属函数来刻画，在某种意义上，$\underset{\sim}{A}$ 与 γ_A 等价，记作 $\underset{\sim}{A} \Leftrightarrow \gamma_A$。

(2)$\gamma_A(u)$ 表示 u 对 $\underset{\sim}{A}$ 的隶属度大小，当 γ 的值域为 $[0,1]$ 时，γ_A 蜕化成一个普通子集的特征函数，$\underset{\sim}{A}$ 蜕变成一普通子集。

在有限论域上的模糊子集可写成(不是分式求和，只是一种表示方法)：

$$\underset{\sim}{A} = \frac{\gamma_A(\mu_1)}{\gamma_1} + \frac{\gamma_A(\mu_2)}{\gamma_2} + \cdots + \frac{\gamma_A(\mu_n)}{\gamma_n} = \sum_{i=1}^{n} \frac{\gamma_A(\mu_i)}{\gamma_i} \tag{6.4.1}$$

分母是论域 U 中的元素，即 $U = \{u_1, u_2, \cdots, u_n\}$；分子是相应元素的隶属度($u$ 对 $\underset{\sim}{A}$ 的隶属程度)。

如在引例中，考虑了 F 和 E 两个论域，W_F 是 F 上的一个模糊子集。R 可以看作 $F \times E$ 上的一个模糊子集，S 是 E 上的一个模糊子集(因而是模糊评判的结果)。

(三) 最大隶属(度) 原则(最大贴近度原则)

设 $A_1, A_2, \cdots, A_n$ 是论域 U 上的 n 个模糊子集，u_0 是 U 的固定元素。

若 $\gamma_{At}(u_0) = \max(\gamma_{A1}(u_0), \gamma_{A2}(u_0), \cdots, \gamma_{An}(u_0))$，则认为 u_0 相对隶属于模糊子集 $\underset{\sim}{A_t}$。

引例中，若设 $U = \{$教师甲、教师乙、教师丙$\} = \{u_0, u_1, u_2\}$，

A_1：教学质量好，A_2：较好，A_3：一般，A_4：较差

$A_1 = \gamma_{A1}(u_0) /$ 教师甲 $+ \gamma_{A1}(u_1) /$ 教师乙 $+ \gamma_{A1}(u_2) /$ 教师丙 $= 0.162/\gamma_0 + \cdots$

$A_2 = \gamma_{A2}(u_0) /$ 教师甲 $+ \cdots = 0.444/\gamma_0 + \cdots$

$A_3 = \gamma_{A3}(u_0) /$ 教师甲 $+ \cdots = 0.348/\gamma_0 + \cdots$

$A_4 = \gamma_{A4}(u_0) /$ 教师甲 $+ \cdots = 0.046/\gamma_0 + \cdots$

则 $\gamma_{At}(u_0) = \max(0.162, 0.444, 0.348, 0.046) = 0.444 = \gamma_{A2}(u_0)$，即相对认为教师甲属于教学质量较好的这一类教师。

（四）综合评判

一个事物往往需要多个指标刻画其本质特征，并且人们对一个事物的评估又往往不是简单的好与不好，而是采用模糊语言按不同层次分为不同程度的评语，模糊综合评判就是对这种评判进行量化的模型。

假设采用 n 个因素（或指标）刻画某类事物，设因素集为 $U = \{u_1, u_2, \cdots, u_n\}$，所有可能出现的评语有 m 个，评语集为 $V = \{v_1, v_2, \cdots v_m\}$。"主因素突出"型的综合评判模型，其步骤如下：

1. 单因素评估

给出模糊值映射：

$$f : U \rightarrow (V)$$
$$f(u_i) = (r_{i1}, r_{i2}, \cdots, r_{im}) \in F(V), \; i = 1, 2, \cdots, n \tag{6.4.2}$$

其中，$f(u_i)$ 是关于因素 u_i 的评语模糊向量，r_{ij} 表示 u_i 具有评语 v_j 的程度。

2. 由 f 导出 U 到 V 的模糊关系综合评判矩阵

$$\boldsymbol{R} = \boldsymbol{R}_f = (r_{ij})_{n \times m} \tag{6.4.3}$$

3. 综合评估

对于因素集 U 上的模糊向量 $\boldsymbol{a} = (a_1, a_2, \cdots a_n)$，通过 $\boldsymbol{R}$ 变换为评语集 V 上的模糊集：

$$\boldsymbol{b} = \boldsymbol{a} \circ \boldsymbol{R} = (b_1, b_2, \cdots, b_m) \tag{6.4.4}$$

其中：

$$b_j = \bigvee_{k=1}^{n} (a_k \wedge r_{kj}), \quad j = 1, 2, \cdots, m \tag{6.4.5}$$

$\boldsymbol{a}$ 的各个隶属度可以取为关于因素的权重分配，满足 $\sum_{i=1}^{n} a_i = 1$。

模糊评判法是利用模糊集理论来进行评价的一种方法，具体地说，就是应用模糊关系合成原理，从多个因素对被评事物隶属度等级状况进行综合评判的一种方法。模糊综合评判的优点是可对涉及模糊因素的对象系统进行综合评价，其不足之处是，它并不能解决评价指标间相关造成的评价信息重复问题，隶属函数的确定还没有系统的方法，而且合成的算法也有待进一步探讨。其评价过程大量应用了人的主观判断，由于各因素权重的确定带有一定的主观性，因此总的来说，模糊综合评判是一种基于主观信息的综合评价方法。实践证明，综合评价结果的可靠性和准确性依赖于合理选取因素、因素的权重分配和综合评价的合成算子等。

二、主要步骤及有关概念

（一）模糊评价

模糊评价按以下环节进行：

1. 确定被评价对象

被评价对象是一组要评价的同一类事物，记为 $\boldsymbol{M} = (M_1, M_2, \cdots, M_n)$。

2. 明确评价目标

评价问题的总目标可进一步分解成不同的分目标，从而可得一梯阶目标结构。

3. 建立评价指标体系

评价指标体系应能全面反映被评价问题的主要方面，它的结构取决于评价目标、被评价对象的一般性质、决策要求及拥有的有关基础资料等。

4. 选取并合规则

下层指标值复合成上层指标值需借助于某种并合规则。常用的并合规则有加法规则、乘法规则、指数运算规则、取大规则、取小规则、代换规则和向量规则，各种规则可和权配合使用。本节采用双基点法（理想点和反理想点法）进行规格化。

5. 确定各下层指标的权重

各下层指标的权重是它们对某个上层指标而言的相对重要性的度量。为了反映指标数据的平均固有信息，同时还反映人们的一定"偏好"，我们可采用合适的方法来确定权重向量。下层指标的权重可以用熵法、层次分析法等来确定或采用平均加权法。

6. 构造属性矩阵

每个被评价对象的各个属性值可排列成属性矩阵。每个被评价对象的属性值可以通过问卷调查、专家评估以及计算机模拟等方法得出目标分析评分值，这些数据是分析、评判、决策、排序的基础，具有一定的代表性。属性矩阵的形式如下：

$$\bar{A} = \begin{array}{c} \\ A_1 \\ A_2 \\ \vdots \\ A_m \end{array} \begin{array}{cccc} M_1 & M_2 & \cdots & M_n \\ \left[\begin{array}{cccc} \bar{a}_{11} & \bar{a}_{12} & \cdots & \bar{a}_{1n} \\ \bar{a}_{21} & \bar{a}_{22} & \cdots & \bar{a}_{2n} \\ \vdots & \vdots & \vdots & \vdots \\ \bar{a}_{m1} & \bar{a}_{m2} & \cdots & \bar{a}_{mn} \end{array} \right] \end{array}$$

式中，A_i 表示指标体系中的第 i 个属性，$i = 1,2,\cdots,m$，m 是指标体系中的属性总数；M_j 表示第 j 个被评价对象，$j = 1,2,\cdots,n$，n 是被评价对象的总数；$\bar{a}_{ij}$ 表示第 j 个目标的第 i 个属性的分析值。

7. 对属性矩阵进行规格化

将属性矩阵 $\bar{A}$ 规格化为规格化属性矩阵 A'，A' 的元素 a'_{ij} 计算如下：

$$a'_{ij} = \frac{\bar{a}_{ij} - \min\limits_{j} \bar{a}_{ij}}{\max\limits_{j} \bar{a}_{ij} - \min\limits_{j} \bar{a}_{ij}}, \ i \in I_1 \tag{6.4.6}$$

$$a'_{ij} = \frac{\max\limits_{j} \bar{a}_{ij} - \bar{a}_{ij}}{\max\limits_{j} \bar{a}_{ij} - \min\limits_{j} \bar{a}_{ij}}, \ i \in I_2 \tag{6.4.7}$$

$$a'_{ij} = \frac{|\bar{a}_{ij} - \gamma_i|}{\max\limits_{j} |\bar{a}_{ij} - \gamma_i|}, \ i \in I_3 \tag{6.4.8}$$

式中，I_1 为收益性指标，I_2 为损失性指标，I_3 为越接近某一固定值 γ_i 越好的指标。

8. 按选定的并合规则计算上层指标的值

如果评价指标体系有多个层次，则逐层向上计算，直到得出第一层指标的值为止，并据此排出各个被评价对象的优劣顺序。

9. 根据评价过程得到的信息，进行系统分析和决策

（二）综合排序

下面采用多指标排序的方法之一的双基点法对目标进行综合排序。这种方法实质上是一

种并合规则,但由于采用式(6.4.6)～式(6.4.8)进行规格化,从而使反理想点成为零。按上述方法已将属性矩阵 $\overline{A}$ 规格化为规格化矩阵 $A' = (a'_{ij})_{m \times n}$,现在按以下步骤可求上层指标的值。

1.将规格化属性矩阵加权

加权规格化属性矩阵的形式为

$$A = \begin{bmatrix} a_{11} & a_{12} & \cdots & a_{1n} \\ a_{21} & a_{22} & \cdots & a_{2n} \\ \vdots & \vdots & & \vdots \\ a_{m1} & a_{m2} & \cdots & a_{mn} \end{bmatrix} = \begin{bmatrix} q_1 a'_{11} & q_1 a'_{12} & \cdots & q_1 a'_{1n} \\ q_2 a'_{21} & q_2 a'_{22} & \cdots & q_2 a'_{2n} \\ \vdots & \vdots & & \vdots \\ q_m a'_{m1} & q_m a'_{m2} & \cdots & q_m a'_{mn} \end{bmatrix} \quad (6.4.9)$$

其中, $q_i(i = 1,2,\cdots,m)$ 为下层指标的权值; a'_{ij} 的值为规格化矩阵 A' 各元素的值。

2.求理想点 P^*

理想点为

$$P^* = \max_j \{a_{ij} \mid i = 1,2,\cdots,m\} = (P_1^*, P_2^*, \cdots, P_m^*)^{\mathrm{T}}$$

这时的反理想点 P_* 为

$$P_* = \max_j \{a_{ij} \mid i = 1,2,\cdots,m\}$$
$$= (P_{*1}, P_{*2}, \cdots, P_{*m})^{\mathrm{T}} = (0,0,\cdots,0)^{\mathrm{T}} \quad (6.4.10)$$

3.计算到理想点的距离

在加权规格化属性空间中,被评价对象 M_j 与理想点的距离计算公式为

$$d_j^* = \sqrt{\sum_{i=1}^{n} (a_{ij} - P_i^*)^2}, \quad i = 1,2,\cdots,n \quad (6.4.11)$$

4.计算相对贴近度并对各评价对象排序

在加权规格化属性空间中,被评价对象 M_j 与理想点的相对贴近度可定义为

$$T_j = \frac{(P^* - a_j)^{\mathrm{T}} (P^* - P_*)}{\| P^* - P_* \|^2} \quad (6.4.12)$$

式中, $a_j = (a_{1j}, a_{2j}, \cdots, a_{mj})^{\mathrm{T}}$,由于 $P_* = 0$,上式可变为

$$T_j = \frac{(P^* - a_j)^{\mathrm{T}} P^*}{\| P^* \|^2} = 1 - \frac{a_j^{\mathrm{T}} P^*}{\| P^* \|^2} = 1 - \frac{\sum_{i=1}^{m} a_{ij} P_i^*}{\sum_{i=1}^{m} (P_i^*)^2} \quad (6.4.13)$$

显然, $T_j \in [0,1]$。计算目标相应的贴近值。

根据算出的 T_j 值对各评价对象排序(低值为好)。若某些被评价对象的 T_j 值相等而无法排出前后顺序时,再对它们使用式(6.4.11),以算出的 d_j^* 值加以区分(低值为好)。

三、炮兵火力打击目标价值评价

(一)炮兵火力打击目标价值评估问题

以炮兵火力打击时的战场目标为例,对炮兵火力打击目标价值与排序进行分析。

1. 进行模糊评价

主要步骤如下：

(1) 确定被评价对象。被评价对象是一组要评价的同一类事物，记为 $M = (M_1, M_2, \cdots, M_n)$，为不失一般性，假设战场需打击的目标可归纳为以下八类，记为 $M_1, M_2, M_3, M_4, M_5, M_6, M_7, M_8$。

(2) 建立评价指标体系。根据现有研究现状，在充分借鉴和吸收他人研究成果的基础上，结合自己的任务，我们可建立以下 10 个指标体系：目标重要性、目标的危害程度、对目标打击的紧迫性、目标的确定性、射击有利性、指挥员干预程度、敌可能对抗对我影响程度、对该目标射击的经济性、目标射击后对后续射击任务的影响、目标本身的政治敏感程度等。

(3) 确定各下层指标的权重。各下层指标的权重是它们对某个上层指标而言的相对重要性的度量。为了反映指标数据的平均固有信息，同时还反映人们的一定"偏好"，我们可采用合适的方法来确定权重向量。下层指标的权重可以用熵法、层次分析法等来确定或采用平均加权法。这里，我们利用平均加权法来确定各下层指标的权值，即各指标的权重为

$$q = \{q_1, q_2, q_3, q_4, q_5, q_6, q_7, q_8, q_9, q_{10}\} = \{0.1, 0.1, 0.1, 0.1, 0.1, 0.1, 0.1, 0.1, 0.1, 0.1\}$$

(4) 构造属性矩阵。每个被评价对象的各个属性值可排列成属性矩阵。每个被评价对象的属性值可以通过问卷调查、专家评估以及计算机模拟等方法得出目标分析评分值，这些数据是分析、评判、决策、排序的基础，具有一定的代表性。

根据以上分析，规定对目标的评分区间为 $[0,1]$，可得到本问题的属性矩阵（$m \times n$ 矩阵，行数 $m = 10$，列数 $n = 8$）。其属性值见表 6-4-1。

表 6-4-1　目标属性值

属性值	重要性	危害程度	紧迫性	确定性	有利性	指挥员干预	对我影响	经济性	后续影响	敏感度
M_1	0.8	0.7	0.9	0.8	0.6	0.8	0.6	0.8	0.7	0.7
M_2	0.8	0.8	0.9	0.7	0.7	0.9	0.9	0.9	0.8	0.9
M_3	0.8	0.8	0.6	0.8	0.2	0.8	0.7	0.7	0.6	0.6
M_4	0.8	0.5	0.7	0.9	0.4	0.9	0.3	0.5	0.5	0.9
M_5	0.7	0.7	0.5	0.5	0.4	0.7	0.4	0.5	0.4	0.8
M_6	0.6	0.5	0.6	0.5	0.5	0.5	0.5	0.6	0.5	0.5
M_7	0.7	0.7	0.8	0.6	0.7	0.9	0.4	0.8	0.8	0.7	0.7
M_8	0.6	0.9	0.8	0.6	0.3	0.8	0.8	0.4	0.3	0.9

(5) 对属性矩阵进行规格化。由式 (6.4.6) ～ 式 (6.4.8) 可知，目标的危害程度、目标的重要性、对目标打击的紧迫性、目标的确定性、射击有利性取收益性指标 I_1；敌可能对抗对我影响程度、对该目标射击的经济性、对该目标射击后对后续射击任务的影响、目标本身的政治敏感程度取损失性指标 I_2；指挥员干预程度取越接近固定值 0.1 指标越好，则其规格化属性矩阵（$m \times n$ 矩阵，行数 $m = 10$、列数 $n = 8$）：

$$\bar{\boldsymbol{A}} = \begin{bmatrix} 1 & 0.5 & 1 & 0.75 & 0.57 & 0.875 & 0.5 & 0.2 & 0.2 & 0.5 \\ 1 & 0.75 & 1 & 0.5 & 0.71 & 1 & 0 & 0 & 0 & 0 \\ 0 & 0.75 & 0.25 & 0.75 & 0 & 0.875 & 0.3 & 0.4 & 0.4 & 0.75 \\ 1 & 0 & 0.5 & 1 & 0.71 & 1 & 1 & 0.6 & 0.6 & 0 \\ 0.67 & 0.5 & 0.25 & 0 & 0.43 & 0.75 & 0.83 & 0.8 & 0.8 & 0.25 \\ 0.3 & 0 & 0 & 0.25 & 0.86 & 0.5 & 0.67 & 0.6 & 0.6 & 1 \\ 0.67 & 0.5 & 0.75 & 0.5 & 1 & 0.375 & 0.3 & 0.2 & 0.2 & 0.5 \\ 0.3 & 1 & 0.75 & 0.25 & 0.13 & 0.875 & 0.3 & 1 & 1 & 0 \end{bmatrix}$$

2. 进行综合排序

基于以上计算和分析,我们进行下面的综合排序。

下面采用多指标排序的方法之一,即双基点法对目标进行综合排序。这种方法实质上是一种并合规则,但由于采用式(6.4.6)~式(6.4.8)进行规格化,从而使反理想点成为零。按上述方法已将属性矩阵规格化为规格化矩阵 $\boldsymbol{A}' = (a'_{ij})_{m \times n}$,现在按以下步骤求上层指标的值:

(1)将规格化属性矩阵加权。加权规格化属性矩阵的形式为

$$\boldsymbol{A} = \begin{bmatrix} a_{11} & a_{12} & \cdots & a_{1n} \\ a_{21} & a_{22} & \cdots & a_{2n} \\ \vdots & \vdots & & \vdots \\ a_{m1} & a_{m2} & \cdots & a_{mn} \end{bmatrix} = \begin{bmatrix} q_1 a'_{11} & q_1 a'_{12} & \cdots & q_1 a'_{1n} \\ q_2 a'_{21} & q_2 a'_{22} & \cdots & q_2 a'_{2n} \\ \vdots & \vdots & & \vdots \\ q_m a'_{m1} & q_m a'_{m2} & \cdots & q_m a'_{mn} \end{bmatrix}$$

其中,采用平均加权有 $q_i = 0.1, i = 1, 2, \cdots, 10$, a'_{ij} 的值为规格化矩阵 $\boldsymbol{A}'$ 各元素的值。计算可得规格化属性矩阵,加权后得矩阵:

$$\boldsymbol{A} = \begin{bmatrix} 0.1 & 0.05 & 0.1 & 0.075 & 0.057 & 0.0875 & 0.05 & 0.02 & 0.02 & 0.05 \\ 0.1 & 0.075 & 0.1 & 0.05 & 0.071 & 0.1 & 0 & 0 & 0 & 0 \\ 0 & 0.075 & 0.025 & 0.075 & 0 & 0.0875 & 0.03 & 0.04 & 0.04 & 0.075 \\ 0.1 & 0 & 0.05 & 0.1 & 0.071 & 0.1 & 0.01 & 0.06 & 0.06 & 0 \\ 0.067 & 0.05 & 0.025 & 0 & 0.043 & 0.075 & 0.083 & 0.08 & 0.08 & 0.025 \\ 0.03 & 0 & 0 & 0.025 & 0.086 & 0.05 & 0.067 & 0.06 & 0.06 & 0.1 \\ 0.067 & 0.05 & 0.075 & 0.05 & 0.1 & 0.0375 & 0.03 & 0.02 & 0.02 & 0.05 \\ 0.03 & 0.1 & 0.075 & 0.025 & 0.013 & 0.0875 & 0.03 & 0.1 & 0.1 & 0 \end{bmatrix}$$

(2)求理想点 $\boldsymbol{P}^*$。

根据计算原理中介绍的计算公式求得理想点的值为

$$\boldsymbol{P}^* = (0.1, 0.1, 0.1, 0.1, 0.1, 0.1, 0.1, 0.1, 0.1, 0.1)^{\mathrm{T}}$$

$$\| \boldsymbol{P}^* \|^2 = 0.1$$

(3)计算相对贴近度并对各评价对象排序。根据式(6.4.12)~式(6.4.13)计算 8 类目标相应的贴近值,如表 6-4-2 所示。

表 6-4-2　目标贴近值

被评价对象	M_1	M_2	M_3	M_4	M_5	M_6	M_7	M_8
T_j	0.392 5	0.503 7	0.553 2	0.359 1	0.472 7	0.524 1	0.502 5	0.440 7

(4)结论。将目标综合评定结果(即目标价值)按数值大小进行排序,贴近度越小则价值越

高。因此，目标顺序结果为

$$M_4 > M_1 > M_8 > M_5 > M_7 > M_2 > M_6 > M_3$$

根据目标价值排序，指挥员可按照该序列对目标进行最佳效益的火力打击。

（二）导弹打击目标价值排序问题

现代战场上侦察手段先进，探测技术发达，情报资源丰富，因而在作战的准备阶段或作战中将发现大量目标，要想同时攻击这么多目标是不可能的。因此，导弹部队对可能攻击的目标要进行选择。首先，要区别目标的真伪，然后判断其重要性类型，再估计目标的价值，随后确定打击的先后顺序，最后实施打击。目标价值排序的主要目的就是为了确定在某一战斗时刻所发现的各个目标的综合价值，然后，根据我方的战斗任务及兵力情况，选定射击目标，确定射击的先后顺序。

选择 4 个有典型意义的目标：敌军港、机场、指挥部、防空导弹阵地作为战役战术导弹所要打击的目标，分别记为 M_1，M_2，M_3，M_4，运用模糊综合评判法对目标进行价值分析，确定打击的顺序。

1. 确定评价指标体系

对目标价值的分析主要是确定对各类目标打击的必要性和紧迫性指标。打击的必要性是指由于被打击目标的特殊性，非使用战役战术导弹实施打击不可，比如：对于敌指挥所、机场、防空导弹阵地等目标，常规炮兵射程不够，而敌防空力量又很强，对空军和陆军航空兵构成很大威胁，显然，使用战役战术导弹进行打击是最佳的；打击的紧迫性是指要求对目标使用导弹实施打击的迫切程度，因为被打击目标对我军作战行动影响的紧迫程度不同，所以要求对其使用的导弹实施打击的迫切程度也不同。例如，在渡海登岛作战的先期火力打击阶段，敌军的导弹、作战飞机较海岸防御部队对我构成的威胁更大，因此，我导弹对敌各类目标实施打击的迫切程度也不尽相同。根据以上分析，对各类目标的价值分析要考虑诸多因素，由于影响分析的因素较多，考虑的侧重点又有所不同，分析结果往往存在较大的差别，为了使其具有一定的科学性，又有一定的灵活性，在实际作战中，应着重考虑目标重要性、目标对我的威胁程度、目标对我军后续行动的影响、目标的确定性和目标的作战能力等 5 个指标（见表 6-4-3）。

表 6-4-3 M_1 价值表

因素	重要	较重要	一般重要	不重要
目标重要性	0.7	0.2	0.1	0
	0.3	0.1	0.6	0
目标对我的威胁程度	0.2	0.3	0.4	0.1
	0.2	0.6	0.2	0
目标对我军后续行动的影响	0.1	0.7	0.1	0.1
	0.7	0.1	0.2	0
目标的确定性	0.6	0.4	0	0
	0.7	0.1	0.2	0
目标的作战能力	0.1	0.3	0.5	0.1
	0.3	0.4	0.2	0.1

2.选取被评判对象的因素集 U 与评语集 V

根据以上分析,得出目标价值分析的因素及因素子集,如表 6－4－4 所示.

表 6－4－4　　因素及因素子集

目标	因素	因素子集
目标价值分析	打击的必要性(U_1)	目标重要性(U_{11})
		目标对我的威胁程度(U_{12})
		目标对我军后续行动的影响(U_{13})
		目标的确定性(U_{14})
		目标的作战能力(U_{15})
	打击的紧迫性(U_2)	目标重要性(U_{21})
		目标对我的威胁程度(U_{22})
		目标对我军后续行动的影响(U_{23})
		目标的确定性(U_{24})
		目标的作战能力(U_{25})

衡量一个目标的价值,可以通过对这些因素进行考察再综合评判而得到,对所有因素的考察是根据专家打分的结果,按照一定的标准,分为重要、较重要、一般重要、不重要 4 个等级。因此,评语集为 $V = \{$重要,较重要,一般重要,不重要$\}$。

3.一级评判

采用统计法获得评判中需要的相关数据,具体做法是,先制定几种目标价值分析所需要的参数,然后根据所需要参数制定问卷,请一些相关教授和专家进行打分,填写目标价值表。限于篇幅,只列出了 M_1 的价值表,如表 6－4－3 所示(表中上行数据为必要性,下行数据为紧迫性)。

根据对 U 的划分,可得 U_1 到 V 和 U_2 到 V 的映射,得模糊矩阵 $\boldsymbol{R}_{11}$ 和 $\boldsymbol{R}_{12}$。

$$\boldsymbol{R}_{11} = \begin{bmatrix} 0.7 & 0.2 & 0.1 & 0 \\ 0.2 & 0.3 & 0.4 & 0.1 \\ 0.1 & 0.7 & 0.1 & 0.1 \\ 0.6 & 0.4 & 0 & 0 \\ 0.1 & 0.3 & 0.5 & 0.1 \end{bmatrix} \quad \boldsymbol{R}_{12} = \begin{bmatrix} 0.3 & 0.1 & 0.6 & 0 \\ 0.2 & 0.6 & 0.2 & 0 \\ 0.7 & 0.1 & 0.2 & 0 \\ 0.7 & 0.1 & 0.2 & 0 \\ 0.3 & 0.4 & 0.2 & 0.1 \end{bmatrix}$$

同理,可以得到 $\boldsymbol{M}_2$、$\boldsymbol{M}_3$ 和 $\boldsymbol{M}_4$ 的模糊矩阵:

$$\boldsymbol{R}_{21} = \begin{bmatrix} 0.3 & 0.3 & 0.3 & 0.1 \\ 0.6 & 0.1 & 0.3 & 0 \\ 0.4 & 0.3 & 0.2 & 0.1 \\ 0.3 & 0.5 & 0.1 & 0.1 \\ 0.1 & 0.3 & 0.5 & 0.1 \end{bmatrix} \quad \boldsymbol{R}_{22} = \begin{bmatrix} 0.8 & 0.1 & 0.1 & 0 \\ 0.4 & 0.3 & 0.3 & 0 \\ 0.2 & 0.7 & 0 & 0.1 \\ 0.3 & 0.6 & 0.1 & 0 \\ 0.3 & 0.4 & 0.2 & 0.1 \end{bmatrix}$$

$$\boldsymbol{R}_{31} = \begin{bmatrix} 0.7 & 0.2 & 0.1 & 0 \\ 0.4 & 0.3 & 0.3 & 0 \\ 0.4 & 0.3 & 0.2 & 0.1 \\ 0.5 & 0.3 & 0.1 & 0.1 \\ 0.4 & 0.4 & 0.2 & 0 \end{bmatrix} \quad \boldsymbol{R}_{32} = \begin{bmatrix} 0.7 & 0.3 & 0 & 0 \\ 0.4 & 0.3 & 0.3 & 0 \\ 0.2 & 0.7 & 0 & 0.1 \\ 0.3 & 0.6 & 0.1 & 0 \\ 0.5 & 0.4 & 0.4 & 0 \end{bmatrix}$$

$$\boldsymbol{R}_{41} = \begin{bmatrix} 0.7 & 0.2 & 0.1 & 0 \\ 0.8 & 0.2 & 0 & 0 \\ 0.7 & 0.3 & 0 & 0 \\ 0.1 & 0.4 & 0.3 & 0.2 \\ 0.7 & 0.2 & 0.1 & 0 \end{bmatrix} \qquad \boldsymbol{R}_{42} = \begin{bmatrix} 0.8 & 0.2 & 0 & 0 \\ 0.8 & 0.2 & 0 & 0 \\ 0.6 & 0.3 & 0.1 & 0 \\ 0.1 & 0.4 & 0.3 & 0.2 \\ 0.7 & 0.2 & 0.1 & 0 \end{bmatrix}$$

经过向专家和有经验的指挥员咨询,因素的权重分配的模糊向量取等权比较合适,即

$$\boldsymbol{A}_1 = (0.2, 0.2, 0.2, 0.2, 0.2)$$

M_1 的"打击必要性"评判向量为

$$\boldsymbol{B}_{11} = \boldsymbol{A}_1 \boldsymbol{R}_{11} = (0.34, 0.38, 0.22, 0.06)$$

依据最大隶属度原则,得出 M_1 的"打击必要性"的评判结果为"较重要"。计算 M_1 的"打击紧迫性"评判向量为

$$\boldsymbol{B}_{12} = \boldsymbol{A}_1 \boldsymbol{R}_{12} = (0.44, 0.26, 0.28, 0.02)$$

M_1 的"打击紧迫性"评判结果为"重要"。

同理可求得,$\boldsymbol{B}_{21} = (0.52, 0.38, 0.08, 0.02)$,评判结果为"重要"。

$\boldsymbol{B}_{22} = (0.56, 0.32, 0.06, 0)$,评判结果为"重要"。

$\boldsymbol{B}_{31} = (0.48, 0.3, 0.18, 0.04)$,评判结果为"重要"。

$\boldsymbol{B}_{32} = (0.42, 0.46, 0.1, 0.02)$,评判结果为"较重要"。

$\boldsymbol{B}_{41} = (0.6, 0.26, 0.1, 0.04)$,评判结果为"重要"。

$\boldsymbol{B}_{42} = (0.6, 0.26, 0.1, 0.04)$,评判结果为"重要"。

4. 二级评判

为全面客观地评判各类目标的综合价值,需对"打击的必要性"和"打击的紧迫性"进行二级模糊综合评判。在实际作战中,由于"打击的必要性"和"打击的紧迫性"具有同等重要性,所以两者的权重各占 50%,记为 $\boldsymbol{A} = (0.5, 0.5)$。

M_1 的综合评判向量为

$$\boldsymbol{B}_1 = \boldsymbol{A} \begin{bmatrix} \boldsymbol{B}_{11} \\ \boldsymbol{B}_{12} \end{bmatrix} = (0.39, 0.32, 0.25, 0.04)$$

依据最大隶属度原则,得出 M_1 的综合评判结果为"重要"。同理可得

$\boldsymbol{B}_2 = (0.54, 0.35, 0.07, 0.04)$,评判为"重要"。

$\boldsymbol{B}_3 = (0.45, 0.38, 0.14, 0.03)$,评判为"重要"。

$\boldsymbol{B}_4 = (0.6, 0.26, 0.1, 0.04)$,评判为"重要"。

为比较 M_1, M_2, M_3, M_4 的综合价值,给评语打分,假设给"重要"打分1,"较重要"打分0.8,"一般重要"打分0.5,"不重要"打分0,则根据下式:

$$S = \sum_{j=1}^{m} S_j \frac{b_j}{\sum_{j=1}^{m} b_j} \tag{6.4.14}$$

得到:

$S_1 = 1 \times 0.39 + 0.8 \times 0.32 + 0.5 \times 0.25 + 0 \times 0.04 = 0.77$

$S_2 = 1 \times 0.54 + 0.8 \times 0.35 + 0.5 \times 0.07 + 0 \times 0.04 = 0.855$

$S_3 = 1 \times 0.45 + 0.8 \times 0.38 + 0.5 \times 0.14 + 0 \times 0.03 = 0.824$

$S_4 = 1 \times 0.6 + 0.8 \times 0.26 + 0.5 \times 0.1 + 0 \times 0.04 = 0.858$

以上得分情况表明,目标价值由高到低依次为 $M_4 > M_2 > M_3 > M_1$。

可得结论,我导弹要首先打击敌防空导弹发射阵地,其次打击敌机场,再打击敌指挥部,最后打击敌军港,特别是敌防空导弹发射阵地和机场均属于高价值目标,要首先给予重点打击。

第五节 灰色评价方法

一、概述

1982 年,我国著名学者、华中理工大学的邓聚龙教授创立了灰色系统理论,它是用来解决信息不完备系统的数学方法。把控制论的观点和方法延伸到复杂的大系统中,将自动控制和运筹学相结合,用独树一帜的有效方法和手段,去研究广泛存在于客观世界中的具有灰色性的问题。

在客观世界中,有许多因素之间的关系既不是"白的"(即系统中的全部信息确定或确知),也不是"黑的"(全部信息不确定或不确知),而是"灰的"(系统的信息部分确定、部分不确定),分不清哪些因素间关系密切,哪些不密切,这就难以找到主要矛盾和主要特性。

社会系统、经济系统、农业系统、生态系统、教育系统等系统包含多种因素,具有明显的层次复杂性、结构关系的模糊性、动态变化的随机性、指标数据的不完全性和不确定性。由于灰色系统的普遍存在,决定了灰色系统理论具有十分广阔的发展前景。目前,灰色系统理论得到了极为广泛的应用,不仅成功地应用于工程控制、经济管理、社会系统、生态系统等领域,而且在复杂多变的农业系统,如在水利、气象、生物防治、农机决策、农业规划、农业经济等方面也取得了可喜的成就。灰色系统理论在管理学、决策学、战略学、预测学、未来学、生命科学等领域都有广泛的应用。

灰色系统理论的主要功能:灰色关联分析、灰色综合评价、灰色预测、灰色聚类和灰色决策等。

二、灰色关联评价模型

灰色关联分析法的目的就是寻求一种能衡量各因素间关联程度的量化方法,以便找出影响系统发展态势的重要因素。系统发展态势的定量描述和比较方法是依据空间理论的数学基础,确定参考数列(母数列)和若干个比较数列(子数列)之间的关联系数和关联度。

灰色关联分析法是根据因素之间发展的相似或相异程度来衡量因素间关联度的方法。关联度反映各评价对象对理想(标准)对象的接近次序,即评价对象的优劣次序,其中灰色关联度最大的评价对象为最佳。灰色关联分析不仅可以作为优势分析的基础,而且也是进行科学决策的依据。其最大优点是它对数据量没有太高的要求,即数据多与少都可以分析,它的数学方法是非统计方法,在系统数据较少和条件不满足统计要求的情况下更具有实用价值。应用灰色关联分析法确定目标重要性排序就是要找出影响战场态势的重要目标,以便正确地拟制火力分配方案。

基于灰色关联度分析的灰色综合评价法主要依据以下模型：

$$R = E \times W \tag{6.5.1}$$

式中：$R = [r_1, r_2, \cdots, r_m]^{\mathrm{T}}$ 为 m 个被评对象的综合评判结果向量；

$W = [w_1, w_2, \cdots, w_n]^{\mathrm{T}}$ 为 n 个评价指标的权重分配向量，其中 $\sum_{j=1}^{n} w_j = 1$；

E 为各指标的评判矩阵：

$$E = \begin{bmatrix} \xi_1(1) & \xi_1(2) & \cdots & \xi_1(n) \\ \xi_2(1) & \xi_2(2) & \cdots & \xi_2(n) \\ \vdots & \vdots & & \vdots \\ \xi_m(1) & \xi_m(2) & \cdots & \xi_m(n) \end{bmatrix} \tag{6.5.2}$$

$\xi_{(i)}(k)$ 为第 i 种方案的第 k 个最优指标的关联系数。

根据 R 的数值进行排序，其计算步骤为

（1）确定最优指标即（F^*）。设 $F^* = [j_1^*, j_2^*, \cdots j_n^*]$，式中 $j_k^*(k = 1, 2, \cdots, n)$ 为第 k 个指标的最优值。此最优值可是诸对象中最优值（若某一指标最大值为好，则取该指标在各对象中的最大值；若取小值为好则取各对象中最小值），也可以是评估者公认的最优值。不过在定最优值时，既要考虑到先进性又要考虑到可行性。若最优指标选得过高，则不现实不能实现，评价的结果也就不可能正确。

选取最优指标集后，可构造矩阵 D：

$$D = \begin{bmatrix} j_1^* & j_2^* & \cdots & j_n^* \\ j_1^1 & j_2^1 & \cdots & j_n^1 \\ \vdots & \vdots & & \vdots \\ j_1^m & j_2^m & \cdots & j_n^m \end{bmatrix} \tag{6.5.3}$$

式中：j_k^i 为第 i 个方案中第 k 个指标的原始数值。

（2）指标值的规范化处理。由于评判指标通常有不同的量纲和数量级，故不能直接进行比较，为了保证结果的可靠性，需要对原始指标值进行规范化处理，也即进行无量纲化处理。

设第 k 个指标的变化区间为 $[j_{k1}, j_{k2}]$，j_{k1} 为第 k 个指标在所有对象中的最小值，j_{k2} 为第 k 个指标在所有对象中的最大值，可用下式将（6.5.3）中原始数值变换成无量纲值 $C_k^i \in (0, 1)$。

$$C_k^i = \frac{j_k^i - j_{k1}}{j_{k2} - j_k^i}, i = 1, 2, \cdots, m; k = 1, 2, \cdots, n \tag{6.5.4}$$

这样 $D \to C$ 矩阵：

$$C = \begin{bmatrix} C_1^* & C_2^* & \cdots & C_n^* \\ C_1^1 & C_2^1 & \cdots & C_n^1 \\ \vdots & \vdots & & \vdots \\ C_1^m & C_2^m & \cdots & C_n^m \end{bmatrix} \tag{6.5.5}$$

（3）计算综合评判结果。根据灰色系统理论，将 $\{C^*\} = \{C_1^*, C_2^*, \cdots, C_n^*\}$ 作为参考数列，将 $\{C\} = [C_1^i, C_2^i, \cdots, C_n^i]$ 作为比较数列，则用灰色关联分析法分别求得第 i 个对象第 k 个指标与第 k 个最优指标的关联系数 $\xi_i(k)$，即

$$\xi_i(k) = \frac{\min\limits_{i}\min\limits_{k}|C_k^* - C_k^i| + \rho\max\limits_{i}\max\limits_{k}|C_k^* - C_k^i|}{|C_k^* - C_k^i| + \rho\max\limits_{i}\max\limits_{k}|C_k^* - C_k^i|} \tag{6.5.6}$$

式中：$\rho \in [0,1]$，一般取 $\rho = 0.5$。

由 $\xi_i(k)$，即可得 E，这样综合评判结果为：$R = E \times W$，即：

$$r_i = \sum_{k=1}^{n} W(k) \times \xi_i(k) \tag{6.5.7}$$

若关联度 r_i 最大，则说明 $\{C^i\}$ 与最优指标 $\{C^*\}$ 最接近，亦即第 i 个对象优于其他对象，据此可以排出各目标的优劣次序。

三、灰色关联评估过程

（一）确定评判因素，给出评判因素的定量评价

影响目标重要性的因素很多，如目标的战役地位、目标的威胁程度、目标的社会经济价值及目标情报的可靠性等。由专家给出这些评判因素的定量评价。对定性目标，则采用直接评分的方法给定分数（见表 6-5-1）。

表 6-5-1　评分标准

评判因素（n 个）	给定分数			
战役地位	重要	较重要	一般重要	不重要
对我军威胁程度	大	较大	一般	小
社会经济价值	大	较大	一般	小
…	…	…	…	…
n 因素	…	…	…	…

根据上述评分标准，对待比较的各目标，由专家逐一给出其评判因素的定量评价，并统计数据，如表 6-5-2 所示。

表 6-5-2　统计数据

目标	评判因素						
	战役地位	对我军威胁程度	社会经济价值	…	i 因素	…	n 因素
x_0	$x_0(1)$	$x_0(2)$	$x_0(3)$	…	$x_0(i)$	…	$x_0(n)$
x_1	$x_1(1)$	$x_1(2)$	$x_1(3)$	…	$x_1(i)$	…	$x_1(n)$
$\vdots$	$\vdots$	$\vdots$	$\vdots$		$\vdots$		$\vdots$
x_j	$x_j(1)$	$x_j(2)$	$x_j(3)$	…	$x_j(i)$	…	$x_j(n)$
$\vdots$	$\vdots$	$\vdots$	$\vdots$		$\vdots$		$\vdots$
x_m	$x_m(1)$	$x_m(2)$	$x_m(3)$	…	$x_m(i)$	…	$x_m(n)$

表 6-5-2 中：x_0 为参考目标；x_j 为待比较的目标，$j = 1,2,\cdots,m$；$x_j(i)$ 为对第 j 个目标的第 i 个评判因素的定量评价，$j = 1,2,\cdots,m$；$i = 1,2,\cdots,n$。

（二）将原始数据进行归一化处理

（三）求绝对差、最小差和最大差

1. 绝对差

$$\Delta_{0j} = | x_0(i) - x_j(i) | \tag{6.5.8}$$

式中：$i = 1,2,3,\cdots,n; j = 1,2,\cdots,m$。

则

$$\Delta_{01} = \{\Delta_{01}(1), \Delta_{01}(2), \cdots, \Delta_{01}(n)\}$$
$$\Delta_{02} = \{\Delta_{02}(1), \Delta_{02}(2), \cdots, \Delta_{02}(n)\}$$
$$\cdots\cdots$$
$$\Delta_{0m} = \{\Delta_{0m}(1), \Delta_{0m}(2), \cdots, \Delta_{0m}(n)\}$$

2. 最小差

$$\Delta_{\min} = \min_j \min_i | x_0(i) - x_j(i) | \tag{6.5.9}$$

3. 最大差

$$\Delta_{\max} = \max_j \max_i | x_0(i) - x_j(i) | \tag{6.5.10}$$

（四）求关联系数和关联度

1. 关联系数

关联系数记为 a_{0j}，其表达式为

$$a_{0j} = b \frac{\Delta_{\min} + d \cdot \Delta_{\max}}{\Delta_{0j}(i) + d \cdot \Delta_{\max}} \tag{6.5.11}$$

式中：d 为分辨系数，通常取 $d = 0.5$。

关联系数在 $0 \sim 1$ 之间取值，其值越大，表明两个因素之间的相关性越好。

2. 关联度

两个因素间关联性大小的度量，称为关联度。

由式（6.5.11）可见，在比较的全过程中，关联系数不止一个。因此，我们取关联系数的平均值作为比较全过程的关联程度的度量。关联度记为 r_{0j}，其表达式为

$$r_{0j} = \frac{1}{n} \sum_{i=1}^{n} a_{0j}(i) \tag{6.5.12}$$

式中：n 为评判因素的个数。

（五）排关联序

根据关联度的大小进行排序，从而确定出待评价的各目标的重要性排序。下面仅以 3 个评判因素（目标在战役中所处的地位、目标的社会经济价值及目标对我军的威胁程度）为例，说明用灰色关联分析法确定目标的重要性排序问题。

（六）计算实例 —— 灰色关联法在目标排序中的应用

假设导弹部队要突击的目标有：航空兵机场（x_1）、指挥机关（x_2）、导弹及发射阵地（x_3）、油库（x_4）等。已知参考目标为敌核化袭击兵器（x_0），其评判因素的定量评价为（5,5,5）。下面采用灰色关联分析法确定目标的重要性排序。

（1）对各目标给出评判因素的定量评价，得表 6 - 5 - 3。

表 6 - 5 - 3　各因素的定量评价

目标	评判因素		
	战役地位	社会经济价值	对我军威胁程度
x_0	5	5	5
x_1	4	4	4
x_2	5	3	4
x_3	5	4	4
x_4	3	3	3

（2）将上述数据作归一化处理，得

$$x_0 = \{1,1,1\}$$
$$x_1 = \{0.8,0.8,0.8\}$$
$$x_2 = \{1,0.6,0.8\}$$
$$x_3 = \{1,0.8,0.8\}$$
$$x_4 = \{0.6,0.6,0.6\}$$

（3）求绝对差、最小差及最大差：

$$\Delta_{01} = \{\Delta_{01}(1),\Delta_{01}(2),\Delta_{01}(3)\} = \{0.2,0.2,0.2\}$$
$$\Delta_{02} = \{\Delta_{02}(1),\Delta_{02}(2),\Delta_{02}(3)\} = \{0,0.4,0.2\}$$
$$\Delta_{03} = \{\Delta_{03}(1),\Delta_{03}(2),\Delta_{03}(3)\} = \{0,0.2,0.2\}$$
$$\Delta_{04} = \{\Delta_{04}(1),\Delta_{04}(2),\Delta_{04}(3)\} = \{0.4,0.4,0.4\}$$
$$\Delta\text{min} = \min_{j} \min_{i} \mid x_0(i) - x_j(i) \mid = 0$$
$$\Delta\text{max} = \max_{j} \max_{i} \mid x_0(i) - x_j(i) \mid = 0.4$$

（4）求关联系数和关联度。取分辨系数 $d = 0.5$，则关联系数为

$$a_{0j}(i) = \frac{\Delta_{\min} + d \cdot \Delta_{\max}}{\Delta_{0j}(i) + d \cdot \Delta_{\max}} = \frac{0 + 0.5 \times 0.4}{\Delta_{0j}(i) + 0.5 \times 0.4}$$

$$\begin{cases} a_{01}(1) = \dfrac{0.2}{0.2 + 0.2} = 0.5 \\[2mm] a_{01}(2) = \dfrac{0.2}{0.2 + 0.2} = 0.5 \\[2mm] a_{01}(3) = \dfrac{0.2}{0.2 + 0.2} = 0.5 \end{cases}$$

$$\begin{cases} a_{02}(1) = \dfrac{0.2}{0 + 0.2} = 1 \\[2mm] a_{02}(2) = \dfrac{0.2}{0.4 + 0.2} = \dfrac{1}{3} \\[2mm] a_{02}(3) = \dfrac{0.2}{0.2 + 0.2} = 0.5 \end{cases}$$

$$\begin{cases} a_{03}(1) = \dfrac{0.2}{0+0.2} = 1 \\[2mm] a_{03}(2) = \dfrac{0.2}{0.2+0.2} = 0.5 \\[2mm] a_{03}(3) = \dfrac{0.2}{0.2+0.2} = 0.5 \end{cases}$$

$$\begin{cases} a_{04}(1) = \dfrac{0.2}{0.4+0.2} = \dfrac{1}{3} \\[2mm] a_{04}(2) = \dfrac{0.2}{0.4+0.2} = \dfrac{1}{3} \\[2mm] a_{04}(3) = \dfrac{0.2}{0.4+0.2} = \dfrac{1}{3} \end{cases}$$

则关联度 $r_{oj} = \dfrac{1}{n}\sum_{i=1}^{n} a_{0j}(i)$，即

$$r_{01} = \frac{1}{n}\sum_{i=1}^{n} a_{01}(i) = \frac{1}{3}(0.5+0.5+0.5) = 0.5$$

$$r_{02} = \frac{1}{n}\sum_{i=1}^{n} a_{02}(i) = \frac{1}{3}\left(1+\frac{1}{3}+0.5\right) = \frac{11}{18}$$

$$r_{03} = \frac{1}{n}\sum_{i=1}^{n} a_{03}(i) = \frac{1}{3}(1+0.5+0.5) = \frac{2}{3}$$

$$r_{04} = \frac{1}{n}\sum_{i=1}^{n} a_{04}(i) = \frac{1}{3}\left(\frac{1}{3}+\frac{1}{3}+\frac{1}{3}\right) = \frac{1}{3}$$

各目标重要性排序为 $r_{03} > r_{02} > r_{01} > r_{04}$，即我导弹部（分）队突击目标的次序依次为敌战役战术导弹及其发射阵地（x_3?）、指挥机关（x_2）、航空兵机场（x_1）、油库（x_4）。

四、灰色聚类评估模型

基于灰色聚类方法的评估模型为

步骤 1：确定聚类白化值。给出第 j 个目标第 i 个聚类评估指标的白化值 $d_{ji}(j=1,2,3,\cdots,m; i=1,2,3,\cdots,n)$，采用的是处理后的无量纲值。

步骤 2：确定白化函数。$k=1,2,3$ 分别表示目标重要性的 3 个级别（1 为最高级，3 为最低级，2 介于二者之间）。g_{ik} 表示第 i 个评估指标属于第 k 类灰类白化函数，其白化函数阈值 λ_{ik} 依据专家和具体情况确定。

当 $k=1$ 时，有

$$g_{i1} = \begin{cases} \dfrac{x}{\lambda_{i1}}, & 0 \leqslant x \leqslant \lambda_{i1} \\[2mm] 1, & x \geqslant \lambda_{i1} \end{cases} \qquad (6.5.13)$$

当 $k=2,3$ 时，有

$$g_{ik} = \begin{cases} \dfrac{x}{\lambda_{ik}}, & 0 \leqslant x \leqslant \lambda_{ik} \\[2mm] (2\lambda_{ik}-x)/\lambda_{ik}, & \lambda_{ik} \leqslant x \leqslant 2\lambda_{ik} \\[2mm] 1, & x \geqslant \lambda_{ik} \end{cases} \qquad (6.5.14)$$

步骤 3:确定聚类权值。用 η_{ik} 表示第 i 个指标对于第 k 灰类的聚类权值。

$$\eta_{ik} = \frac{\lambda_{ik}}{\sum \lambda_{ik}} \tag{6.5.15}$$

步骤 4:确定聚类系数,构造聚类向量。

$$f_{jk} = \sum_{i=1}^{n} g_{ik}(d_{ji}) \eta_{ik} \tag{6.5.16}$$

步骤 5:评估排序。若 $f_{jk}^{*} = \max\limits_{1 \leqslant k \leqslant 3}\{f_{jk}\}$,则目标 j 属于灰类 k^{*},从而确定目标 j 的等级。目标对应的威胁等级越高,目标重要性越高;同一灰类设 $f_{j1k^{*}} = \max\limits_{k}\{f_{j1k}\}$,$f_{j2k^{*}} = \max\limits_{k}\{f_{j2k}\}$,如果 $f_{j1k^{*}} > f_{j2k^{*}}$,则目标 j_1 优于 j_2。

五、防空保卫目标灰色聚类评价

某次防空作战演习划分为 A、B、C、D、E、F 等 6 个作战阶段,空袭强度依次增强,根据上级指示要求的目标 $MB1 \sim MB9$ 是必须保卫的 9 个目标。选取 7 个指标评估以上目标,包括自身属性指标:距前沿距离(V_1)、距敌基地距离(V_2)、巡航导弹易损性(V_3)、空地导弹易损性(V_4)、目标半径(V_5);附加属性指标:社会经济价值(V_6)、军事价值(V_7)。表 6-5-4 和表 6-5-5 是目标指标的原始数据。

将表 6-5-4、表 6-5-5 中的数据用基于灰色聚类的算法模型进行计算,得出各个作战阶段保卫目标的重要度排序值和排序结果,如表 6-5-6 所示。

表 6-5-4　目标自身属性 $V_1 \sim V_5$ 指标数据

目标	V_1/km	V_2/km	V_3/m	V_4	V_5
MB1	31	581	7	5	100
MB2	31	581	5	9	2 000
MB3	30	580	9	9	50
MB4	0	683	9	9	50
MB5	16	609	9	3	3 000
MB6	56	716	9	9	50
MB7	0	713	9	3	2 000
MB8	70	755	9	9	50
MB9	70	751	9	9	50

表 6-5-5　不同作战阶段目标附加属性指标 V_6/V_7 专家打分

目标	A	B	C	D	E	F
MB1	8.5/8.12	8.62/8.62	8.62/8.37	8.12/7.87	8.87/8.75	8.87/8.75
MB2	7.87/7.5	8.25/8.12	8.12/7.5	7.75/7.12	8.5/8.25	8.5/8.5
MB3	4.75/4.25	5.75/5.37	5.37/5.15	5.5/5.25	6.75/6.5	7/6.12
MB4	4.87/4.75	6.12/5.62	5.5/5.12	5.62/5.50	6.12/5.75	7/6.12

续表

目标	A	B	C	D	E	F
MB5	4.5/5.62	4.25/5.63	3.5/4	3.62/3.37	4.87/5.5	4.37/5.37
MB6	4.87/4.75	5.5/5.25	4.62/4.65	4.75/4.62	6.12/5.87	6.5/6
MB7	4.62/5.25	4.25/5.5	3.62/4.15	3.75/4.62	4.62/5.5	4.12/5.25
MB8	3.62/3.75	4.5/4.37	3.5/3.15	3.62/3	4.87/4.87	5.75/5.37
MB9	3.62/3.62	4.5/4.25	3.62/3.15	3.62/3	5.62/5.25	6/5.37

表 6 - 5 - 6　各个作战阶段保卫目标的重要度及其排序

序号	A	B	C	D	E	F
1	MB1(1.04)	MB1(1.08)	MB1(1.09)	MB1(1.08)	MB1(1.11)	MB1(1.11)
2	MB2(1.02)	MB2(1.03)	MB3(1.07)	MB3(1.07)	MB3(1.09)	MB3(1.10)
3	MB3(0.97)	MB3(1.01)	MB2(1.04)	MB4(1.06)	MB2(1.05)	MB4(1.08)
4	MB4(0.96)	MB4(1.00)	MB4(1.03)	MB2(1.03)	MB4(1.02)	MB2(1.05)
5	MB5(0.94)	MB5(0.71)	MB5(0.85)	MB5(0.81)	MB6(0.80)	MB6(0.86)
6	MB6(0.78)	MB9(0.56)	MB6(0.77)	MB7(0.55)	MB5(0.69)	MB5(0.85)
7	MB7(0.66)	MB7(0.55)	MB7(0.52)	MB6(0.54)	MB7(0.61)	MB7(0.51)
8	MB8(0.44)	MB6(0.53)	MB9(0.32)	MB9(0.37)	MB8(0.50)	MB9(0.47)
9	MB9(0.44)	MB8(0.37)	MB8(0.31)	MB8(0.36)	MB9(0.48)	MB8(0.45)

接下来确定各个作战阶段对于保卫目标综合重要度的排序值。专家认为作战阶段 $u_1, u_2,$ u_3, u_4, u_5, u_6 之间的重要性程度具有序关系: $u_6 \geqslant u_4 \geqslant u_5 \geqslant u_2 \geqslant u_3 \geqslant u_1$,且给出了 $r_1 = 1,$ $r_2 = 0.6, r_3 = 1.25, r_4 = 0.4, r_5 = 1.25, r_6 = 0.6$。

$$\begin{cases} \omega_n = (1 + \sum_{p=2}^{n} \prod_{i=p}^{n} r_i)^{-1} \\ \omega_{p-1} = r_p \omega_p, p = 2, 3, \cdots, n \end{cases} \tag{6.5.17}$$

其中,定义不同阶段重要性程度:认为 u_{p-1} 与 u_p 的重要性程度之比为 $r_p = u_{p-1}/u_p, p = 2, 3, \cdots,$ n, r_p 的赋值情况如表 6-5-7 所示。

表 6 - 5 - 7　u_{p-1} 与 u_p 的重要性程度之比 r_p

阶段系数	同等重要	稍微重要	明显重要	强烈重要	极端重要
r_p	1.0	1.25	1.5	1.75	2.0

通过表 6-5-7 中给出 r_p 的理性赋值,则可得不同作战阶段的权值 $w_n(p = 1, 2, \cdots, n)$。由式(6.5.17)可得到各作战阶段的权重值:

$$W = \{0.069\ 2, 0.115\ 4, 0.092\ 3, 0.230\ 8, 0.184\ 6, 0.307\ 7\}$$

将表格 6-5-7 中的数据按照从目标 1 到目标 9 的顺序进行整理之后和各作战阶段的权重值一并代入式(6.5.18),即可求解出所有参与排序的保卫目标的综合重要度,其计算结果如表 6-5-8 所示。

$$F = \sum_{p=1}^{n} w_p \cdot f_p, \ p = 1, 2, 3, \cdots, n \tag{6.5.18}$$

其中，F 为保卫目标的综合重要度；n 为作战阶段的数量；w_p 为第 p 个作战阶段的权重值；f_p 为第 p 个作战阶段目标的重要度排序值。

表 6-5-8 保卫目标的综合重要度

	目标								
	MB1	MB2	MB3	MB4	MB5	MB6	MB7	MB8	MB9
重要度	1.09	1.04	1.07	1.03	0.80	0.72	0.55	0.42	0.44
排序	1	3	2	4	5	6	7	9	8

对表 6-5-6 和表 6-5-8 中的数据进行比较分析发现，MB1～MB4 排序始终靠前是优先保卫的对象（特别是 MB1），作战部署时应将防空资源向这几个目标倾斜。不同的作战阶段对于保卫目标的综合重要度排序也有明显的影响，考虑阶段权重之后 MB5～MB9 的排序能够比较好地兼顾到各个作战阶段，根据其综合重要度的大小排序来确定保卫优先级，为防空作战战前筹划提供决策支撑。

第六节　数据包络分析

一、DEA 的简介

在人们的生产活动和社会活动中常常会遇到这样的问题：经过一段时间之后，需要对具有相同类型的部门或单位（称为决策单元）进行评价，其评价的依据是决策单元的输入数据和输出数据，输入数据是指决策单元在某种活动中需要消耗的某些量，例如投入的资金总额、投入的总劳动力数、占地面积等；输出数据是决策单元经过一定的输入之后，产生的表明该活动成效的某些信息量，例如不同类型的产品数量、产品的质量、经济效益等。再具体些说，譬如在评价某高校各个学院的时候，输入数据可以是学院全年的资金、教职员工的总人数、教学占用教室的总次数、各类职称的教师人数等；输出数据可以是培养博士研究生的人数、硕士研究生的人数、大学生本科生的人数、学生的质量（德，智，体）、教师的教学工作量、学校的科研成果（数量与质量）等。根据输入数据和输出数据来评价决策单元的优劣，即所谓评价部门（或单位）间的相对有效性。

数据包络分析（The Data Envelopment Analysis，DEA）是 1978 年由美国著名的运筹学家 A. Charnes 和 W. W. Cooper 等学者以相对效率概念为基础发展起来的一种效率评价方法。他们的第一个模型被命名为 C2R 模型，从生产函数角度看，这一模型是用来研究具有多个输入、特别是具有多个输出的"生产部门"同时为"规模有效"与"技术有效"的十分理想且卓有成效的方法。1984 年 R. D. Banker，A. Charnes 和 W. W. Cooper 给出了一个被称为 BC2 的模型。

数据包络分析可以看作是一种统计分析的新方法，它是根据一组关于输入-输出的观察值来估计有效生产前沿面的。在有效性的评价方面,除了 DEA 方法以外,还有其他的一些方法,但是那些方法几乎仅限于单输出的情况。相比之下,DEA 方法处理多输入,特别是多输出的问题的能力是具有绝对优势的。并且,DEA 方法不仅可以用线性规划来判断决策单元对应的点是否位于有效生产前沿面上,而且又可获得许多有用的管理信息。因此,它比其他的一些方法(包括采用统计的方法)优越,用处也更广泛。

数据包络分析也可以用来研究多种方案之间的相对有效性(例如投资项目评价);研究在做决策之前去预测,一旦做出决策后它的相对效果如何(例如建立新厂后,新厂相对于已有的一些工厂是否为有效)。DEA 模型甚至可以用来进行政策评价。

特别值得指出的是,DEA 方法是纯技术性的,与市场(价格)可以无关。只需要区分投入与产出,不需要对指标进行无量纲化处理,可以直接进行技术效率与规模效率的分析而无须再定义一个特殊的函数形式,而且对样本数量的要求不高,这是别的方法所无法比拟的。

DEA 方法的特点:①适用于多输出-多输入的有效性综合评价问题,在处理多输出-多输入的有效性评价方面具有绝对优势。②DEA 方法并不直接对数据进行综合,因此决策单元的最优效率指标与投入指标值及产出指标值的量纲选取无关,应用 DEA 方法建立模型前无需对数据进行无量纲化处理(当然也可以)。③无需任何权重假设,而以决策单元输入、输出的实际数据求得最优权重,排除了很多主观因素,具有很强的客观性。④DEA 方法假定每个输入都关联到一个或者多个输出,且输入、输出之间确实存在某种联系,但不必确定这种关系的显示表达式。

二、DEA 方法基本思想

DEA 方法以相对效率概率为基础,以多指标投入和产出的权系数为决策变量,在最优化意义上进行评价。该方法不仅能有效避免主观因素、简化算法和减少误差,对于非 DEA 有效单元还能给出决策信息,提出改进策略。

DEA 模型是最基本的 DEA 模型,具体模型为:设有 n 个待评价的决策单元,决策单元的输入和输出向量分别为 $\boldsymbol{x}_j = (x_{1j}, x_{2j}, \cdots, x_{mj})^{\mathrm{T}}$,$\boldsymbol{y}_j = (y_{1j}, y_{2j}, \cdots, y_{pj})^{\mathrm{T}}$,$j = 1, 2, \cdots, n$。由于评价过程中各种输入和输出地位与作用不同,应对决策单元输入和输出进行综合,即把它们看作一个总体输入和一个总体输出过程,因此需赋予每个输入和输出恰当的权重。设输入和输出的权向量分别为 $\boldsymbol{v} = (x_1, x_2, \cdots, x_m)^{\mathrm{T}}$,$\boldsymbol{u} = (y_1, y_2, \cdots, y_p)^{\mathrm{T}}$。因此,对每个决策单元都考虑以下的线性规划问题:

$$
\left.
\begin{aligned}
&\max h_j = \boldsymbol{u}^{\mathrm{T}} \boldsymbol{y}_j \\
&\text{s. t. } \frac{\boldsymbol{u}^{\mathrm{T}} \boldsymbol{y}_j}{\boldsymbol{v}^{\mathrm{T}} \boldsymbol{x}^j} \leqslant 1, \boldsymbol{v}^{\mathrm{T}} \boldsymbol{x}^j = 1 \\
&1 \leqslant j \leqslant n, \boldsymbol{v} \geqslant 0, \boldsymbol{u} \geqslant 0 \\
&\boldsymbol{x}_j = (x_{1j}, x_{2j}, \cdots, x_{mj})^{\mathrm{T}}, \boldsymbol{y}_j = (y_{1j}, y_{2j}, \cdots, y_{pj})^{\mathrm{T}}
\end{aligned}
\right\}
\tag{6.6.1}
$$

其中,$h_j = \dfrac{\boldsymbol{u}^{\mathrm{T}} \boldsymbol{y}_j}{\boldsymbol{v}^{\mathrm{T}} \boldsymbol{x}_j}$ 为第 j 个决策单元的效率评价指数。这样对 n 个决策单元均需计算它们的 DEA 效率值 h_j,若 $h_j = 1$,则该决策单元为弱 DEA 有效;若 $h_j = 1$ 且 $u_j > 0, v_j > 0$,则该决策单元为 DEA 有效。不难看出,DEA 模型对应的实际意义是将决策单元的各指标同等看待。对每个

决策单元,都与其他决策单元比较,若其他决策单元的所有指标都劣于它(投入指标较小,产出指标较大),则该决策单元有效。

三、DEA 评价模型

(一) 模型构建

对于某评价对象,可将其评价指标对应于指挥员偏好分成 2 类:第 1 类产出型指标,偏向于指标值越大越好;第 2 类投入型指标,偏向于指标值越小越好。利用 DEA 方法评估每个评价对象的 DEA 相对有效性,并进行分析和排序。

建立评价体系后,可通过问卷调查、专家评估以及计算机模拟等方法得出每个评价对象的各属性值,设有 $M_1, M_2, \cdots, M_n$ 个评价对象,则

$$\bar{A} = \begin{bmatrix} \bar{a}_{11} & \bar{a}_{22} & \cdots & \bar{a}_{1n} \\ \bar{a}_{21} & \bar{a}_{22} & \cdots & \bar{a}_{2n} \\ \vdots & \vdots & & \vdots \\ \bar{a}_{m1} & \bar{a}_{m2} & \cdots & \bar{a}_{mn} \end{bmatrix} \tag{6.6.2}$$

其中,m 为指标体系中属性总数;M_j 为第 j 个被评价对象,$j = 1, 2, \cdots, n$(n 为评价对象总数);$\bar{a}_{ij}$ 为第 j 个被评价对象的第 i 个属性的分析值。

这样,将每个评价对象的 m 个属性分成 2 类 s 种输入和 p 种输出,第 j 个评价对象决策支持单元(DMU)的输入和输出向量分别为 $x_j = (x_{1j}, 2_{2j}, \cdots, x_{sj})^{\mathrm{T}} > 0, y_j = (y_{1j}, y_{2j}, \cdots, y_{sj})^{\mathrm{T}} > 0,$ $j = 1, 2, \cdots, n$。其中,x_{ij} 为第 j 个评价对象第 i 种输入的量;y_{rj} 为第 j 个被评价对象第 r 种输出的量。评价对象 $\mathrm{DMU}_0(x_0, y_0)$ 的相对有效性评价模型为

$$\left. \begin{aligned} &\max \boldsymbol{u}^{\mathrm{T}} \boldsymbol{y}_0 = V_\varepsilon \\ &\mathrm{s.\,t.}\ \frac{\boldsymbol{u}^{\mathrm{T}} \boldsymbol{y}_j}{\boldsymbol{v}^{\mathrm{T}} \boldsymbol{x}_j} \leqslant 1, \boldsymbol{v}^{\mathrm{T}} \boldsymbol{x}_0 = 1 \\ &1 \leqslant j \leqslant n, \boldsymbol{v} \geqslant \boldsymbol{0}, \boldsymbol{u} \geqslant \boldsymbol{0} \\ &\boldsymbol{x}_j = (x_{1j}, x_{2j}, \cdots, x_{sj})^{\mathrm{T}}, \boldsymbol{y}_j = (y_{1j}, y_{2j}, \cdots, y_{pj})^{\mathrm{T}} \end{aligned} \right\} \tag{6.6.3}$$

根据线性规划对偶理论,式(6.6.3)的对偶规划模型为

$$\left. \begin{aligned} &\min [\theta - \varepsilon (\hat{\boldsymbol{e}}^{\mathrm{T}} \boldsymbol{s}^- + \boldsymbol{e}^{\mathrm{T}} \boldsymbol{s}^+)] = V_\varepsilon \\ &\mathrm{s.\,t.}\ \sum_{j=1}^n \boldsymbol{x}_j \lambda_j + \boldsymbol{s}^- = \theta \boldsymbol{x}_0 \\ &\sum_{j=1}^n \boldsymbol{y}_j \lambda_j - \boldsymbol{s}^+ = \boldsymbol{y}_0 \\ &\lambda_j \geqslant 0, \boldsymbol{s}^- \geqslant \boldsymbol{0}, \boldsymbol{s}^+ \geqslant \boldsymbol{0} \end{aligned} \right\} \tag{6.6.4}$$

式(6.6.4)为本节目标值分析的 DEA 模型。该模型仅是一般意义下的 DEA 模型,即各指标是同等对待的。如考虑决策者对指标偏爱程度不同,可建立带有偏好的 DEA 模型。

(二) 模型构建 DEA 模型结果分析

对每个评价对象利用上述相对有效性评价模型计算后,可将决策单元(评价对象)分为 DEA 有效、弱 DEA 有效以及非 DEA 有效 3 类。

1.DEA 有效

$\theta^0 = 1$,且 $s^{0-} = 0, s^{0+} = 0$。其意义是：评价对象的投入要素达到最大组合,取得了最大产出效果,各投入均得到充分利用,即该评价对象在进行火力打击时效率最高。

2.弱 DEA 有效

$\theta^0 = 1$,但至少有某个 $s_i^{0-} > 0, i \in \{1, 2, \cdots, s\}$ 或者至少有某个 $s_r^{0+} > 0, r \in \{1, 2, \cdots, p\}$。其意义是：对某个决策单元,存在某个 $s_r^{0+} > 0$,表明第 i 种投入指标有 s_i^{0-} 未充分利用；某个 $s_r^{0+} > 0$,表明第 r 种产出指标与最大产出值尚有 s_r^{0+} 的不足,该评价对象在进行火力打击时存在个别指标不能达到最优、效率不能达到最高的情况。

3.非 DEA 有效

$\theta^0 < 1$。其意义是：决策单元投入规模过大,例如 $\theta^0 = 0.9 < 1$,则模型约束条件为

$$\left.\begin{aligned} \sum_{j=1}^{n} \boldsymbol{x}_j \lambda_j^0 + \boldsymbol{s}^{0-} = 0.9\boldsymbol{x}_0 \\ \sum_{j=1}^{n} \boldsymbol{y}_j \lambda_j^0 - \boldsymbol{s}^{0-} = \boldsymbol{y}_0 \end{aligned}\right\} \qquad (6.6.5)$$

式(6.6.5) 表明,得到产出量 $\boldsymbol{y}_0$,至多只需投入量 $0.9\boldsymbol{x}_0$,即此评价对象在进行火力打击时的效率较低,可通过构造新 DEA 有效决策单元方法改进提高其火力打击效率。如上例中,令 $\hat{\boldsymbol{x}}_0 = 0.9\boldsymbol{x}_0 - \boldsymbol{s}^{0-}, \hat{\boldsymbol{y}}_0 = \boldsymbol{y}_0 + \boldsymbol{s}^{0+}$,即构造了一个新决策单元对应火力毁伤中的评价对象,通过提高该评价对象的某些指标来提高其火力打击效率。

(三)DEA 模型排序

对于非 DEA 有效决策单元可通过比较其 DEA 效率值 θ^0 或 h^0 进行排序,效率值越大,名次越靠前。而对于 DEA 有效决策单元排序则较为复杂,这里采用 JJLA 排序模型进行排序,具体模型为

$$\left.\begin{aligned} &\max \partial_{a,b} = \frac{\boldsymbol{u}^T \boldsymbol{y}_a}{\boldsymbol{v}^T \boldsymbol{x}_a} \\ &\text{s. t.} \frac{\boldsymbol{u}^T \boldsymbol{y}_a}{\boldsymbol{v}^T \boldsymbol{x}_a} \leqslant 1 \\ &j \in J - \{b\}, \boldsymbol{v} \geqslant \boldsymbol{0}, \boldsymbol{u} \geqslant \boldsymbol{0} \\ &\boldsymbol{x}_j = (x_{1j}, x_{2j}, \cdots, x_{mj})^T, \boldsymbol{y}_j = (y_{1,j}, y_{2j}, \cdots, y_{pj})^T \end{aligned}\right\} \qquad (6.6.6)$$

其中,$J = \{1, 2, \cdots, n\}, a \in J_n, b \in J_e; J_n$ 为非有效 DMU 集合；J_e 为有效 DMU 集合。对每个有效 DMU 可给出 JJLA 值的计算公式,$\tilde{n}$ 为非有效 DMU 个数,可以对有效 DMU 根据其 Ω 值大小进行排序。

四、基于 DEA 的坦克战场目标价值评价

(一) 坦克战场目标价值指标分析

目前,不同的目标价值分析方法都有其相应的评价指标体系,而这些指标体系都大同小异。一般情况下,衡量目标价值大小的指标主要有目标类同性、任务一致性、打击紧迫性、目标重要程度、目标威胁程度、目标对抗程度、目标信息可靠程度、目标计划级别、指挥员干预程度、

目标潜在重要程度以及目标潜在威胁程度等。

根据坦克战场作战特点,综合考虑目标价值大小,按照重点考虑主要矛盾的原则,建立了目标信息可靠性、目标重要性、目标打击紧迫性、目标易损性和任务一致性的指标体系,具体为

(1)目标信息可靠性。该指标主要从目标信息来源出发,由目标真实性、信息准确性及目标通视性确定,反映了射击过程中各侦察手段及天气、地形和敌方欺骗等客观情况对侦察结果产生的影响,最终影响对目标的射击效果。

(2)目标重要性。该指标指战场目标数量规模和目标战斗力,反映了目标的固有性质,与目标类型等指标有关。

(3)目标打击紧迫性。该指标指目标对坦克产生危害所需时间的长短,如不对目标进行射击时,反映目标逃匿可能性的大小,由目标所处状态和目标机动性2个因素决定。目标所处状态是目标射击紧迫性的主要指标,目标在机动、待命或正在战斗状态中其射击紧迫性不同;目标机动性反映了目标采取战斗或逃匿的速度,机动性越强的目标,要求坦克对其打击速度越快。

(4)目标易损性。该指标反映了目标在受到相同火力打击后损伤的不同程度,也就是在打击目标时对坦克的消耗情况,通常由参加射击所需的兵力、消耗弹药量以及持续时间3个指标表示。

(5)任务一致性。该指标反映了配合合成军行动时,与合成军作战意图相一致的程度。

(二)计算实例

假设根据坦克战场实际情况,有11个评价对象,根据专家打分(1~10)给出5个指标值,具体如表6-6-1所示。本例中,信息可靠性、目标重要性以及射击紧迫性3个指标均越大越好,属于第1类产出型指标;目标易损性指标越小越好,属于第2类投入型指标。而任务一致性指标是指越接近某一固定值越好的指标,可通过数据处理将其转化为投入型指标,如其中一致性指标的最优固定值为7,在利用DEA模型求解时,可将其当作1,其余值将1加上它与7的差值绝对值即得转化值,如目标1的原值为8,转化值则为2。根据式(6.6.4),取 $\varepsilon = 10^{-6}$,利用Matlab编程工具计算,其结果如表6-6-2所示。

表6-6-1　目标属性矩阵

参数	目标1	目标2	目标3	目标4	目标5	目标6	目标7	目标8	目标9	目标10	目标11
可靠性	9	2	5	8	8	7	7	5	8	4	6
重要性	4	6	4	4	4	7	8	4	9	3	9
紧迫性	6	6	4	4	6	5	7	2	9	6	7
易损性	7	3	4	6	6	2	5	6	1	1	7
一致性	8	4	9	7	4	5	9	6	7	5	7

从表6-6-2可得以下结论:

(1)目标9为DEA有效,目标11为弱DEA有效,其余目标为非DEA有效。

(2)对于目标11存在1个 s^{0+} 元素为3.33>0,对应于信息可靠性指标,根据DEA理论,此项产出型指标未得到较好利用,即目标11相对目标9的信息可靠性利用率较低,此时可通过加强对此目标侦察或其他方法来提高信息可靠性,从而提高此目标火力打击效率。

表 6 - 6 - 2　DEA 模型计算结果

参数	目标 1	目标 2	目标 3	目标 4	目标 5	目标 6	目标 7	目标 8	目标 9	目标 10	目标 11
θ	0.56	0.22	0.21	0.75	0.25	0.44	0.30	0.31	1.00	0.67	1.00
s_i^{0-}	2.81	0	0.21	3.75	0.50	0	0.59	1.25	0	2.81	0
	0	0	0	0	0	0.44	0	0	0	0	0
s_r^{0+}	0	3.33	0	0	0	0	0.11	0	0	0	3.33
	6.13	0	1.63	2.75	5.00	0.88	0	1.63	0	6.13	0
	4.13	0	0.62	2.75	3.00	2.88	1.00	3.63	0	4.13	0

（3）对于非 DEA 有效目标，可通过构造新 DEA 有效决策单元方法提高其火力打击效率。以目标 1 为例，目标 1 的属性为（9,4,6,7,2）（其中一致性指标已经过转化），而其 DEA 计算值为 $\theta^0 = 0.56, s^{0-} = (2.81,0), s^{0+} = (0,6.13,4.13)$，利用 $\hat{\boldsymbol{x}}_0 = \theta^0 \boldsymbol{x}_0 - \boldsymbol{s}^{0-}, \hat{\boldsymbol{y}}_0 = \boldsymbol{y}_0 - \boldsymbol{s}^{0+}$，对结果取整，可得到新的目标 1 属性值（9,10,10,1,2）。对比原属性值可以看出，对目标 1，如果提高目标重要性和射击紧迫性，降低目标易损性，则可使火力打击效率达到 DEA 有效。

（4）本例中只有 1 个 DEA 有效，1 个弱 DEA 有效，其余为非 DEA 有效。根据 DEA 有效单元效率比弱 DEA 有效单元高和 θ^0 越大越有效两个原则进行排序。如果多个 DEA 有效，需利用 DEA 排序模型进行计算，并注意在利用 DEA 模型计算时，需保证其投入产出指标值均大于 0，即 $\boldsymbol{x}_j = (x_{1,j}, x_{2,j}, \cdots, x_{sj})^{\mathrm{T}}, \boldsymbol{y}_j = (y_{1,j}, y_{2,j}, \cdots, y_{sj})^{\mathrm{T}} > 0$，如不满足条件则需进行转化。本例中目标顺序为

$$M_9 > M_{11} > M_4 > M_{10} > M_1 > M_6 > M_8 > M_7 > M_5 > M_3 > M_2$$

第七节　云　理　论

一、云理论基础

"隶属云与语言原子模型"的思想是由李德毅教授所提出的，并逐步完善形成了云理论。该理论是对模糊理论隶属函数概念的创新与发展，云模型在知识表达时具有不确定中带有确定性、稳定之中又有变化的特点。

定义 1　云和云滴：设 U 是一个用数值表示的定量论域，C 是 U 上的定性概念，若定量值 U 是定性概念 C 的一次随机实现，x 对 C 的确定度 $\mu(x) \in [0,1]$ 是有稳定倾向的随机数。$\mu: U \rightarrow [0,1, x \in U, x \rightarrow]\mu(x)$，则 x 在论域 $x \in U$ 上的分布称为云，记为 $C(x,u)$。每一个 x 称为一个云滴。

云模型所表达的概念的整体特性可以用期望 E_x、熵 E_n、超熵 H_e 来整体表征，记作 $C(E_x, E_n, H_e)$。其中 E_x 是云滴在论域空间上分布的期望，是该概念语言值量化的最典型样本，是在数域空间中最能够代表定性概念的点值；E_n 为该定性概念语言值的不确定性度量，由该语言值的模糊性和随机性共同决定，表示在论域空间可以被定性概念接受的取值范围大小；H_e 为

熵的不确定性度量,即熵的熵,由 E_n 的模糊性和随机性共同决定,反映了在数域空间代表该语言值的所有点的不确定度的凝聚性,即云滴的凝聚度。

定义 2　一维正态云算子 $A(C(E_x, E_n, H_e))$ 是一个把定性概念的整体特征变换为定量表示的映射 $\pi : C \rightarrow \Pi$,正态云发生器的算法如下:

（1）生成以 E_n 为期望值、H_e 为标准差的一个正态随机数 E'_n。

（2）生成以 E_x 为期望值 E'_n 的绝对值为标准差的一个正态随机数 x,x 称为论域空间中的一个云滴。

（3）计算令 $\mu = \exp\left(-\dfrac{(x - E_x)^2}{2E'^2_n}\right)$、$\mu$ 为 x 属于定性概念 A 的确定度。

（4）重复步骤（1）～（3）,直到产生 N_c 个云滴为止。

二、云重心评价

云重心理论是基于模糊集理论和概率统计理论发展起来的一种能够反映概念模糊性和随机性的软边缘理论。它能够用自然语言值表示某个定性概念与其定量表示之间的不确定性转换模型,可有效避免评估的随机性。其主要思想是:利用某一状态下综合云重心与理想状态下云重心的加权偏离度,对该状态进行评估。

（一）指标的云模型表示

在保卫目标价值评估指标体系中,既有用精确数值型表示的,又有用语言值来描述的。精确数值可以表示为熵和超熵均为 0 的云,即其云数字特征为 $C(E_x, 0, 0)$,语言值的云数字特征为 $C(E_x, E_n, H_e)$。

提取 n 组系统状态组成决策矩阵,那么 n 个精确数值型表示的 1 个指标就可以用 1 个云模型来表示,其中:

$$E_x = \frac{E_{x1} + E_{x2} + \cdots + E_{xn}}{n} \tag{6.7.1}$$

$$E_n = \frac{\max(E_{x1} + E_{x2} + \cdots + E_{xn}) - \min(E_{x1} + E_{x2} + \cdots + E_{xn})}{n} \tag{6.7.2}$$

同时,n 个语言值（云模型）表示的一个指标也可以用一个综合云来表征,其中:

$$E_x = \frac{E_{x1}E_{n1} + E_{x2}E_{n2} + \cdots + E_{xn}E_{nn}}{E_{x1} + E_{x2} + \cdots + E_{xn}} \tag{6.7.3}$$

$$E_n = E_{n1} + E_{n2} + \cdots + E_{nn} \tag{6.7.4}$$

当指标为精确数值时,$E_{xi}(i = 1, 2, \cdots, n)$ 为各指标的量值;当指标为语言类型时 $E_{xi}(i = 1, 2, \cdots, n)$ 为各指标的的云模型期望,$E_{ni}(i = 1, 2, \cdots, n)$ 为各指标云模型的熵。

（二）指标综合云的重心向量

p 个性能指标可以用 p 个云模型来刻画,那么 p 个指标所反映的系统状态就可以用一个 p 维综合云来表示。p 维综合云的重心 $\boldsymbol{T}$ 用一个 p 维向量来表示:

$$\boldsymbol{T} = (T_1, T_2, \cdots, T_p), \quad T_i = a_i \times b_i \tag{6.7.5}$$

式中:a 为云重心的位置,b 为云重心的高度。期望值 E_x 反映了相应的模糊概念的信息中心值,即云重心位置。

(三) 加权偏离度

一个系统理想状态下各指标值是已知的,设理想状态下 p 维综合云云重心位置向量 $\boldsymbol{a} = (E_{x1}^0, E_{x2}^0, \cdots, E_{xp}^0)$,云重心高度向量 $\boldsymbol{b} = (b_1, b_2, \cdots, b_p)$,则理想状态下云重心向量 $\boldsymbol{T}^0 = (T_1^0, T_2^0, \cdots, T_p^0)$,实际状态下系统的综合云重心向量 $\boldsymbol{T} = (T_1, T_2, \cdots, T_p)$。

这样就可以用加权偏离度 θ 来衡量这两种状态下综合云重心的差异情况。首先将此状态下的综合云重心向量进行归一化得到一组向量 $\boldsymbol{T}^G = (T_1^G, T_2^G, \cdots, T_p^G)$,其中:

$$T^G = \begin{cases} (T_i - T_i^0)/T_i^0, T_i < T_i^0 \\ (T_i - T_i^0)/T_i^0, T_i \geqslant T_i^0 \end{cases} \tag{6.7.6}$$

经过归一化之后,表征系统状态的综合云重心向量均为有大小、有方向、无量纲的值。把各指标归一化之后的向量值乘以其权重值,然后再相加,得到加权偏离度 $\theta(0 \leqslant \theta \leqslant 1)$ 为

$$\theta = \sum_{i=1}^{p} (\omega_i T_i^G) \tag{6.7.7}$$

当 $\theta < 0$ 时,可取 $\theta = \theta + 1$。

(四) 保卫目标评价指标评语集

将保卫目标保卫价值程度分为 7 级,形成具有 7 个评语组成的评语集 $\Omega =$ (很低,较低,低,一般,高,较高,很高),其对应的中心值(期望值)分别为 0、1/6、1/3、1/2、2/3、5/6、1。将其置于连续的语言值标尺上,并用云模型来实现每个评语值,生成一个云发生器,如图 6-7-1 所示。

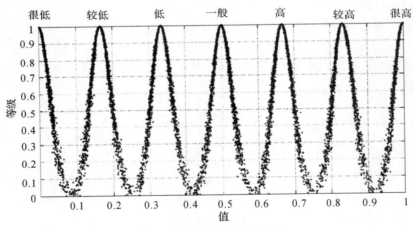

图 6-7-1　云发生器模型

下面针对各级评估指标分别确定评语集,评语集各属性对应的中心值根据指标的数量在 $[0,1]$ 间均匀分布。

目标重要性越大,目标保卫价值越大,目标重要性可用不重要、重要、较重要、很重要表示;军事地位、政治地位、经济地位均可用低、一般、高、很高表示,该类指标属性值越高,保卫价值越大。

目标受威胁程度越大,目标保卫价值越大,目标受威胁程度用很小、较小、中等、较大、很大表示;敌空袭企图一般表示敌方意图攻击的主要目标,可通过敌方来袭方向等相关信息判断,用袭击可能性的较小、小、中等、大、较大表示;敌空袭样式表示敌方突防的主要样式,可分为高

空、中空、低空、超低空突防等方式;敌空袭规模主要是敌方兵力规模,可用大规模、中等规模、小规模来区分。

目标易损性越大,说明目标越容易被摧毁,因此保卫价值也越大,易损性可用低、中等、高表示;目标形状主要区分为点状、线状、面状形式,对主要使用精确制导武器的现代化战争来说,点状目标更容易被彻底摧毁;坚固程度用低、一般、高、很高来表示;恢复性主要涉及到恢复所需时间、人力与物力等因素,可用无法恢复、不易恢复、易恢复、较易恢复。

目标暴露程度越大,越容易被敌人发现和攻击,暴露程度可以用低,中等、高表示;隐蔽程度与伪装程度均可用无、较低、低、中等、高、较高、很高表示。

三、云重心评估步骤

云重心评估归纳为如下几个主要步骤:

(1) 初始化保卫目标评估指标状态;

(2) 利用德尔菲法、AHP法等方法确定一级指标和二级指标权重;

(3) 根据式(6.7.1)～式(6.7.4)计算各指标的期望和熵;

(4) 根据式(6.7.5)和式(6.7.6)计算归一化指标综合云重心向量;

(5) 根据式(6.7.7)计算加权偏离度;

(6) 根据保卫目标保卫价值的评语集确定该保卫目标价值程度。

四、实例分析 —— 保卫目标价值评估

(一)保卫目标评估指标

1. 评估指标

目标价值的大小对于战斗行动的实施、战术任务的完成以及防空兵力的作战能力、生存能力具有至关重要的作用。在作战过程中,影响目标价值的因素很多,为了便于分析问题,这里忽略一些对目标价值影响不大的因素,重点考虑以下几个具有决定性作用的因素(见图6-7-2):

(1) 目标重要性。目标地位的作用体现在不同性质的目标在战略、战役、战斗中所起的作用,和对战略、战役战斗的影响程度,是确定被保卫目标价值的重要因素。目标的地位作用包括目标军事地位、目标政治地位和目标经济地位,通常可根据战斗经验、上级意见和战场情况确定。

(2) 目标受威胁程度。目标受威胁程度主要指目标受到敌方威胁的程度,即根据当前阶段的作战特点和战争态势分析,目标受到空中打击的可能性大小,敌攻击目标时所承担的风险越大,受到攻击的可能性就相对越小,敌人攻击获得的效益最大,该目标受到攻击的可能性也就越大。其确定来源于空中威胁程度的制约,例如,空袭作战的企图、规模、样式,空袭的主要方向和目标、投入兵力兵器、采用战术手段等。

(3) 目标易损性。目标易损性指目标在给定的空袭条件下,是否容易损坏的一种特性。目标的易损特性主要与目标的形状、坚固程度以及恢复难易程度等因素有关。从目标的易损特性看,在敌使用精确制导武器进行攻击时,点状目标比面状目标更容易被摧毁;没有坚固工事依

托的目标比有坚固工事依托的目标更容易被摧毁。在敌攻击强度相同的情况下，易损特性高的目标需要更多防空兵力的掩护，其目标价值相对就高一些。

（4）目标暴露程度。目标的暴露程度反映该目标被敌空袭兵器发现的可能性，直接影响其战场生存能力。合理的配置，较好的伪装、隐蔽，可降低其暴露程度。

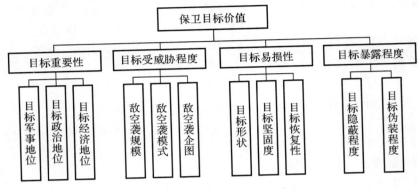

图6-7-2　保卫目标评估指标体系

2.指标权重分配

权重的确定方法有很多，如德尔菲法、AHP法、PC-LNMAP耦合法、环比法和区间估计法等。为了尽量将定性与定量相结合，同时体现主观与客观信息，这里用以下公式确定权重，即

$$\omega_i = \begin{cases} \dfrac{1}{2} + \dfrac{\sqrt{-2\ln[2(i-1)/n]}}{6}, & 1 \leqslant i \leqslant \dfrac{n+1}{2} \\ \dfrac{1}{2} - \dfrac{\sqrt{-2\ln[2-2(i-1)/n]}}{6}, & \dfrac{n+1}{2} \leqslant i \leqslant n \end{cases} \tag{6.7.8}$$

式中：$\omega_1 = 1$，n为指标数，i为排队等级，是对指标重要程度所做的一个排列，若认为指标可能处于同一等级，i可取相同值。

对一级指标，采用专家咨询法对各指标等级进行排列，然后按此方法计算指标权重（见表6-7-1）。

表6-7-1　一级指标排列等级及权重分配

	目标重要性	目标受威胁度	目标易损性	目标暴露程度
等级	1	1	2	2
权重	1	1	0.696	0.696

归一化之后的权重为$\omega = \{0.295, 0.295, 0.205, 0.205\}$，采用同样的方法可以确定二级指标权重。

（二）实例计算

假设某次战役中共有6个防空保卫目标，需要评估保卫目标的保卫价值，保卫目标的基本信息如表6-7-2所列。

表 6 - 7 - 2　保卫目标基本信息

指标	Obj1	Obj2	Obj3	Obj4	Obj5	Obj6	理想状态
政治地位	很高	高	高	一般	高	一般	很高
政治地位	很高	很高	高	一般	高	一般	很高
经济地位	一般	一般	高	高	一般	高	很高
敌空袭企图	小	大	大	中	中	中	较大
敌空袭样式	6～8	6～8	6～8	6～8	6～8	6～8	＜1
敌空袭规模／架	8	8	8	8	8	8	＞20
目标形状	点状	面状	面状	面状	点状	面状	点状
坚固程度	很高	高	一般	一般	高	低	低
恢复性	易恢复	较易恢复	不易恢复	不易恢复	易恢复	无法恢复	无法恢复
隐蔽程度	中	低	中	中	高	中	低
伪装程度	高	高	中	中	高	中	低

为简化计算,这里对每个目标给出一组评价值,实际应用时可结合多位指挥人员或专家的评价进行计算。

根据保卫目标保卫价值云重心评估步骤,可计算各目标一级指标综合云重心向量为

$$
\boldsymbol{T} = \begin{bmatrix}
0.229\,4 & 0.106\,5 & 0.136\,7 & 0.091\,1 \\
0.196\,7 & 0.155\,7 & 0.165\,1 & 0.113\,9 \\
0.196\,7 & 0.155\,7 & 0.125\,3 & 0.056\,9 \\
0.131\,1 & 0.131\,1 & 0.125\,3 & 0.056\,9 \\
0.163\,9 & 0.131\,1 & 0.096\,8 & 0.091\,1 \\
0.131\,1 & 0.131\,1 & 0.068\,3 & 0.034\,2
\end{bmatrix}
$$

理想状态下一级指标云重心为

$$
\boldsymbol{T}^0 = [0.295, 0.295, 0.205, 0.205]
$$

根据式(6.7.7)计算偏离度并处理负值后,6 个保卫目标的偏离度如下:

$$
\boldsymbol{\theta} = [0.563\,7, 0.631\,4, 0.534\,6, 0.444\,4, 0.482\,9, 0.364\,7]
$$

将偏离度输入云发生器,将会激活相应的云。例如,第二个保卫目标输入云发生器将会激活保卫价值一般和高两个评价云,偏向于高,即该保卫目标保卫价值高。类似地,可得到其余目标激活的评价云。根据各目标激活的评价云和偏离度的值,可得保卫目标保卫价值的排序为 Obj2 > Obj 1 > Obj3 > Obj5 > Obj4 > Obj6,保卫目标 2 排序最高是因为目标重要性较高,且受威胁程度大,而目标 1 虽然重要性很高,但是受威胁程度较小,所以综合保卫价值偏低,符合作战实际情况。

第七章　目标系统决策

　　系统决策是为达到某种目标,采用科学的决策方法,遵照一定的决策程序,列出多种可能的方案,从若干个问题求解方案中选出一个最优或合理方案的过程。目标系统决策主要是基于系统决策的方法理论,开展目标相关决策问题研究,实现目标筹划的科学决策,为目标方案确定提供手段工具。本章主要介绍系统决策、基于多属性决策、决策树、多目标决策等方法的目标决策方法与典型应用。

第一节　目标系统决策概述

一、决策的概念

　　决策就是做出决定。国家、团体或个人从事某种实践活动,总是为着某种目的。为了达到预定的目的,人们总是尽可能地收集有关的信息资料,系统地分析主观和客观条件,制订各种行动方案(达到目的的策略和方法),进而分析比较各种方案,从中选出最佳方案,付诸实施。这一全过程,从广义上讲,就是决策的全过程,就是决策。广义的决策过程包括两个主要环节:制订方案和选择方案。另外还有狭义的决策,它是单指选择最佳方案的过程。

　　决策总是要回答这样一系列问题:干什么,为什么,怎么干,什么人干,何时何地干,干的结果将如何,等等,就是说要回答干的目的、策略和方法及结果。决策正确与否,直接关系到实践活动能否达到预期的目的,关系到所从事的事业的成败。决策的层次越高,决策的问题所涉及的方面越广,决策的正确与否的影响就越大。国家发展战略决策涉及国家发展的全局及长远前途,影响大而深远,就是关系国家命运的大事。其他层次的决策也有类似的性质,只是它的影响范围不同而已。因为如此,在各种实践活动中,人们都非常重视决策问题,处理决策问题时总是很慎重的。

二、决策的类型

　　可以从不同的角度将决策分为多种类型。

　　1.按决策方式分

　　(1)程序性决策,也叫规范性决策。这类决策是日常工作中经常发生的,往往以相同的基本形式出现,其产生的背景、特点及其规律基本上已被认识,可以制订出相应的程序(章程),照章办事,做出决策。

　　(2)非程序性决策,也叫非规范性决策。这类决策问题一般是过去未曾出现的问题,其中往往有许多随机因素和不确定因素,涉及面也比较广。解决这类决策问题,无既定程序可依,需要决策者调查研究实际情况,系统分析主观和客观条件,以科学的理论和方法做出决策。军事上,作战指挥中的决策大都属于这种类型。

2.按决策规模分

(1)个人决策;

(2)团体决策;

(3)国家决策;

(4)国际决策。

这四类决策中,团体和国家决策最重要、最普遍。

3.按决策层次分

(1)战略决策;

(2)战役决策;

(3)战术决策。

这三类决策往往互相联系、互相制约,分别处在不同的决策层次,形成一个决策系列,构成一个决策体系。

三、决策的特性

决策有以下几个主要特性,在决策过程中是必须注意的。

(1)目的性。决策必须有明确的目的和根据目的提出的目的指标(目标)。目的不明就不能决策、也无从决策。

(2)科学性。决策事关重大,必须有足够的科学依据。既要有必须的历史和现实资料作依据,又要以科学的理论和方法对资料进行系统分析,找出规律,进行决策。

(3)选择性。决策最终是要在若干可行方案中选择最佳方案并付诸实施。因此,决策必须尽可能地拟订出各种可行方案,以供选择。

(4)风险性。预测是为决策提供依据的,预测的结果具有风险性,决策也就具有风险性。十全十美、十拿九稳的最佳方案往往是不存在的。即使科学依据十分充分的决策,也不能绝对保证不出差错。因此,决策者必须有识(科学依据和科学知识)有胆(胆略,气概),当决必决。优柔寡断,当决不决,贻误时机,也会导致失误。

(5)实践性。实践是检验真理的唯一标准。决策正确与否只有由实践来检验。在实施过程中,要十分注意信息反馈,如果发现决策有不符合实际之处或错误,必须根据实际情况修正原决策,甚至重新决策。

决策的特性表明,决策是一个复杂的创造性思维过程,要求决策者具有创造性思维能力,既要有实事求是的科学态度和能力,又要有敢作敢为的胆略和气概。科学和胆略的辩证统一才能做出正确的决策。

四、决策的体制

决策的体制就是决策的组织形式。决策,尤其是国家决策和团体决策,事关重大,涉及面往往很广,决策工作就不是一两个决策者所能完成的。科学决策工作是由相当数量的各类人员分工协作,构成决策体制来完成的。拍板定案一般是少数决策者的事,但决策的形成都是决策体制群体的智慧的结晶。

一般决策体制的模型可以用图 7-1-1 表示。

图 7-1-1　决策体制的模型

图中的信息系统主要由实际工作者、统计工作者组成,主要工作是调查情况,搜集信息资料;智囊系统主要由理论工作者、模型工作者组成,主要工作是分析研究主观与客观情况,制订方案,为决策出谋划策,提供咨询服务和决策意见;决策系统是决策体制的核心,主要由决策者(一般是相应级别的领导者)组成,主要工作是从决策的角度了解各方面的情况,分析各种方案,听取各种决策意见,运用自己的知识和胆略确定最佳方案。

五、决策的步骤

决策是一个过程。广义的决策过程一般可分为 6 个步骤:

1. 发现问题,确定目标

这是决策的第一步。一个部门、一个单位的领导者,都要经常调查本部门、本单位的情况,提出需要解决的问题,提出解决问题所希望达到的结果。这里,要解决的问题及所希望达到的结果就是决策的目的。决策目的的具体化、定量化就是决策目标。

确定目标要具体、明确,应满足三个基本条件:① 能定性、定量地进行评价;② 明确规定达到目标的期限;③ 明确责任者及其责任范围。

2. 拟制方案

确定了目标,就有了拟制各种方案的基础。拟制方案就是根据确定的目标的要求寻找达到目标的途径,即策略和方法。拟制方案是极其复杂的工作,需要通过信息系统收集有关历史和现实的资料、统计数据,通过智囊系统对资料进行系统分析,找出规律,拟制出多个方案。

3. 分析评估

分析评估是对拟制的多个方案进行评估。分析评估各方案的可行性,分析各方案的可能结果。这里需要用到各种评估技术,如可行性分析技术、数学模型求解、决策技术等。

4. 决策选优

决策选优就是选择最佳方案,一般由决策系统完成。这是决策活动中最关键的环节。决策者必须了解各种方案的拟制情况、它的特点和依据,以战略的眼光、全局的观点,从局部到整体、从现在到将来、从可能到现实,对各种方案进行系统分析、全面衡量。最终结果是,或者从多种方案中综合出一个新的方案,或者从中选择一个最佳方案。

5.试验证明

选定方案后,在可能的情况下,一般应进行局部试验或试行,以检验方案的可靠性。试验证明成功,则普遍实施;如发现有问题,则进行相应的修正。有的试验不能实地进行或不必实地进行,也可运用功能模拟技术,在计算机上进行试验。这种试验比较经济也可靠。

6.普遍实施

经过试验证明可靠性好的,即可普遍实施。实施过程中,即使可靠性好的决策,也可能发生偏离原定目标的情况。因此,必须注意信息反馈,及时纠正偏差,必要时可重新决策。

上述决策步骤是广义的,它包括决策形成的全过程。系统工程中的决策一般是狭义的,它单指决策选优的一个步骤。

六、决策技术

决策技术就是决策方法,是决策过程中用到的科学技术。广义的决策包括形成决策的全过程,它所用到的科学技术是非常广泛的,既用到预测技术、智囊技术、可行性分析、效用理论、可靠性分析等,还可能用到其他一些基础科学技术。狭义的决策单指决策选优的过程,用到的科学技术就比较少。本章介绍的决策技术,主要是在分析评估和决策选优步骤中用到的一些科学技术。这些技术尚不完善,但实践证明有效,因此,人们还常常使用。以后几节就介绍几种具体的决策技术。

第二节　　多属性决策

一、问题描述

设有 n 个目标 $x_1,x_2,\cdots,x_n$ 组成目标集 $X=\{x_1,x_2,\cdots,x_n\}$,每一目标对应的属性分别为 $g_1,g_2,\cdots,g_{10}$。由各个目标对应于每一指标的评语所组成的集合构成决策方案,对于决策方案中的定性评语值,采用两极比例方法将其量化,其转换方式如图 7-2-1 所示。记量化得到决策矩阵:

$$F=\begin{bmatrix} f_{1,1} & f_{1,2} & \cdots & f_{1,10} \\ f_{2,1} & f_{2,2} & \cdots & f_{2,10} \\ \vdots & \vdots & & \vdots \\ f_{n,1} & f_{n,2} & \cdots & f_{n,10} \end{bmatrix}$$

其中,$f_{ij}=f_i(x_j)(i=1,2,\cdots,n;j=1,2,\cdots,10)$ 为目标 x_j 在指标 g_i 下的定性评语所对应的量化值。

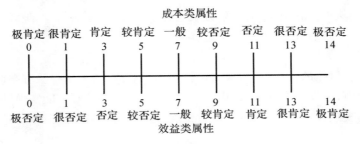

图 7 - 2 - 1 定性指标量化的两极比例法

二、计算相对优属度矩阵

由于指标之间具有相互冲突和不可公度的特点,对于量化后的决策矩阵,须确定方案 x_j 关于指标 f_i 的相对优属度,记为 $r_{ij}(i=1,2,\cdots,n;j=1,2,\cdots,10)$。目标相对优属度的确定应根据目标类型、实际问题特点与决策者的要求等进行。文中采用线性型的目标优属度计算公式将决策矩阵 $\boldsymbol{F}=(f_{ij})_{n\times10}$ 转化为相对优属度矩阵 $\boldsymbol{R}=(r_{ij})_{n\times10}$。通过以上对目标价值各指标的分析可以知道,$g_2,g_3,g_5,g_6,g_7,g_8,g_9$ 为效益型指标,g_1,g_4,g_{10} 为成本型指标。

对 $g_2,g_3,g_5,g_6,g_7,g_8,g_9$,有

$$r_{ij}=f_{ij}/f_{i\max} \tag{7.2.1}$$

对 g_1,g_4,g_{10},有

$$r_{ij}=\begin{cases}1-f_{\min}/f_{ij} & (f_{i\min}=0)\\ f_{i\min}/f_{ij} & (f_{\min}\neq0)\end{cases} \tag{7.2.2}$$

三、组合熵权系数法确定权重向量

熵原本是热力学的概念,是对系统状态不确定性的一种度量。而随机事件的不确定性的大小可以用概率分布函数来描述。假设系统 T 可能会处于 n 种不同的状态 $T_1,T_2,\cdots,T_n$,每一种状态出现的概率分别为 $P_1,P_2,\cdots,P_n$,如果式中所有 P_i 都已知,则系统的熵的计算公式可采用下列函数:

$$H=H(P_1,P_2,\cdots,P_n)=-\sum_{i=1}^{n}P_i\ln P_i \tag{7.2.3}$$

其中,P_i 满足:

$$0\leqslant p_i\leqslant1,\quad \sum_{i=1}^{n}P_i=1 \tag{7.2.4}$$

文中利用熵的概念来衡量某一指标对目标价值高低的影响程度,即确定各指标的客观权重。

对于归一化后的相对优属度矩阵 $\boldsymbol{R}=(r_{ij})_{n\times10}$,记 r_j^* 为 $\boldsymbol{R}$ 中每一列的最优值,则 $r_j^*=\max\{r_{ij}\}$,记 r_{ij} 与 r_j 的接近程度 $D_{ij}=r_{ij}/r_j$,对 D_{ij} 进行归一化处理,记归一化后的结果为 $d_{ij}=D_{ij}/\sum_{i=1}^{n}\sum_{j=1}^{10}D_{ij}$,定义属性的 g_j 熵:

$$E_j = -\sum_{i=1}^{n} \frac{d_{ij}}{d_j} \ln \frac{d_{ij}}{d_j} \tag{7.2.5}$$

式中，$d_j = \sum_{i=1}^{n} d_{ij}$，$j = 1,2,\cdots,10$。

由熵的极值性可知，d_{ij}/d_j 的值越接近于相等，熵的值越大，当 d_{ij}/d_j 的值完全相等时，熵 E_j 达到最大为 $E_{\max} = \ln 10$。

属性 g_j 的熵 E_j 越大，说明各目标在该指标上的取值与该指标的最优值间的差异程度越小，即越接近最优值。需指出的是，决策者对差异程度的大小有不同的认同度。如果认为差异程度越小的指标越重要，则可将熵值进行归一化后作为该指标的客观权重（熵值小表示属性的不确定性强）；反之，如果认为差异程度越大的指标越重要，则可用熵的互补值进行归一化处理后作为指标的客观权重。文中以差异越大的指标越重要。用 e_j 对式（7.2.5）进行归一化处理，得表征属性 g_j 的评价价值高低的熵值：

$$e_j = -\frac{1}{\ln 10} E_j \tag{7.2.6}$$

对 $1 - e_j$ 归一化，得到 g_j 的客观权重为

$$\omega_j' = \frac{1 - e_j}{10 - \sum_{j=1}^{10} e_j} \tag{7.2.7}$$

其中，$0 \leqslant \omega_j' \leqslant 1$，$\sum_{j=1}^{10} \omega_j' = 1$。

运用熵值原理确定的熵权系数，反映了在给定风险因素集和评判集后、专家的各种评价指标确定的情况下，各指标在竞争意义上的相对激烈程度。运用熵值法确定权系数具有客观性强、数学理论完善等优点，然而却忽视了决策者的主观信息，为引入决策者的主观经验，使决策结果更能贴近作战需要，采用 AHP 方法确定各指标的主观权重 ω_j''（$0 \leqslant \omega_j'' \leqslant 1$，$\sum_{j=1}^{m} \omega_j'' = 1$）。将主、客观权重相结合，确定各指标综合权重：

$$\omega_j = \omega_j' \cdot \omega_j'' / \sum_{j=1}^{10} (\omega_j' \cdot \omega_j'') \tag{7.2.8}$$

并以此作为决策时各指标的权重值。

四、目标排序与决策

将 $\boldsymbol{R}$ 中各列向量归一化，并设由组合赋权法得到的综合权向量为 $\boldsymbol{W} = \{\omega_1, \omega_2, \cdots, \omega_{10}\}$（$0 \leqslant \omega_i \leqslant 1$，$\sum_{j=1}^{10} \omega_i = 1$）

确定理想目标：

$$\boldsymbol{X}^+ = \{x_1^+, x_2^+, \cdots, x_{10}^+\}^{\mathrm{T}} \tag{7.2.9}$$

确定负理想目标：

$$\boldsymbol{X}^- = \{x_1^-, x_2^-, \cdots, x_{10}^-\}^{\mathrm{T}} \tag{7.2.10}$$

式中，$x_j^- = \max_{1 \leqslant i \leqslant n} \{r_{ij}\}$（$j = 1,2,\cdots,10$）。

利用加权欧几里德距离定义评估目标与正、负理想目标的贴近度为

$$L_i^+ = \sqrt{\sum_{j=1}^{10} \omega_j \ (x_{ij} - x_j^+)^2} \ , \ i = 1, \cdots, n$$

$$L_i^- = \sqrt{\sum_{j=1}^{10} \omega_j \ (x_{ij} - x_j^-)^2} \ , \ i = 1, \cdots, n$$

(7.2.11)

定义评估目标类型与负理想目标的相对贴近度 C_i 如下：

$$C_i = \frac{L_i^-}{L_i^- + L_i^+}, \ i = 1, \cdots, n$$

(7.2.12)

由 C_i 的定义可以看出，当目标类型的各指标值均取最大值，即为 x^+ 时，$L_i^+ = 0$，$C_i = 1$，C_i 越接近于 1；当均取最小值，即为 x^- 时，$L_i^- = 0$，$C_i = 0$。因此，C_i 越接近于 1，该评估目标越接近于理想目标。因此，可由 C_i 的大小确定各目标价值的比较顺序，同时可以得到目标的选择顺序。

五、目标选择决策计算案例

(一)指标体系构建

常规导弹实施远程火力突击时，打击目标主要包括海/空军基地、地面指挥通信中心、导弹阵地、地面油库和弹药库、重要军兵工厂、能源目标和交通目标等，因此，准确评定各种不同类型目标的价值是进行目标选择的基础。常规导弹打击目标的价值主要取决于目标自身重要性、目标情报信息的可靠性以及联合部队的作战意图和赋予常规导弹部队遂行远程火力打击任务的作战目标等主要因素。经过详细分析，可以从以下十个方面评价目标的价值。

(1)抢修恢复可能性，评价目标在遭受一定级别毁伤后经过抢修恢复其主要功能的可能性，如果在其遭受打击后可以很快恢复功能，故而该目标的价值相应就小一些。

(2)目标位置分布，是目标的一个重要的特性。目标的位置与分布是决定目标在其所在的目标系中地位与作用的关键因素，因而必然影响其自身的价值。目标的位置与分布越重要，目标的价值越大。

(3)目标能力，描述该目标所固有的能力属性，即指挥控制能力、直接作战能力、支持作战能力或支援作战潜力。目标能力越强，其价值越大。

(4)可替代性，指目标被摧毁或功能瘫痪时，可以被其他目标或设施替代的可能性。由于打击后还可以被其他目标取代，所以相应价值就越小。

(5)目标信息的准确性，描述目标信息来源和信息内容的准确程度，信息准确性越高，目标价值越大。

(6)目标信息的时效性，目标信息在时间上的有效程度，信息时效性越高，目标价值越大。

(7)与主要任务方向的关系，反映了目标对联合部队主要作战行动的影响程度，与主要任务方向越一致，目标价值越大。

(8)时间敏感性，是指导弹部队在一定的作战时期内必须打击的目标，反映了目标对导弹部队或联合部队的威胁程度，目标的时间敏感性越大，目标价值越大。

(9)打击可行性，描述了目标的易损性及常规导弹对该目标的打击效率。打击可行性越大

对应目标价值就越大。

(10)打击限制性,描述对目标实施远程打击时限制性或引起战争风险性的大小。分析目标本身及其周围有无敏感目标以及国际法中禁止或限制打击的目标可能造成附带损伤,在完成远程打击任务的同时避免在国际政治及国际舆论上陷入被动。因此,打击限制性大的目标对实现作战目标的限制就大,其价值就相应小一些。

(二)决策计算

现有 4 个目标 x_1、x_2、x_3、x_4,对应决策方案如表 7-2-1 所示。

表 7-2-1　决策方案

	g_1	g_2	g_3	g_4	g_5	g_6	g_7	g_8	g_9	g_{10}
x_1	较大	重要	很强	较高	高	较高	很一致	高	大	小
x_2	较小	一般	较强	一般	很高	很高	一般	一般	小	一般
x_3	小	很重要	很强	很低	低	一般	一致	很高	较小	很小
x_4	很小	重要	强	较低	较高	高	较一致	高	较大	较大

按图 7-2-1 所示方法量化得到决策矩阵:

$$F = \begin{bmatrix} 5 & 11 & 13 & 5 & 11 & 9 & 13 & 11 & 11 & 11 \\ 9 & 7 & 9 & 7 & 13 & 13 & 7 & 7 & 3 & 7 \\ 11 & 13 & 13 & 13 & 3 & 7 & 11 & 13 & 5 & 13 \\ 13 & 11 & 11 & 9 & 9 & 11 & 9 & 11 & 9 & 5 \end{bmatrix}$$

根据式(7.2.1)和式(7.2.2)计算相对优属度矩阵:

$$R = \begin{bmatrix} 1 & 0.846\,2 & 1 & 1 & 0.846\,2 & 0.692\,3 & 1 & 0.846\,2 & 1 & 0.454\,5 \\ 0.555\,6 & 0.538\,5 & 0.692\,3 & 0.714\,3 & 1 & 1 & 0.538\,5 & 0.538\,5 & 0.272\,7 & 0.714\,3 \\ 0.454\,5 & 1 & 1 & 0.384\,6 & 0.230\,8 & 0.538\,5 & 0.846\,2 & 1 & 0.454\,5 & 0.384\,6 \\ 0.384\,6 & 0.846\,2 & 0.846\,2 & 0.555\,6 & 0.692\,3 & 0.846\,2 & 0.692\,3 & 0.846\,2 & 0.818\,2 & 1 \end{bmatrix}$$

将相对优属度矩阵各列归一化:

$$R = \begin{bmatrix} 0.417\,6 & 0.261\,9 & 0.282\,6 & 0.376\,7 & 0.305\,6 & 0.225\,0 & 0.325\,0 & 0.261\,9 & 0.392\,9 & 0.178\,0 \\ 0.232\,0 & 0.166\,7 & 0.195\,6 & 0.269\,1 & 0.361\,1 & 0.325\,0 & 0.175\,0 & 0.166\,7 & 0.107\,1 & 0.279\,8 \\ 0.189\,8 & 0.309\,5 & 0.282\,6 & 0.144\,9 & 0.083\,3 & 0.175\,0 & 0.275\,0 & 0.309\,5 & 0.178\,6 & 0.150\,6 \\ 0.160\,6 & 0.261\,9 & 0.239\,2 & 0.209\,3 & 0.250\,0 & 0.275\,0 & 0.225\,0 & 0.261\,9 & 0.321\,4 & 0.391\,6 \end{bmatrix}$$

根据熵值法得到客观权向量:

$W' = \{0.099\,2, 0.101\,1, 0.101\,5, 0.099\,8, 0.098\,1, 0.101\,0, 0.101\,0, 0.101\,1, 0.098\,0, 0.099\,3\}$

根据 AHP 方法得到客观权向量:

$W'' = \{0.092\,0, 0.108\,0, 0.112\,0, 0.088\,0, 0.095\,0, 0.105\,0, 0.124\,0, 0.119\,0, 0.096\,0, 0.061\,0\}$

根据式(7.2.8)得到综合权向量:

$W = \{0.091\,2, 0.109\,0, 0.113\,6, 0.087\,7, 0.093\,1, 0.105\,9, 0.125\,1, 0.120\,1, 0.093\,9, 0.060\,5\}$

确定理想目标与负理想目标:

$X^+ = \{0.417\,6, 0.309\,5, 0.282\,6, 0.376\,7, 0.361\,1, 0.325\,0, 0.325\,0, 0.309\,5, 0.392\,9, 0.391\,6\}$

$X^- = \{0.160\,6, 0.166\,7, 0.195\,6, 0.144\,9, 0.083\,3, 0.175\,0, 0.175\,0, 0.166\,7, 0.107\,1, 0.150\,6\}$

计算各目标与正、负理想目标的贴近度及相对贴近度（见表 7-2-2）。

表 7-2-2 各目标与正、负理想目标的贴近度及相对贴近度

	目标 x_1	目标 x_2	目标 x_3	目标 x_4
L_i^+	0.068 0	0.170 5	0.144 7	0.111 3
L_i^-	0.164 8	0.085 7	0.111 2	0.120 2
C_i	0.714 8	0.434 9	0.342 1	0.519 5

因此，最理想目标为 x_1，且目标排序为 $x_1 > x_4 > x_2 > x_3$。

第三节 决 策 树

决策树法是风险型决策中常用的方法，它不仅可以处理单阶段决策问题，而且还可以处理决策表和决策矩阵无法表达的多阶段决策问题。

一、概述

决策树是一种形象的说法，如图 7-3-1 所示，它所伸出的线条像大树的枝干，整个图形像棵树图上的方块叫决策点，由决策点画出若干线条，每条线代表一个方案，叫作方案分枝。方案枝的末端画个圆圈，叫作自然状态点。从它引出的线条代表不同的自然状态，叫作概率枝。在概率枝的末端画个三角，叫作结果点。在结果点旁，一般列出不同自然状态下的收益值或损失值。

应用决策树来做决策的过程，是从右向左逐步后退进行分析。根据右端的损益值和概率枝的概率，计算出期望值的大小，确定方案的期望结果。然后根据不同方案的期望结果做出选择。方案的舍弃叫作修枝，被舍弃的方案用在方案枝上做"并"的记号来表示（即修剪的意思），最后在决策点留下一条树枝，即为最优方案。

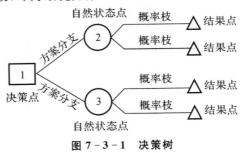

图 7-3-1 决策树

决策树不仅能表示出不同的决策方案在不同自然状态下的结果，而且能显示出决策的过程，内容形象，思路清晰，是辅助决策者进行决策的有用工具。

（1）决策树的单阶段决策。当所要决策的问题，只需要进行一次决策就可解决，叫作单阶段决策问题。

（2）决策树的多阶段决策。如果问题比较复杂，不是一次决策就能解决，而要进行一系列的决策才能解决,就叫作多阶段决策问题。

二、基于决策树的目标威胁估计

目标威胁估计应该是人参与的决策思维过程,应充分利用指挥员的经验,因此给出的解决目标威胁估计的基本思路是:首先根据作战指挥人员进行目标威胁评估过程的认知结构,提取与目标威胁估计有关的属性及其效用值;然后,应用数据挖掘中的决策树学习方法,在指挥员目标威胁估计的实践经验基础上,构造目标威胁估计的决策树;最后总结出更加完备的目标威胁估计规则。

(一)目标的属性和威胁

战场目标主要有 3 类:基础设施和设备(如建筑物、道路和桥梁)、各种装备(如坦克、卡车)和聚群(如部队、目标群、组织机构)。描述目标的属性主要有 6 个方面:位置、身份、航迹、行为、能力和意图。而这 6 个方面又可以进一步分解,如能力就包括进攻能力、防御能力、信息作战能力等。目标威胁等级有多种划分方法,如三级、五级等划分方法,如三级分法为威胁最大的目标、威胁中等的目标和威胁较小的目标。与目标威胁有关的属性主要包括距离、打击能力、被命中情况、运动状况、目标集群情况等 5 个方面。

(二)基于决策树的目标威胁估计过程

决策树是一种类似二叉树或多叉树的树结构。树中的每个非叶节点(包括根节点)对应于训练样本集中一个非类别属性的测试,非叶节点的每一个分支对应于属性的一个测试结果,它的每一个树节点可以是叶节点,对应着某一类,也可以对应一个划分。从树根开始顺着各个分支向下走,一直到达某一个叶子节点的一条路径形成一条分类规则。而它的内部节点按照规则进行属性值的测试比较,然后按照给定实例的属性值确定对应的分支,最后在决策树的叶子节点得到正确的分类。决策树可以很方便地转化为分类规则,是一种非常直观的分类模式表示形式,是一个类似流程图的树型结构,采用"从上而下、分而治之"的生成过程。目标威胁估计正是从其具有的威胁角度对战场目标分类,确定打击优先次序的问题,因此利用作战指挥人员的分类目标威胁经验,结合属性空间威胁效用值(离散化属性值)思想,应用决策树算法就可以提供一条新的解决目标威胁估计的思路。文中提出的基于决策树的目标威胁估计的基本框架如图 7-3-2 所示。

(三)计算实例

以坦克对地面装甲目标射击为例,说明基于决策树的目标威胁估计方法的基本流程。

1.目标威胁属性提取

坦克射击评估目标的威胁程度主要考虑以下因素:目标距坦克的距离、目标是否具备攻击坦克的能力、目标是否曾被命中过、目标的运动状态、目标是否为集群目标等。

2.目标属性的威胁效用函数

根据战术理论,一般坦克作战,目标对坦克的威胁程度分为 3 个等级,即威胁最大、威胁中等和威胁较小。根据各因素对目标威胁估计的作用大小,可以作如下划分:

(1)目标距坦克的距离可以划分为 3 个等级:远距离(>2 500 m)、中距离(1 500～2 500 m)和近距离(<1 500 m),距离远则威胁程度较小,距离近则威胁最大,中距离则威胁程度中等。

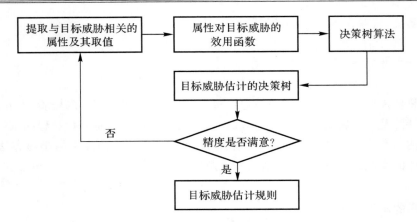

图 7-3-2　基于决策树的目标威胁估计的基本框架

(2)目标是否具备打击坦克的能力可分为有和无两个状态,有打击能力则威胁最大,无打击能力则威胁较小。

(3)目标是否曾被命中:若目标曾被命中过,则威胁较小,若未被命中过则威胁大。

(4)目标的运动状态:目标减速则可能准备对我射击,因此威胁大;目标速度快,则目标处于行进状态,其威胁较小。

(5)目标是否为集群目标:集群目标威胁最大,单个目标威胁较小。

综合上述各因素,对目标威胁估计的效用离散化处理的结果见表 7-3-1。

表 7-3-1　目标属性的威胁效用

目标属性	基本原理	效用
距离	<1 500 m	大
	1 500~2 500 m	中
	2 500~4 000 m	小
打击能力	最近 30 s 内开过火	大
	正准备开火	中
	其他	小
射击与命中情况	射击未命中	大
	未射击	中
	射击且命中	小
目标运动状态	静止或减速	大
	正常速度	中
	加速	小
集群情况	集群目标	大
	单个目标	小

3.算法训练数据的收集与整理

利用表 7-3-1中目标与威胁有关的属性值的离散化处理结果,可以得到 162 种待判断的目标威胁情况。据此设计目标威胁估计的表格，收集了 120 个专家的目标威胁判断的经验，由此得到决策树的训练数据集。文中使用收集到的 120 个数据中的 100 个进行决策树训练。

4. 生成决策树

用 WEKA 3.6 软件 Clasifier 模块中的 Decisiontre 进行数据处理，可以得到如图 7 – 3 – 3 所示的决策树。其中，HIT 表示目标被命中，T – ATT 表示目标最近 30s 开过火；DIS 表示目标的距离，H、M、L 表示威胁等级分别为高、中、低。由图 7 – 3 – 3 可以看出，尽管考虑的因素有 5 个，但真正对指挥员判断目标威胁发挥作用的只有 3 个方面的因素。决策树的结果正确率可达 85％，应该说它很好地总结了指挥员的实践经验。

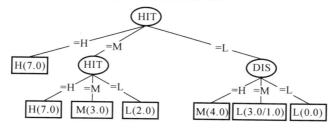

图 7 – 3 – 3　使用 WEKA 3.6 获得的决策树

5. 结果分析

由 WEKA 3.6 执行后得到的输出结果可以发现，目标威胁程度大小主要由 3 个因素确定，即目标曾遭受的打击程度、距离和最近 30 s 内的攻击能力。

据此决策树可以得到如下判断规则：

(1)若目标被射击但未被命中，则威胁最大；

(2)若目标未被射击过，且在最近 30 s 内开火过，则威胁最大；

(3)若目标未被射击过，且正准备开火，则威胁较大；

(4)若目标被射击且被命中，且距离较近(<1 500 m)，则威胁较大；

(5)若目标被射击且被命中，且距离较远(>1 500 m)，则威胁较小。

此 5 条判断规则较现有的 3 条判断规则(即 1～3 条)有所改进，它包含了 3 条规则，又增添了 4 和 5 两条规则，使目标威胁判断更完备。

第四节　多目标决策

一、概述

在决策过程中，对决策方案的评价经常需要考虑多方面的要求，按多个目标或多个准则进行综合衡量。例如制定作战方案，既要按时攻占指定阵地，又要给敌人以最大杀伤，还要自己伤亡消耗最少等。这就需要解决多准则(又称多目标)决策问题。事实上，实际的决策问题很少是单目标的情况。由于决策准则的多目标性带来方案间的冲突，使决策者难以决断，这使得应用各种决策辅助方法进行科学有效决策成为必要。

一般地,多目标决策问题由下述四个基本要素构成:

(1)行动方案。行动方案集合 X,包含了指挥员所有可能采取的行动方案。不管方案集合 X 是有限的还是无限的,都要求其中的各个方案之间相互独立,而又能彼此相互替代。

(2)目标和属性。目标是关于被研究问题中指挥员所希望达到的某种状态的陈述。在多目标决策问题中,有若干个陈述来表达指挥员希望达到的状态。为了用一个可测量的量来反映特定目标被达到的程度,对于每个目标设定一个属性。可能存在既便于测量又能间接地反映目标达到的程度的属性,这种属性称为代用属性。每个目标的属性都具有可理解性和可测性。可理解性是指某一属性的值足以标定相应的目标被达到的程度。可测性是指对给定的方案能按照某种标度对该属性赋值。

(3)行动方案的属性值。它定义了对每一个行动方案 $x \in X$,属性集 $f(x) = (f_1(x), f_2(x), \cdots, f_n(x))^T$ 的取值情况。

(4)偏好结构和决策规则。由于人类行为的复杂性,目前还没有提出并形成统一的能描述人类决策行为的理论和方法。目前有 3 种描述决策者行为即"偏好"的基本模式。

第一种是基于简单的次序关系。它认为如果一个方案 x^* 是好的方案,那么就不存在别的方案 x 使得方案 x 的每个属性值均不劣于方案 x^* 的相应属性,且至少有一个属性值优于方案 x^* 的相应属性值。这种模式产生了著名的 Pareto 最优性。

第二种基本模式是基于人们实际所追求的是一定限度的目标,这种模式产生满意解和调和解的概念。

第三种基本模式是基于价值或效用极大化的概念,这种模式产生了现代效用理论。因此,基于不同的描述指挥员的行为模式,形成了不同的多目标决策概念和技术。

与单目标决策不同,多目标决策问题最显著的特点是目标之间的不可公度性和目标之间的矛盾性。目标之间的不可公度性是指各个目标没有统一的度量标准,因而难于比较。目标之间的矛盾性是指如果去改善某个方案中某个目标的值,可能会使该方案中另一目标的值变坏。由于多目标决策问题中多个目标之间的矛盾性和不可公度性,一般来说,不能把多个目标直接归并为单个目标,再采用解决单目标决策问题的方法去解决多目标决策问题。必须根据多目标决策问题的特点,去研究求解它的基本理论和方法。

多目标决策的过程是指解决多目标决策问题的一种规范的方法和过程,它包括由多目标决策问题的提出、建立决策问题模型、分析评价、问题求解直至实施的全过程。如同前面所述的系统工程方法论的基本逻辑程序框,大致可分为如下步骤:①明确决策问题。②建立决策问题的模型。③进行分析和评价,对各备选方案进行分析比较与评价,并按决策者的偏好,制定决策规则,从而把所有行动方案排列出一个优劣顺序。最后将最好的方案作为决策建议呈交给决策者。④进一步评价与决策建议的采用。决策者对给出的决策建议可能满意,也可能不满意。如果满意,将决策方案付诸实施。否则,通过修改模型、扩充方案集、修订决策目标,重新构造多目标决策问题,形成一个闭环的过程。

二、优序法决策的基本原理

优序法多目标决策是由决策者拟定目标的目标函数、加权系数等各项决策因素,由决策系统根据各目标的决策因素指标,相互比较,从而得到多目标的优序函数,再按优序数的大小将目标顺序排队,最终由决策者或决策系统根据最优决策法则和战场情况,对目标进行决策判断,确定一个或多个方案。

所以优序法决策过程不是求最优方案,而是一个求取非劣解的过程。

(一)决策问题

设考虑决策的问题为

$$\max_{x \in R} F(x)$$

其中,R 为有限个(N 个)目标的集合。

$$F(x) = [f_1(x), f_2(x), \cdots, f_m(x)]^{\mathrm{T}}$$

其中 $f_i(x)$ 为目标函数,可以定性的,可以根据它判断多目标的优劣。

记标号集 $M = \{1, 2, \cdots, m\}$,$N = \{1, 2, \cdots, n\}$。

(二)优序法的基本定义及性质

定义 1

$$a_{ijl} = \begin{cases} 1, 当 f_l(x_i) > f_l(x_j) \text{ 或 } f_l(x_i) > f_l(x_j) \\ 0.5, f_l(x_i) \cong f_l(x_j) \\ 0, \begin{cases} f_l(x_i) < f_l(x_j) \text{ 或 } f_l(x_i) < f_l(x_j) \\ i = j \end{cases} \end{cases}$$

$$i, j \in \mathbf{N}, i \neq j, l \in M$$

$$a_{ij} = \sum_{l \in M} a_{ijl}$$

a_{ij} 就是第 i 个目标与第 j 个目标的目标函数相互比较所得的优序数,a_{ji} 为劣序数。

定义 2

$$K_i = \sum_{j \in \mathbf{N}} a_{ij}, i \in \mathbf{N}$$

$$H_j = \sum_{i \in \mathbf{N}} a_{ij}, j \in \mathbf{N}$$

以上参数有如下性质:

性质 1

$$\begin{cases} a_{ijl} + a_{jil} = 1 \\ a_{ij} + a_{ji} = m \end{cases}$$

$$T = \sum_{i \in \mathbf{N}} K_i = \sum_{j \in \mathbf{N}} H_j = n(n-1)\frac{m}{2}$$

$$H_i + K_i = m(n-1) = G$$

K_i 为第 i 个目标与其他目标两个相比所得的总优序数,H_i 为总劣序数。可以根据 K_i 数值的大小来排列各方案的优劣次序。若有最优解,排在前面的必是最优解,若不存在最优解,排在最后面的必是最劣解。

性质 2:最优解的充要条件为

$$K_l = \max_{i \in \mathbf{N}} K_i = m(n-1)$$

三、基于多目标决策的防空威胁分析模型

在防空作战中,一个火力单位和火力集群所要抗击的是多机种、多层次、多架次、多方向的

目标群,其攻击的目标及攻击的手段也各不相同,如何根据目标的威胁程度及防空火力单位所担负的战术任务,进行多目标决策,也就是解决射击中的集火问题,是整个火控系统的主要问题。对目标威胁程度的判定,不能单凭几项指标加权平均、综合打分判定,必须根据目标本身的多项指标函数和防空部队的防卫任务,以及指挥员根据战场情况所做出的决策等多种因素全面综合考虑。

(一) 目标函数的设定

目标函数也就是决策函数,不同目标其指标亦不一样,在防空作战中,可根据战术要求定性为机种 $f_1(x)$、所携武器 $f_2(x)$、距保卫要地航路捷径 $f_3(x)$、距火力点航路捷径 $f_4(x)$、高度 $f_5(x)$ 和速度 $f_6(x)$ 等多项指标。

可设 $f_1(x)$ 多项指标:轰炸机 5、强击机 4、歼击机 3、武直 2、运输机 1;$f_2(x)$ 多项指标:导弹 4、精确制导炸弹 3、普通航弹 2、空降人员物质 1;其中 f_3、f_4 越近越优、f_5 越低越优、f_6 越大越优。

(二) 优序法多目标决策过程

首先分别求出第 i 个目标与第 j 个目标的目标函数相互比较所得的优序数 a_{ij} 系列,然后求出第 i 个目标与其他目标两个相比所得的总优序数 K_i。

可以根据 K_i 数值的大小来排列各方案的优劣次序。若有最优解,排在前面的必是最优解,若不存在最优解,由最优定理可知,排在最前面的必是非劣解。根据 K_i 的排序可知多个目标的优劣(威胁程度)。

防空火力网的任务是保护要地,同时还得自卫,保护阵地的安全,所以指挥员要根据决策系统所给出的序列和战场情况,同时还得考虑所担负的任务,权衡利弊,进行判断决策。

(三) 优序法中的加权系数

在上述分析中,对多个决策因素都是一视同仁,即认为多因素在决策系统效能中的作用是完全一致的,但是在实际应用中各个因素的影响并非完全相同,需要考虑多种因素在决策系统中的相对重要性。

在多目标决策系统中,指标因素的权重具有重要意义。它的大小反映了各个指标因素相对于决策系统的重要性。指标因素的权重,既有客观属性的一面,也有主观属性的一面。就威胁判断系统而言,既要完成防空作战的作战任务,又要保障自身的安全,即对保卫对象和防空系统本身所受的威胁程度做出综合判断,这是指标因素权重的客观属性。但是,也必须看到,决策因素权重除了受客观属性影响外,还要受到诸如决策者的战场经验、作战任务的理解、本身战术素质与修养等主观因素的影响,这就是指标因素权重的主观因素方面。因此,确定指标因素权重的原则应该是:以指标因素的客观属性为主,兼顾指标因素的主观属性。如在上述威胁判断决策中的机种、所携武器、矢向速度所考虑的重要性要大于其他因素,而 $f_3(x)$、$f_4(x)$ 的权重必须根据决策因素的重要性,定出加权系数。

设目标函数为

$$\boldsymbol{F}(x) = [f_1(x), f_2(x), \cdots, f_m(x)]^{\mathrm{T}}$$

相应的权系数为

$$\boldsymbol{\lambda} = [\lambda_1, \lambda_2, \lambda_3, \cdots, \lambda_m]^{\mathrm{T}}$$
$$0 \leqslant \lambda_l \leqslant 1$$

则加权后的总优序数为

$$K'_i = \sum_{l \in M} \lambda_l \sum_{j \in N} a_{ij}, \ i \in \mathbf{N}$$

加权系数确定后,在工作过程中,若作战环境、目标背景及担负的任务改变,可由决策者或决策系统根据最优决策法则和战场情况进行人工干预,适时调整权重系数。

优序法多目标决策充分考虑了目标的各项决策因素,由决策者拟定目标的目标函数,同时根据指标的相对重要性,引入加权系数,保证了主要决策因素的要求。优序法无需进行复杂烦琐的数学建模,计算简单快捷,目标函数各项指标(如性能优劣、攻击强度等)无需量化处理,在现装备的高炮指挥自动化系统皆能使用,优序法多目标决策还可适时加入决策者的人为干预因素进行调整,使之符合目前指挥决策的特点。

第五节　　证　据　理　论

一、基于证据理论的目标选择决策

目标价值分析是决策者根据自身的知识水平、实践经验、对战场情况的认识程度等给出的战场目标综合评价值,其实质是围绕目标价值进行选择、决定的一种形式。

证据理论的一个基本策略是把证据集合划分为若干不相关的部分(独立的证据),并分别利用它们对识别框架独立进行判断。每个证据下对识别框架中各假设都存在一组判断信息(概率分布),称之为该证据的信任函数,其相应的概率分布为该信任函数所对应的基本概率分配函数。根据不同证据下对某一假设的判断,按照某一规则进行组合,即对该假设进行各信任函数的综合,以形成综合证据(信任函数)下对该假设的总的信任程度。进而分别求出所有假设在综合证据下的信任程度。本节将判断目标价值的证据集合划分为若干不相关的子因素,并分别利用它们对评价等级这一识别框架独立进行判断。每个子因素对评价等级都存在一组信任函数,根据不同子因素下对某一评价假设的判断,按照证据组合规则进行组合,求得综合值,经过反复组合从而得到目标的最终信任值。

二、证据理论

设 Θ 为变量的所有可能值的穷举集合,且 Θ 中的各元素是相互排斥的,称 Θ 为辨别框架(Frame of Discernment)。设 Θ 中元素个数为 N,则 Θ 的幂集合 2^Θ 的元素个数为 2^N,每个幂集的元素对应于一个关于 x 取值情况的命题(子集)。

定义1　对任一个属于 Θ 的子集 A(命题),令它对应一个数 $m \in [0,1]$,而且满足:

$$\left.\begin{array}{l} m(\varnothing) = 0 \\ \sum_{A \subset \Theta} m(A) = 1 \end{array}\right\} \tag{7.5.1}$$

则称函数 m 为 2^Θ 上的基本概率分配函数,称 $m(A)$ 为 A 的基本概率数。$m(A)$ 表示:若 $A \subset \Theta$ 且 $A \neq \Theta$,则 $m(A)$ 表示对 A 的精确信任程度;若 $A = \Theta$,则 $m(A)$ 表示这个数不知如何分配。

定义 2 命题的信任函数（Belief function）bel$:2^\Theta \to [0,1]$ 为

$$\forall A \subseteq \Theta, \mathrm{bel}(A) = \sum_{B \subseteq A} m(B) \qquad (7.5.2)$$

式中：bel(A) 表示对子集 A 的总信任程度。

定义 3 设 $m_1, m_2, \cdots, m_n$ 为 2^Θ 上的 n 个基本概念分配函数，它们的正交和 $m = m_1 \oplus m_2 \oplus \cdots \oplus m_n$ 为

$$\left.\begin{array}{l} m(\varnothing) = 0 \\ m(A) = k \sum_{\cap A_i = A 1 \leqslant i \leqslant n} \prod m_i(A_i), A \neq \varnothing \end{array}\right\} \qquad (7.5.3)$$

式中，k 为正交系数。

$$k^{-1} = 1 - \sum_{\cap A_i = \varnothing 1 \leqslant i \leqslant n} \prod m_i(A_i) = \sum_{\cap A_i \neq \varnothing 1 \leqslant i \leqslant n} \prod m_i(A_i) \qquad (7.5.4)$$

k 反映各证据之间相互冲突的程度，若 $k = 0$，说明各 m_i 之间是相互矛盾的。

三、D-S 证据理论的组合公式

设 Bel$_1$ 和 Bel$_2$ 为同一辨识框架 Θ 上的两个信任函数，m_1 和 m_2 是其基本可信度，$\forall A \subset \Theta$ 且 $m(A) > 0$，则 A 称为焦元，焦元分别为 $A_1, A_2, \cdots, A_k$ 和 $B_1, B_2, \cdots, B_l$。

设 $\sum_{A_i \cap B_j} m_l(A_i)(B_j) < 1$，则由下式定义的函数 $m:2^\Theta \in [0,1]$ 是基本可信度分配。

当 $A = \varnothing$ 时，$m(A) = 0$；

当 $A \neq \varnothing$ 时，有

$$m(A) = \frac{\sum_{A_i \cap B_j = A} m_1(A_i) m_2(B_j)}{1 - \sum_{A_i \cap B_j = \varnothing} m_1(A_i) m_2(B_j)} \qquad (7.5.5)$$

多个信任函数的组合定理：设 Bel$_1$,Bel$_2$,$\cdots$,Bel$_n$ 为同一辨识框架 Θ 上的多个可信任函数，$m_1, m_2, \cdots, m_n$ 分别为其对应的基本可信度。如果 Bel$_1 \oplus$ Bel$_2 \oplus \cdots \oplus$ Bel$_n$ 存在且基本可信度为 m，则 n 个可信度函数的组合为（Bel$_1 \oplus$ Bel$_2 \oplus$ Bel$_3$）$\oplus \cdots \oplus$ Bel$_n$，式中 $\oplus$ 表示直和，由组合证据获得最终证据与其次序无关。

四、目标价值分析的证据组合算法

假设：

$S = \{S_1, S_2, \cdots, S_n\}$ 表示 u 个可能的目标集；

$A = \{A_1, A_2, \cdots, A_v\}$ 表示 v 个主因素的集；

$E_i = \{e_i^1, e_i^2, \cdots, e_i^m\}$ 表示主因素 A_i 的相关独立子因素集；

$H_i = \{h_i^1, h_i^2, \cdots, h_i^n\}$ 表示指标 A_i 的评价等级集；

$C_{ilk}^{ir}(0 \leqslant C_{ilk}^{ir} \leqslant 1)$ 表示第 r 个决策者（DM$_r$, $i = 1, 2, \cdots, D$）针对目标 S_j 关于指标 A_j 中的子因素 e_i^l 给出的对应于评价等级 h_i^k 的评价值。

步骤 1：利用证据组合公式（7.5.5），将因素 $e_i^1, e_i^2, \cdots, e_i^m$ 下的信任函数 $m_{il}^{ir}(h_i^k) = C_{ilk}^{ir}$ 进行

组合,形成目标在该主因素下的综合评价值,即主因素 A_i 的评语模糊集 $M_{ji}^r(H_i)$,亦即

$$M_{ji}^r(H_i) = \{m_i^r(h_i^k) \mid r = 1,2,\cdots,D;k = 1,2,\cdots,n_i\} \tag{7.5.6}$$

这样,可以分别求出各决策者关于目标 S_j 在指标 A_i 上的模糊评语集。

步骤 2:针对各决策者 $DM_r(r = 1,2,\cdots,D)$ 关于目标 S_j 在指标 A_i 上的模糊评语集 $M_{ji}(H_i)$,再次利用证据组合公式进行信息融合,形成关于目标 S_j 在指标 A_i 上的群体偏好信息(模糊评语集)$M_{ji}(H_i)$,即

$$M_{ji}(H_i) = \{m_{ji}(h_i^k) \mid k = 1,2,\cdots,n_i\} \tag{7.5.7}$$

步骤 3:求出关于目标 S_j 在指标 A_i 上的"确定性"评价值 d_{ji},即

$$d_{ji} = \sum_{k=1}^{n} p(h_i^k)m_{ji}(h_i^k),\quad j = 1,2,\cdots,u;i = 1,2,\cdots,v \tag{7.5.8}$$

其中,$p(h_i^k)$ 为评价等级 h_i^k 的权重系数,这样就将原来的具有主观不确定性信息的目标价值分析问题转化为普通的确定性决策问题。

步骤 4:针对得到的确定性多属性决策问题,可利用成熟的方法如加权法或理想点法,进一步对方案进行最终的排序。

五、炮兵战场目标价值分析实例

炮兵战场目标价值评价指标体系应能全面反映被评价问题的主要方面,它的结构取决于评价目标、被评价对象的一般性质、决策要求及拥有的有关基础资料等。以近岸岛屿封锁作战炮兵战场情况为例,建立战场目标价值评价指标体系,如图 7-5-1 所示。

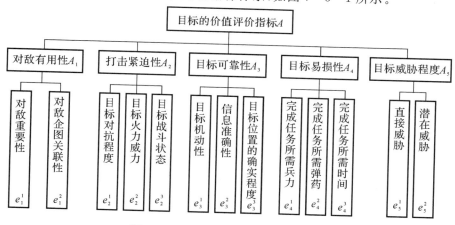

图 7-5-1　目标价值评价指标体系

(1)对敌有用性是指目标对敌完成反封锁作战任务的有用程度。或者说,目标遭到毁伤或破坏时,对敌达成反封锁作战任务所带来的损失的严重程度。

(2)打击紧迫性是用来衡量各目标对我炮兵封锁作战行动危害程度和各目标所需火力反应时间长短的一种指标。

(3)目标可靠性是反映目标位置准确程度的一种指标。目标位置准确或定位精度高,则对目标射击效果好,即射击较为有利。由于近岸岛屿战场环境的复杂多变和我炮兵侦察手段的限制,使得这一点显得尤为重要。

（4）目标易损性是指目标被摧毁的难易程度及被毁后恢复能力的一种指标。目标易损性高则在其他指标相等的条件下对目标射击容易获得较大的收益，射击效果好；否则，目标难以被摧毁或被射击后容易恢复战斗力，那么其战场价值难以消除，效果不佳。近岸岛屿敌战场筑有大量工事，很多工事之间都有坑道相通，因此在确定目标评价指标时，这一点也尤为重要。

（5）目标威胁程度是指目标对我炮兵完成封锁作战任务的危害程度和妨碍程度。它有可能是敌借助火力等直接打击我封锁作战力量；也可能是对敌后续作战产生积极的影响。如敌火炮、导弹等就对我封锁作战力量构成直接威胁；岛上各机场、港口、码头可以实现敌与其本岛的相互支援，对我构成潜在威胁。

根据上述 5 个因素，采用问卷调查和专家打分以及计算机模拟方式能够得出战场目标价值观测值。

根据以上建立的指标体系，假定有 3 个目标，即敌指挥所、炮兵阵地和坦克。挑选 3 名专家（即 $DM_r, r = 1, 2, 3$），分别对每个指标进行评估（假设 3 名评判人员的重要程度是相同的），评价等级分为 3 级：

$$H_i = \{h_i^1, h_i^2, h_i^3\} = \{不重要, 一般重要, 很重要\}(i = 1, 2, 3)$$

专家给出的具体评价信息分别如表 7-5-1 ～ 表 7-5-5 所示，可以看出评价信息具有不确定性。

表 7-5-1 关于目标威胁程度(A_1)的评价信息

战场目标		DM₁			DM₂			DM₃		
		h_1^1	h_1^2	h_1^3	h_1^1	h_1^2	h_1^3	h_1^1	h_1^2	h_1^3
S_1	e_1^1		0.4	0.5	0.1	0.4	0.4		0.3	0.7
	e_1^2	0.1		0.8	0.2	0.5			0.5	0.4
S_2	e_1^1	0.1	0.1	0.8	0.1		0.6	0.1		0.6
	e_1^2	0.4	0.2	0.3	0.5	0.2			0.2	0.6
S_3	e_1^1	0.4	0.3		0.2				0.1	0.4

表中，S_1 为指挥所；S_2 为炮兵阵地；S_3 为坦克。e_1 为直接威胁；e_2 为潜在威胁。

表 7-5-2 关于目标地位(A_2)的评价信息

战场目标		DM₁			DM₂			DM₃		
		h_2^1	h_2^2	h_2^3	h_2^1	h_2^2	h_2^3	h_2^1	h_2^2	h_2^3
S_1	e_2^1		0.1	0.9		0.2	0.5		0.2	0.6
	e_2^2	0.1	0.1	0.8	0.1		0.8		0.2	0.7
S_2	e_2^1		0.2	0.8		0.1	0.9		0.1	0.7
	e_2^2		0.1	0.7		0.3	0.6	0.2		0.8
S_3	e_2^1	0.5	0.3		0.4	0.3		0.4	0.1	
	e_2^2	0.4		0.2	0.1		0.5	0.1	0.4	

表中，e_1 为对敌重要性；e_2 为对敌企图关联性。

表 7-5-3　关于目标可靠性(A_3)的评价信息

战场目标		DM$_1$			DM$_2$			DM$_3$		
		h_3^1	h_3^2	h_3^3	h_3^1	h_3^2	h_3^3	h_3^1	h_3^2	h_3^3
S_1	e_3^1	0.8	0.1		0.9	0.1		0.6	0.2	
	e_3^2		0.2	0.7		0.1	0.9		0.3	0.5
	e_3^3		0.1	0.7	0.2		0.6		0.1	0.8
S_2	e_3^1		0.3	0.7		0.2	0.8		0.1	0.8
	e_3^2		0.2	0.6		0.1	0.8		0.3	0.5
	e_3^3	0.2	0.2	0.6	0.1	0.3	0.5		0.1	0.7
S_3	e_3^1		0.2	0.8		0.3	0.7		0.1	0.8
	e_3^2		0.3	0.6	0.2		0.7		0.2	0.6
	e_3^3	0.1	0.6		0.2	0.7		0.1	0.8	

表中，e_1 为目标机动性；e_2 为信息准确性；e_3 为目标位置的确实程度。

表 7-5-4　关于打击紧迫度(A_4)的评价信息

战场目标		DM$_1$			DM$_2$			DM$_3$		
		h_4^1	h_4^2	h_4^3	h_4^1	h_4^2	h_4^3	h_4^1	h_4^2	h_4^3
S_1	e_4^1	0.3	0.4	0.4		0.5	0.3		0.5	0.4
	e_4^2	0.5	0.2	0.1	0.4	0.3		0.4	0.3	
	e_4^3		0.6	0.3	0.1	0.4	0.4	0.2	0.5	0.3
S_2	e_4^1	0.2	0.2	0.6	0.1	0.1	0.7		0.2	0.8
	e_4^2	0.1	0.1	0.8	0.1		0.7		0.1	0.9
	e_4^3	0.1		0.9	0.2	0.1	0.7		0.1	0.7
S_3	e_4^1	0.2	0.1	0.7	0.3	0.2	0.5	0.3	0.3	0.4
	e_4^2	0.3	0.1	0.6	0.2		0.6	0.3	0.1	0.5
	e_4^3	0.4	0.1	0.5	0.4	0.5		0.2		

表中，e_1 为对抗程度；e_2 为火力威力；e_3 为战斗状态。

表 7-5-5　关于目标易损性(A_5)的评价信息

战场目标		DM$_1$			DM$_2$			DM$_3$		
		h_5^1	h_5^2	h_5^3	h_5^1	h_5^2	h_5^3	h_5^1	h_5^2	h_5^3
S_1	e_5^1	0.2	0.5	0.1	0.3	0.4	0.2	0.6	0.2	0.2
	e_5^2	0.1	0.6	0.3	0.2	0.7	0.1	0.2	0.6	0.2
	e_5^3	0.5	0.2	0.1	0.6	0.3	0.1	0.5	0.3	0.2
S_2	e_5^1		0.2	0.7		0.2	0.8		0.1	0.7
	e_5^2		0.3	0.6		0.1	0.9		0.2	0.8
	e_5^3		0.2	0.5		0.1	0.7		0.3	0.7

战场目标		DM$_1$			DM$_2$			DM$_3$		
		h_5^1	h_5^2	h_5^3	h_5^1	h_5^2	h_5^3	h_5^1	h_5^2	h_5^3
S_3	e_5^1		0.5	0.3		0.4	0.2		0.7	0.2
	e_5^2		0.6	0.2		0.5	0.4	0.1	0.8	0.1
	e_5^3	0.1	0.7	0.2	0.2	0.6	0.2		0.6	0.3

表中,e_1 为完成任务所需兵力;e_2 为完成任务所需弹药;e_3 为完成任务所需时间。

按照步骤 1,利用证据组合公式(7.5.5),首先由指标 A_1 中的专家 DM$_1$ 对目标 S_1 子因素 e_1^1,e_1^2 进行组合,即

$$K = 0.4 * 0.1 + 0.4 * 0.8 + 0.5 * 0.1 = 0.41$$
$$m(h_1^1) = 0.1 * 0.1/1 - 0.41 = 0.0169$$
$$m(h_1^2) = 0.4 * 0.1/1 - 0.41 = 0.0679$$
$$m(h_1^3) = 0.5 * 0.8 + 0.1 * 0.8 + 0.5 * 0.1/1 - 0.41 = 0.8983$$
$$m(U) = 0.1 * 0.1/1 - 0.41 = 0.0169$$

同理可得专家 DM$_2$ 对目标 S_1 子因素 e_1、e_2 组合结果为

$$m(h_1^1) = 0.158\,6, m(h_1^2) = 0.786\,4, m(h_1^3) = 0.067\,8$$

专家 DM$_3$ 对目标 S_1 子因素 e_1、e_2 组合结果为 $m(h_1^1) = 0, m(h_1^2) = 0.340\,0, m(h_1^3) = 0.660\,0$,然后按照步骤 2 将 3 位专家对指标 A_1 的主因素 A_i 进行组合,可得 $m(h_1^1) = 0.102\,8$,$m(h_1^2) = 0.567\,0, m(h_1^3) = 0.850\,5$,在按照步骤 3 式(7.5.8),这里假设 3 个等级权重相同,即

$$m(A_1) = 0.102\,8 \times 1/3 + 0.567\,0 \times 1/3 + 0.850\,5 \times 1/3 = 0.568\,0$$

对 A_2、A_3、A_4、A_5 分别按照 A_1 的步骤求之。其结果如表 7-5-6 所示。

表 7-5-6　目标对单个评价指标的概率分配值

目标 \ 评价指标	A_1	A_2	A_3	A_4	A_5
S_1	0.568	0.537	0.735	0.785	0.579
S_2	0.588	0.513	0.702	0.750	0.621
S_3	0.514	0.501	0.710	0.694	0.615

最后,采用加权,这里取每个指标的权重相同,经计算后得到各目标的综合评价结果是:

$$S_1 = 0.640\,8, S_2 = 0.634\,8, S_3 = 0.606\,8$$

因此这 3 种目标的综合排序结果是 $S_1 > S_2 > S_3$。

第六节　效　用　理　论

一、群效用函数与多维群效用函数的构建

由于要集思广益,制定决策时常常有一个专家组。这就需要将专家组中每个人的价值判断

集结为群的价值判断,从而估计出群效用函数。而这不但需要辨别每个成员的效用函数,还要做出人与人之间的效用比较。由于效用函数不仅与群里各人的兴趣、爱好等主观因素有关,还与他们的风险态度有关,所以群中人员间的效用比较是很难做到的。一般变通而有效的做法是:将专家分成若干组,每人分到他所熟悉的属性相应组里,由每个组的成员对一系列的抽奖做出判断,估计该属性的群边际效用函数,再将这些函数置换为群效用函数。

由于目标有若干属性,而每个属性又受若干因素影响,所以群边际效用函数就是多属性效用函数,只需将此处"属性"看作下面定理中的"目标",而"因素"看作下面定理中的"属性"即可。

定理　假定目标 $X = \{X_1, X_2, \cdots, X_n\}$,其属性和效用满足一维属性效用独立和二维偏好独立,则定义在 X 上的关于保序 $\succ$ 的效用函数 U 满足下列两式之一:

$$U(x) = \sum_{i=1}^{n} k_i u_i(x_i) \tag{7.6.1}$$

$$U(x) = \frac{\left[\prod_{i=1}^{n}(1 + kk_i u_i(x_i)) - 1\right]}{k} \tag{7.6.2}$$

其中,u_i 是第 i 种属性的效用函数,$U(x) \in [0,1]$,$u_i(x_i) \in [0,1]$,$k > -1$,$k_i \in (0,1)$。

二、目标价值确定过程

确定目标价值的过程分成两个阶段:战前准备阶段、临战或战斗过程中评估阶段。

(一)战前准备阶段

(1)构建目标价值指标体系,详见目标价值分析。

(2)利用综合意见集结法确定各因素的规范化中庸值。

目标价值有四大属性,所以将人数为 m 的专家分成四组,每组人数分别为 m_1, m_2, m_3, m_4。专家意见以量化方式给出,每位专家给出相应属性下各因素规范中庸值,设为 $x_{111}, x_{112}, \cdots, x_{11m_1}; x_{21k}, x_{22k}, x_{23k}; k = 1, 2, \cdots, m_2$。

当 y_{ijk} 是效益型指标时,$x_{ijk} = \dfrac{y_{ijk} - y_{ij}^-}{y_{ij}^+ - y_{ij}^-}$;当 y_{ijk} 是成本型指标时,$x_{ijk} = \dfrac{y_{ij}^+ - y_{ijk}}{y_{ij}^+ - y_{ij}^-}$,其中 y_{ijk},x_{ijk} 分别为第 i 组专家 k 给出因素 X_{ij} 的中庸值及其规范中庸值,y_{ij}^- 与 y_{ij}^+ 分别是该因素可能取到的最小和最大指标值。

专家组商定:以上面每组规范中庸值的均值 $\bar{x}_{11} \bar{x}_{21}, \bar{x}_{22}, \bar{x}_{23}, \bar{x}_{31}, \bar{x}_{32}, \bar{x}_{41}, \bar{x}_{42}$ 作为计算效用函数中庸值。

(3)利用规范中庸值的均值确定各因素对数型效用函数。

当 $x_0 \in (0, 0.5)$ 时,

$$\begin{cases} u(0) = d + c\ln b = 0 \\ u(x_0) = d + c\ln(x_0 + b) = 0.5 \\ u(1) = d + c\ln(1 + b) = 1 \end{cases}$$

有

$$u(x) = -\frac{\ln\left(\dfrac{x_0^2}{1 - 2x_0}\right)}{\ln\left(\dfrac{1 - x_0}{x_0}\right)^2} + \frac{\ln\left(x + \dfrac{x_0^2}{1 - 2x_0}\right)}{\ln\left(\dfrac{1 - x_0}{x_0}\right)^2}$$

当 $x_0 \in (0.5, 1)$ 时，

$$\begin{cases} u(0) = 1 - d + c\ln(1+b) = 0 \\ u(x_0) = 1 - d - c\ln(1 - x_0 + b) = 0.5 \\ u(1) = 1 - d - c\ln b = 1 \end{cases}$$

有

$$u(x) = -\frac{\ln\left(\dfrac{x_0^2}{2x_0 - 1}\right)}{\ln\left(\dfrac{1 - x_0}{x_0}\right)^2} + \frac{\ln\left(-x + \dfrac{x_0^2}{2x_0 - 1}\right)}{\ln\left(\dfrac{1 - x_0}{x_0}\right)^2}$$

当 $x = 0.5$ 时，有 $u(x) = x$。

（4）利用 Delphi 方法确定各属性的权重 $\lambda_1, \lambda_2, \lambda_3, \lambda_4$。

（5）给出一系列抽奖，由专家组判别，形成统一意见，结合各因素的对数型效用函数，构造各属性的效用函数。

（二）临战或战斗过程中评估阶段

（1）专家组给出待估目标各因素的规范化指标值 $z_{11}, z_{21}, z_{22}, z_{23}, z_{31}, z_{32}, z_{33}, z_{41}, z_{42}$，利用这些值和各属性的效用函数确定各属性的效用值 U_1, U_2, U_3, U_4；

（2）确定目标价值 $V = \sum\limits_{i=1}^{4} \lambda_i U_i$，其中 $\lambda_1, \lambda_2, \lambda_3, \lambda_4$ 为各属性相对目标价值的权重。

三、目标价值计算实例

在一次作战行动中，若影响某目标价值的各因素中庸值已通过专家组利用综合意见集结的方法估计出来，并已经规范化，将某因素的规范中庸值 x_{0ij} 代入对数型群效用函数，得其效用函数 u_{ij}，如下表 7-6-1 所示。

表 7-6-1　各因素的对数型群效用函数

因素	X_{11}	X_{21}	X_{22}
x_{0ij}	0.4	0.45	0.3
u_{ij}	$u_{11} = 0.275\,17 + 1.233\,15\ln(x + 0.8)$	$u_{21} = -1.758\,03 + 2.491\,64\ln(x + 2.202\,5)$	$u_{22} = 0.880\,24 + 0.590\,11\ln(x + 0.225)$
因素	X_{23}	X_{31}	X_{32}
x_{0ij}	0.45	0.35	0.55
u_{ij}	$u_{23} = -0.151\,16 + 1.549\,07\ln(x + 1.102\,5)$	$u_{31} = 0.723\,44 + 0.807\,7\ln(x + 0.408\,33)$	$u_{32} = 2.758\,03 - 2.491\,64\ln(-x + 3.025)$
因素	X_{33}	X_{41}	X_{42}
x_{0ij}	0.6	0.65	0.58
u_{ij}	$u_{33} = 0.724\,83 - 1.233\,15\ln(-x + 1.8)$	$u_{41} = 0.276\,56 - 0.807\,7\ln(-x + 1.408\,33)$	$u_{42} = 1.151\,16 - 1.549\,07\ln(-x + 2.102\,5)$

利用一系列抽奖，由专家做出判别，形成统一意见，结合各因素的群效用函数，构造各属性

效用函数：

第一个属性受单一因素影响，所以 $U_1 = u_{11}$；其他属性受多个因素影响，需构造多维效用函数，以构造打击紧迫性效用函数为例。对抗能力强的目标不一定对我即时威胁大，与敌企图关联度也不一定大。如敌指挥所间接对抗力强，对打击紧迫性总效用贡献大，但对我即时威胁程度小，因而对打击紧迫性总效用贡献又较小；再如敌移动式导弹系统直接对抗力强，对我即时威胁程度大，因而对打击紧迫性总效用贡献也大。所以各因素对属性效用影响不是相互独立的，第二个属性效用函数是积性效用函数。

设专家组一致认为：因素 X_{31} 的 40% 和因素 X_{32} 的 100% 是无差异的，因素 X_{32} 的 60% 和因素 X_{33} 的 100% 是无差异的。即 $X_1 = (0.4, 0, 0)$ 和 $X_2 = (0, 1, 0)$ 无差异，$X_3 = (0, 0.6, 0)$ 和 $X_4 = (0, 0, 1)$ 无差异，所以 $k_5 u_{31}(0.4) = k_6$，$k_6 u_{32}(0.6) = k_7$。并且 $X_2 = (0, 1, 0)$ 以概率 1 获得和 $X_5 = (1, 0, 1)$、$X_6 = (0, 0, 0)$ 都以概率 0.5 获得无差异，则 $k_6 = 0.5(k_5 + k_7 + K_3 k_5 k_7)$，而 $1 + k_3 = (1 + k_3 k_5)(1 + k_3 k_6)(1 + k_3 k_7)$，解方程组得

$$k_5 = 0.922\,95, k_6 = 0.152\,23, k_7 = 0.083\,86, k_3 = -0.715\,66$$

可以确定

$$U_3 = \frac{\left[\prod\limits_{i=1}^{3} (1 + K_2 k_{4+i} u_{3i}(x_{3i})) - 1 \right]}{k_3}$$

类似利用积性效用函数计算出：

$$U_2 = \frac{\left[\prod\limits_{i=1}^{3} (1 + k_2 k_{1+i} u_{2i}(x_{2i})) - 1 \right]}{k_2}$$

其中 $k_2 = 0.521\,47, k_3 = 0.385\,76, k_4 = 0.345\,19, k_2 = -0.528\,47$。

利用加性效用函数计算出 $U_4 = \sum\limits_{i=1}^{2} k_{7+i} u_{4i}(x_{4i})$，其中 $k_8 = 0.690\,40, k_3 = 0.390\,60$。

利用 Delphi 方法确定各属性相对目标价值权重，该目标价值为

$$V = \sum\limits_{i=1}^{4} \lambda_i U_i = 0.35 \times 0.929\,52 + 0.3 \times 0.447\,51 + 0.2 \times 0.863\,59 + 0.15 \times 0.383\,43$$
$$= 0.689\,82$$

利用群效用和多维效用理论对某作战时刻战场目标的价值进行量化，给出了量化即评估方法的一般步骤，为战场目标价值的快速评估提供了理论依据。由于大量计算是在战前完成的，在临战或战斗过程中只需估计几个因素的指标值，所以该方法评估目标价值速度快，操作容易简便，能够辅助指挥员对战场目标分配进行科学决策。

参 考 文 献

[1] 汪应洛.系统工程[M].4版.北京:机械工业出版社,2008.

[2] 钱学森,等.论系统工程[M].长沙:湖南科学技术出版社,1982.

[3] 王众托.系统工程[M].2版.北京:北京大学出版社,2015.

[4] 孙东川,孙凯,钟拥军.系统工程引论[M].4版.北京:清华大学出版社,2019.

[5] 周德群,贺峥光.系统工程概论[M].3版.北京:科学出版社,2019.

[6] 刘军,张方风,朱杰.系统工程[M].北京:机械工业出版社,2014.

[7] 杨家本,林锦国.系统工程概论[M].2版.武汉:武汉理工大学出版社,2009.

[8] 周德群.系统工程方法与应用[M].北京:电子工业出版社,2015.

[9] 梁军,赵勇.系统工程导论[M].2版.北京:化学工业出版社,2013.

[10] 薛弘晔.系统工程[M].西安:西安电子科技大学出版社,2017.

[11] 张晓冬.系统工程[M].北京:科学出版社,2018.

[12] 梁迪,单麟婷.系统工程基础与应用[M].北京:清华大学出版社,2018.

[13] 贾俊秀,刘爱军,李华.系统工程学[M].西安:西安电子科技大学出版社,2014.

[14] 孙东川,朱桂龙.系统工程基本教程[M].北京:科学出版社,2019.

[15] 陈队永.系统工程原理及应用[M].北京:科学出版社,2019.

[16] 邓志宏.常规导弹目标选择中目标价值分析方法研究[D].长沙:国防科学技术大学,2009.

[17] 雷霆.层级目标体系分析与打击目标行动生成研究[D].长沙:国防科学技术大学,2015.

[18] 曾雅文.基于贝叶斯网络的目标毁伤效果评估研究[D].武汉:中国舰船研究院,2014.

[19] 陈鹰.基于系统动力学的供应链绩效动态评价模型研究[M].大连:东北财经大学出版社,2015.

[20] 何杰,章晨,杭文.复杂交通问题决策的系统动力学建模[M].北京:人民交通出版社股份有限公司,2016.

[21] 屈洋,秦伟.基于系统动力学的信息战模型[J].指挥控制与仿真,2008,30(1):13-16.

[22] 曲晓波,章善彪,王开华.战时城市系统动力学模型[J].解放军理工大学学报(自然科学版),2004(5):95-98.

[23] 丁志军.基于Petri网精炼的系统建模与分析[M].上海:同济大学出版社,2017.

[24] 袁崇义.Petri网应用[M].北京:科学出版社,2013.

[25] 原菊梅.复杂系统可靠性Petri网建模及其智能分析方法[M].北京:国防工业出版社,2011.

[26] 李大建,王凤山.基于Petri网的防空决策系统的建模分析[J].系统工程与电子技术,2005,27(9):1600-1602.

[27] 齐欢,王小平.系统建模与仿真[M].北京:清华大学出版社,2004.

[28] 田福平,汶博,郑鹏鹏.基于贝叶斯网络的作战目标评估[J].火力与指挥控制,2017,42(2):79-82.

[29] 李京,刘卫东,杨根源.基于贝叶斯分类器的目标价值等级分析[J].现代防御技术,2012,40(5):46-49.

[30] 张春,梁海民,赵士夯.基于体系重心算法的火力打击目标排序方法[J].指挥控制与仿真,2019,41(2):115-119.

[31] 邱成龙,沈生.目标选择理论方法[J].火力与指挥控制,2004,29(4):7-9.

[32] 袁震宇,谢春思,张宇,等.基于故障树的系统目标打击决策模型研究[J].舰船电子工程,2010,30(7):52-55.

[33] 齐欢,王小平.系统建模与仿真[M].北京:清华大学出版社,2004.

[34] 阮树朋,赵文杰,雷盼飞,等.基于复杂网络的防空武器系统目标选择研究[J].指挥控制与仿真,2012,34(1):23-28.

[35] 熊静.基于复杂网络理论的交通网络可生存性分析[D].武汉:华中科技大学,2009.

[36] 申卯兴,曹泽阳、周林.现代军事运筹学[M].北京:国防工业出版,2014.

[37] 刘刚,马多胜,张东升.战场目标价值评判的神经网络方法[J].武器装备自动化,2007,26(11):11-13.

[38] 徐克虎,黄大山,王天召.基于RBF-GA的坦克分队作战目标评估[J].武器装备自动化,2013,38(12):82-87.

[39] 刘兴盛,谭守林,黄河.基于整数规划的地地导弹打击目标优化选取[J].指挥控制与仿真,2006,28(6):49-53.

[40] 武文军,张弓,李红星,等.防空兵确定被保卫目标重要性的一种方法[J].火力与指挥控制,2006,31(2):69-72.

[41] 王耀辉,刘杰,陈志刚.基于模糊决策的炮兵火力打击目标价值研究[J].舰船电子工程,2012,32(1):19-21.

[42] 周永生.战役战术导弹目标价值排序的模糊综合评判法[J].战术导弹技术,2006(4):36-39.

[43] 陈永江,霍俊秀,王建胜.灰色系统理论在目标排序中的应用[J].装备指挥技术学院学报,2002,13(3):96-98.

[44] 汪鑫,龙光正,汪志宏,等.基于灰色聚类和序关系的防空保卫目标排序研究[J].弹箭与制导学报,2018,38:25-28.

[45] 张晓南,王德泉,卢晓勇.基于数据包络分析方法的坦克战场目标价值分析[J].指挥信息系统与技术,2014,5(1):47-50.

[46] 董晓璋,陶章志,闫德恒.基于云重心理论的保卫目标价值评估方法[C]//第三届中国指挥控制大会.北京:国防工业出版社,2015:845-848.

[47] 邓钦,李宗良,白巧红.多目标决策与防空威胁判断[J].弹箭与制导学报,2007,27(4):216-217.

[48] 王才宏,杨世荣,董茜.目标选择决策的组合嫡权系数方法研究[J].弹箭与制导学报,2006,26(4):377-380.

[49] 刁联旺,于永生.目标威胁估计的决策树方法[J].江南大学学报(自然科学版),2009,8

(5):513-515.

[50] 谭跃进,陈英武,易进先.系统工程原理[M].长沙:国防科技大学出版社,1999.

[51] 汪志宏,王鹏,王金山.基于群效用理论的目标价值评估[J].舰船电子工程,2013,33:42-44.

[52] 张道延,冯传茂,王海军.基于 D-S 证据理论的炮兵战场目标价值分析[J].指挥控制与仿真,2007,29(4):66-69.

[53] 刘柱.基于证据理论的陆战场目标价值分析与排序研究[J].舰船电子工程,2013,33(1):45-48.

[54] 闫家传,陈璐,张仁友,等.基于证据理论的自适应协同方法在打击目标排序中的应用[J].指挥控制与仿真,2010,32(5):31-33.

[55] 郑华利,郭汉英,周献中.战场目标价值偏好不确定分析模型[J].火力与指挥控制,2007,32(12):95-98.